L'ENCICLOPEDIA DELLA

SCIENZA

DAGLI ATOMI ALLA ROBOTICA FINO ALLA BIODIVERSITÀ

L'ENCICLOPEDIA DELLA

SCIENZA

DAGLI ATOMI ALLA ROBOTICA FINO ALLA BIODIVERSITÀ

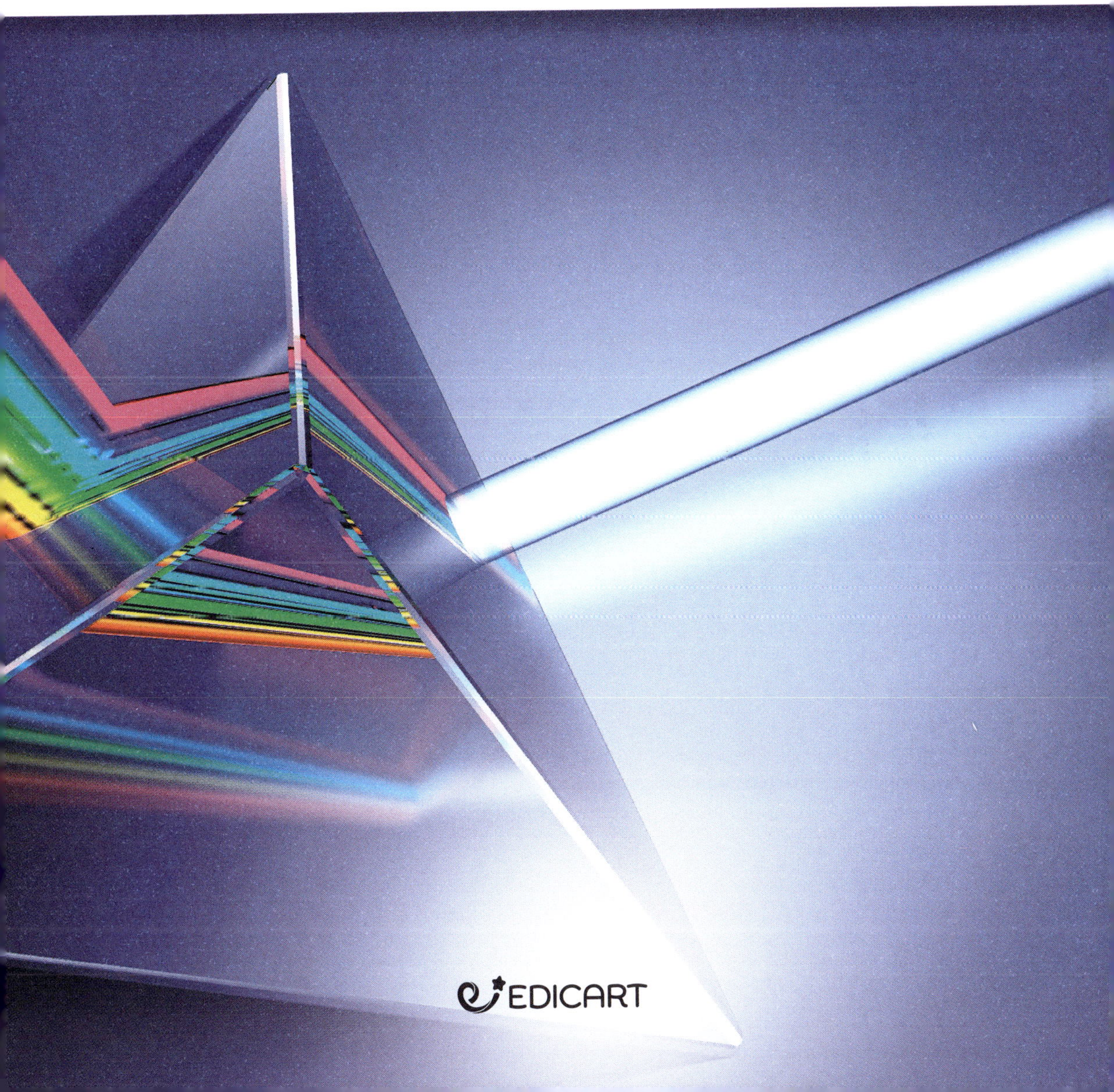

EDICART

EDICART è un marchio EDICART Style
Via Jucker, 28 - Legnano (MI) - Italia
Titolo originale: *Encyclopedia of science*
Traduzione dall'inglese: *Fabiola Beretta*

www.edicart.it

Indice

Materia

Materiali e prodotti chimici

Energia, forza e moto

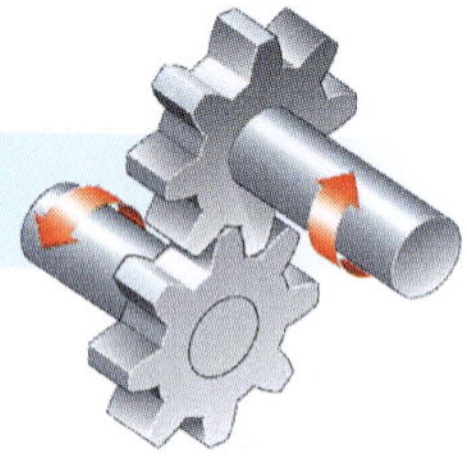

Elettricità, magnetismo e radiazioni

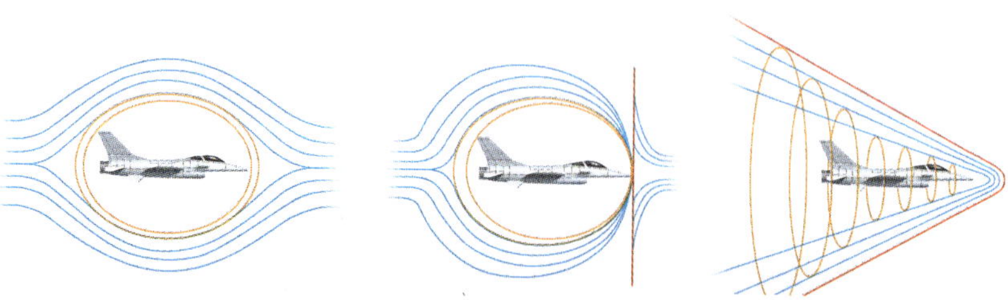

Le frontiere della scienza

Tecnologia

Pianeta Terra

Piante

Animali

Materia

Atomi

- **Gli atomi sono le minuscole particelle** che compongono ogni cosa. Un atomo è la parte più piccola di qualsiasi sostanza di base.
- **Potresti inserire due miliardi di atomi** nel punto che c'è alla fine di questa frase. Sarebbe possibile scrivere il numero approssimativo di atomi nell'Universo con un 10 seguito da ottanta zeri.
- **Gli atomi sono per lo più spazio vuoto**, disseminato di alcune particelle ancora più piccole, chiamate particelle subatomiche.
- **Ogni atomo è costituito** da una parte centrale densa (nucleo) che ha due tipi di particelle: protoni e neutroni. I protoni hanno carica elettrica positiva, mentre i neutroni sono privi di carica.
- **Se un atomo avesse le dimensioni** di un impianto sportivo, il suo nucleo non sarebbe più grande di un pisello.
- **Particelle più piccole**, caricate negativamente – dette elettroni – ruotano veloci attorno al nucleo.
- **Protoni e neutroni** sono costituiti da diverse combinazioni di particelle ancora più piccole, i quark.
- **Gli atomi sono divisibili**, ma di fatto sono uniti dall'attrazione elettrica che c'è tra i protoni che sono positivi e gli elettroni, negativi, e dalle forze che tengono insieme il nucleo.
- **Tutti gli atomi che compongono un elemento** sono identici, quindi tutti gli atomi all'interno di un determinato elemento hanno lo stesso numero di protoni. Per esempio, un atomo di ferro ha 26 protoni, mentre un atomo di oro ne ha 79. Il numero di protoni che un atomo ha è noto come il suo numero atomico.

Generalmente un atomo ha un numero uguale di protoni e di neutroni. Se invece il numero è diverso, l'atomo si chiama isotopo.

▼ *All'interno di ogni atomo, gli elettroni (verdi) sfrecciano attorno al nucleo denso costituito da protoni (rossi) e neutroni (gialli).*

Molecole

Una molecola è costituita da due o più atomi che sono legati (tenuti insieme) fra loro. Di solito è la particella più piccola di una sostanza che può esistere autonomamente.

▼ *Le molecole di anidride carbonica sono formate da due atomi di ossigeno (in rosso) e uno di carbonio (in nero).*

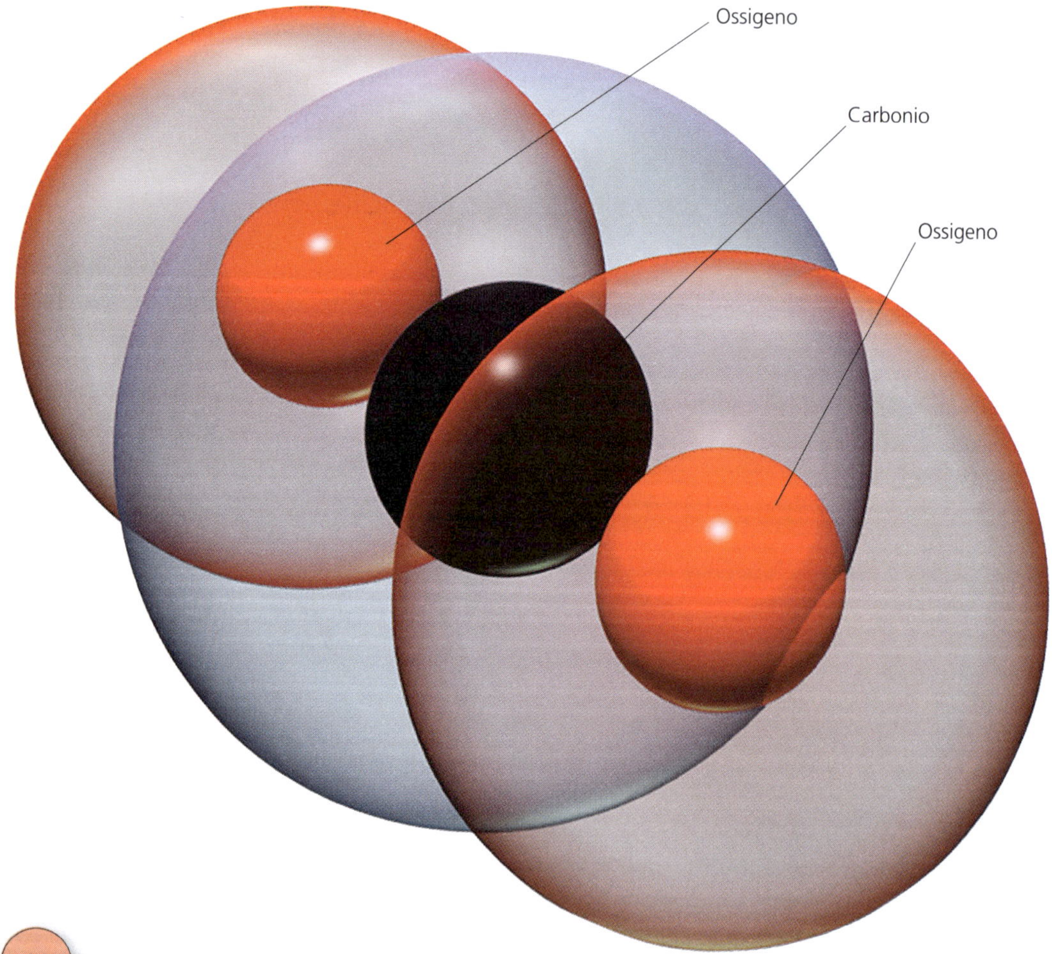

LO SAPEVI?
Le molecole sintetiche (artificiali) chiamate ceramidi potrebbero essere usate nelle terapie contro il cancro.

- **Gli atomi dell'elemento idrogeno** possono esistere solo in coppia, oppure uniti ad atomi di altri elementi. Una coppia di atomi di idrogeno collegati tra loro formano un molecola di idrogeno.
- **In una molecola, gli atomi** sono tenuti insieme da legami chimici (forze di attrazione).
- **La struttura** (la forma) di una molecola dipende dalla disposizione dei legami che tiene insieme i suoi atomi.
- **Le molecole formate da atomi di elementi diversi** sono chiamate composti. La maggior parte di queste molecole è costituita solo da due o tre tipi di atomi.
- **La molecola è la parte più piccola** di un composto che può esistere autonomamente.
- **Se gli atomi** nella molecola di un composto venissero separati, il composto cesserebbe di esistere.
- **Le formule chimiche** mostrano la composizione di una molecola o di un composto. Per esempio, la formula dell'ammoniaca è NH_3: **significa** che una molecola di ammoniaca è formata da un atomo di azoto e tre di idrogeno.
- **La massa molecolare** è la somma dei pesi atomici di tutti gli atomi che compongono una molecola.

Elettroni

- **Gli elettroni sono in assoluto** il più piccolo dei tre principali componenti di un atomo (gli altri due sono protoni e neutroni). In un atomo comune il numero di elettroni è lo stesso dei protoni.
- **Gli elettroni furono scoperti** nel 1897 dal fisico britannico Joseph John Thomson, che si rese conto che i raggi luminosi prodotti dall'elettricità all'interno di un tubo di vetro – chiamato tubo a raggi catodici – erano flussi di minuscole particelle. Fino ad allora si pensava che un atomo fosse una palla solida.
- **Gli elettroni sono molto più piccoli** dei protoni e più di 1800 volte più leggeri.
- **Gli elettroni sono "pacchetti" di energia** che viaggiano attorno al nucleo degli atomi. È impossibile individuare la posizione esatta di un elettrone. Un elettrone non orbita attorno a un nucleo come un pianeta attorno al Sole: è più corretto pensare che un elettrone avvolga un nucleo come una nuvola.

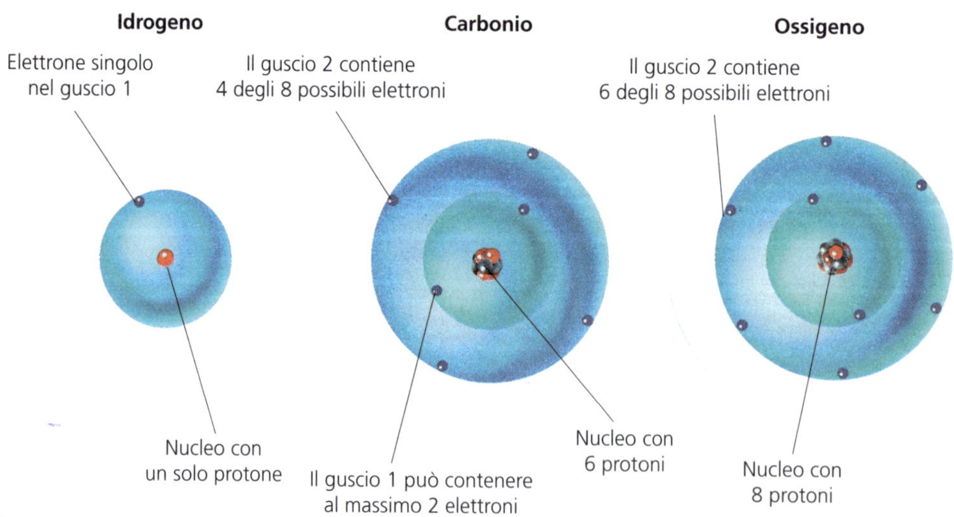

- **Gli elettroni hanno una piccola carica elettrica negativa.** Significa che sono attratti da cariche elettriche positive e vengono invece respinti da quelle negative.
- **Gli elettroni rimangono vicini al nucleo** perché i protoni nel nucleo hanno una carica positiva uguale a quella negativa degli elettroni.
- **Gli elettroni si dispongono in più strati** intorno al nucleo. La distanza tra l'elettrone e il nucleo dipende dal livello di energia degli elettroni in quello strato. Maggiore è l'energia di un elettrone, più lontano sarà dal nucleo.
- **Gli elettroni sono disposti in gusci** attorno al nucleo, a distanze differenti. Ogni guscio può contenere un determinato numero di elettroni: il primo fino a 2, il secondo fino a 8, il terzo fino a 18, il quarto fino a 32, il quinto circa 50 e il sesto circa 72.

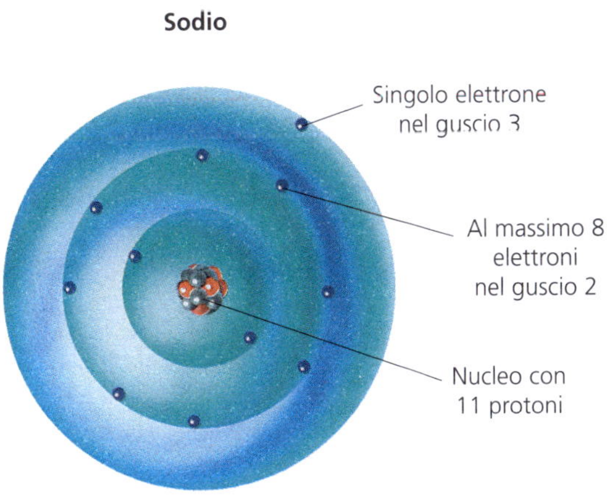

◀ *Ogni tipo di atomo ha un differente numero di elettroni. Il comportamento chimico di un atomo dipende dal numero di elettroni nel suo guscio più esterno. Qui si vedono le strutture a guscio degli elettroni di quattro atomi comuni.*

Elementi

Gli elementi sono le sostanze chimiche di base dell'Universo. Ognuno è costituito da atomi con un particolare numero di protoni (il numero atomico).

A oggi si conoscono quasi 120 elementi.

I chimici hanno classificato gli elementi in uno schema chiamato tavola periodica.

Degli elementi identificati più di recente, almeno 20 sono stati sintetizzati dagli scienziati e non esistono in natura.

Tutti gli elementi scoperti negli ultimi tempi hanno atomi grandi e pesanti.

L'idrogeno è l'elemento più leggero: il suo numero atomico è 1.

▶ *Il ferro e gli altri elementi pesanti avrebbero avuto origine dal collasso di atomi più piccoli a seguito di gigantesche esplosioni di supernove nello spazio.*

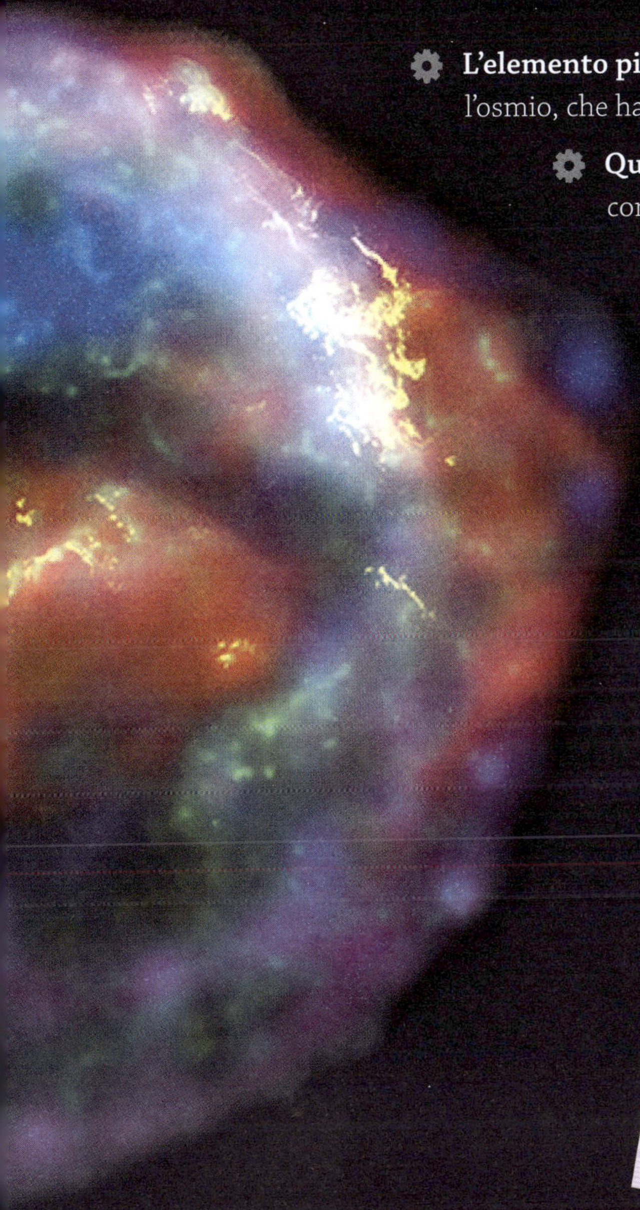

- **L'elemento più pesante** che si trova in natura è l'osmio, che ha numero atomico 76.
- **Quando gli elementi** si combinano con altri elementi, formano dei composti chimici.
- **Ai nuovi elementi** vengono assegnati nomi temporanei in base al loro numero atomico. Per esempio, quando fu scoperto il Livermorium, numero 116, all'inizio fu chiamato *ununhexium* perché *un* è uno in latino e *hex* deriva dal greco e significa sei.

LO SAPEVI?

Gli scienziati hanno bombardato degli atomi di californio con atomi di calcio dando origine all'oganesso, l'elemento più pesante e con il numero atomico più alto (118).

Legami chimici

▼ *Il legame ionico in una molecola di cloruro di sodio (sale da cucina) avviene quando un atomo di sodio cede un elettrone a un atomo di cloro.*

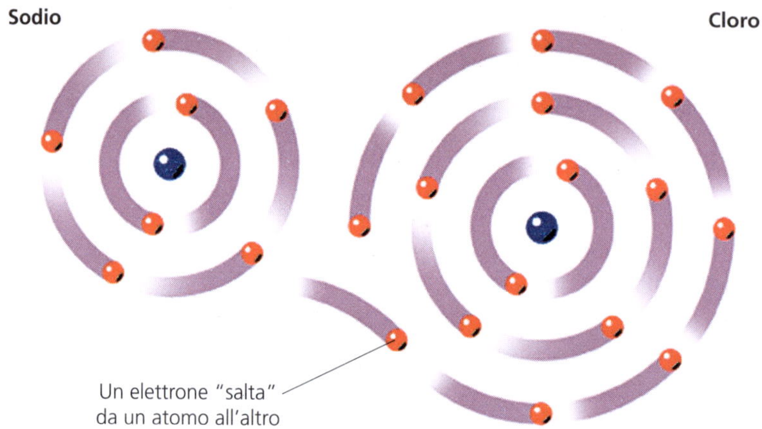

- **I legami chimici** uniscono gli atomi formando le molecole.
- **Gli atomi si legano** in modi diversi utilizzando gli elettroni che si trovano nei loro gusci più esterni.
- **Nei legami ionici**, un atomo "dona" uno o più elettroni a un altro.
- **I legami ionici avvengono** quando atomi con pochi elettroni nel guscio esterno cedono questi ai gusci esterni di altri atomi a cui mancano solo pochi elettroni per completare l'ottetto (otto elettroni) e diventare così più stabile.
- **L'atomo che cede elettroni** si carica positivamente, mentre l'atomo che ne acquista si carica negativamente. A questo punto i due atomi si uniscono a causa dell'attrazione elettrica degli opposti.

- **Quando il sodio forma un legame ionico** con il cloro dando origine alla molecola di cloruro di sodio (sale da tavola), un elettrone si trasferisce dall'atomo di sodio a quello di cloro.
- **I legami covalenti** si verificano quando gli atomi condividono gli elettroni.
- **Gli elettroni condivisi** hanno carica negativa, sono quindi ugualmente attratti dai nuclei positivi dei due atomi. Significa che gli atomi sono tenuti insieme dall'attrazione tra i nuclei e gli elettroni che hanno in comune.
- **I metalli formano strutture giganti** in cui gli elettroni nei gusci esterni dei loro atomi si muovono liberamente. Gli atomi sono tenuti insieme dall'attrazione tra elettroni e nuclei positivi.

▶ *In questa molecola di anidride carbonica il carbonio è legato a due atomi di ossigeno tramite legami covalenti.*

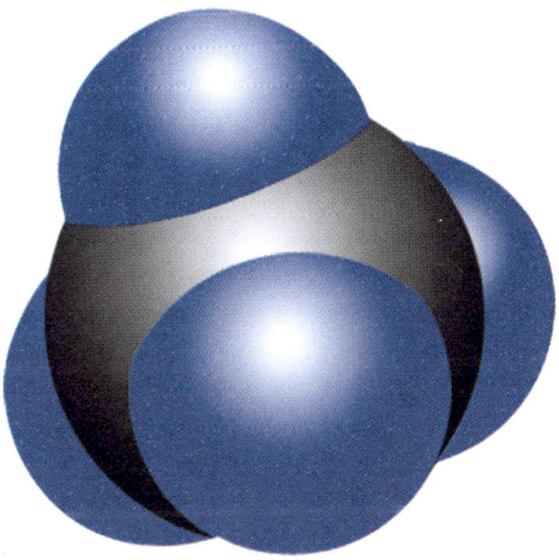

◀ *Nel metano (CH_4), ciascuno dei quattro atomi di idrogeno condivide il suo elettrone con l'atomo di carbonio, al centro, formando un forte legame covalente.*

Composti chimici

- **I composti sono sostanze** che si formano quando gli atomi di due o più elementi diversi si uniscono.
- **Le proprietà di un composto** sono in genere molto diverse dalle proprietà degli elementi che lo costituiscono.
- **Gli atomi in un composto** si legano chimicamente e possono essere separati solamente da una reazione chimica.
- **Tutte le molecole** in un composto hanno combinazioni identiche di atomi.
- **Il nome scientifico di un composto** deriva di solito dalla combinazione di quelli degli elementi che lo compongono, ma non è sempre così: a volte si chiama in modo diverso.
- **Nel composto chimico** cloruro di sodio (sale da cucina), ogni molecola ha un atomo di sodio e uno di cloro.
- **La formula chimica** spiega quali e quanti atomi contiene una molecola. Per esempio la formula chimica dell'acqua è H_2O perché ogni molecola d'acqua ha due atomi di idrogeno (H) e uno di ossigeno (O).
- **Ci sono solo circa 100 elementi**, ma si combinano in tanti modi diversi dando vita a parecchi milioni di composti.

▶ *Le sonde spaziali atterrate su Marte hanno confermato che il pianeta deve il suo caratteristico colore rosso alla ruggine, il composto chimico che si origina quando il ferro si combina con l'ossigeno dell'acqua.*

- **Combinazioni degli stessi elementi**, per esempio carbonio e idrogeno, possono formare molti composti diversi.
- **I composti possono essere organici**, che significa che contengono atomi di carbonio, oppure inorganici.

Reazioni chimiche

- **Si ha una reazione chimica** quando due o più elementi o composti interagiscono chimicamente rompendo i vecchi legami tra gli atomi e creandone di nuovi.
- **In una reazione chimica**, le sostanze chimiche sono dette reagenti, prodotti sono invece quelle che si ottengono.

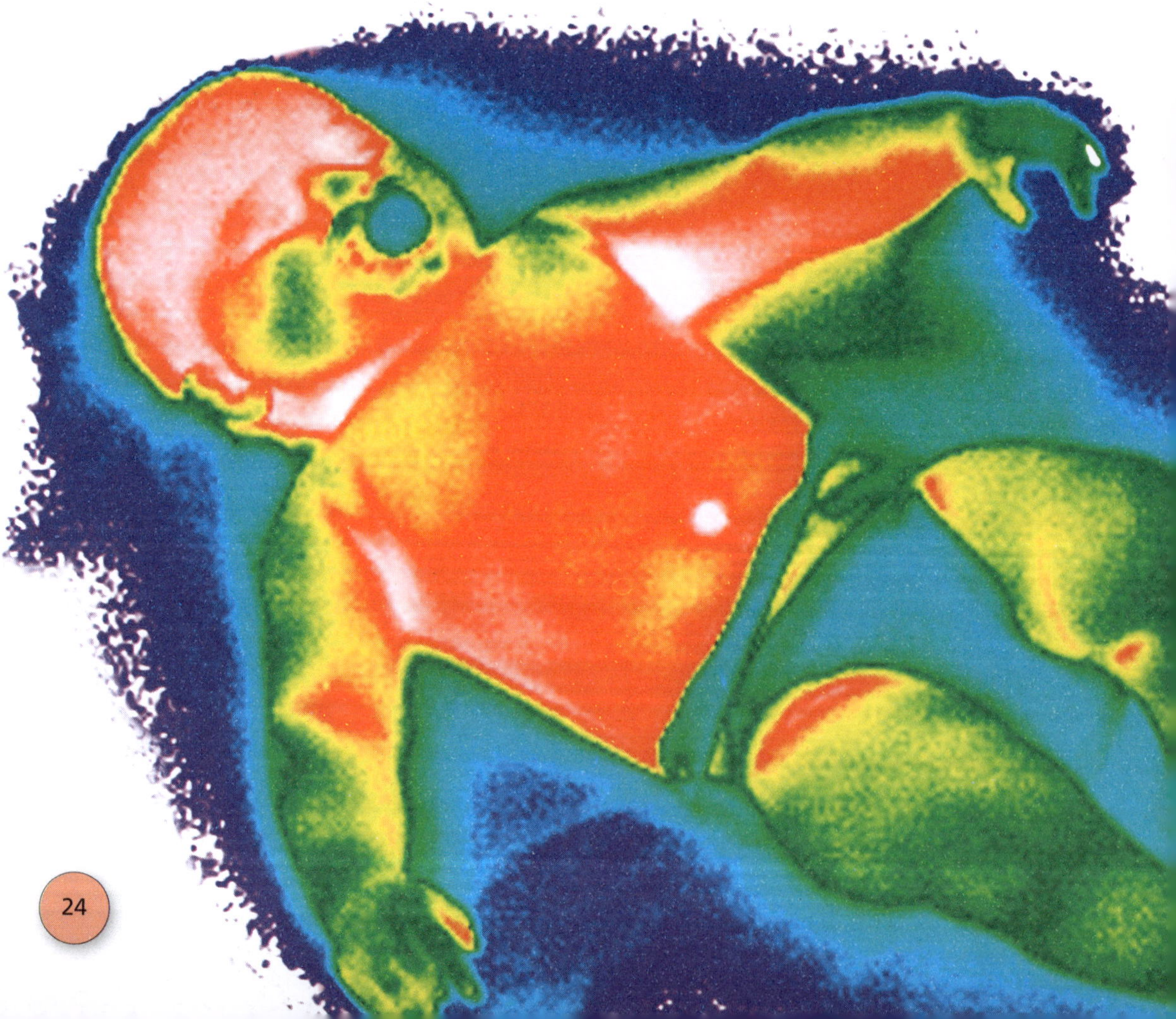

LO SAPEVI?
Il nome ossigeno fu dato a questo gas nel 1779 da Antoine Lavoisier. Il termine deriva dal greco e vuol dire "generatore di acidi".

- **I prodotti di una reazione chimica** contengono gli stessi atomi dei reagenti ma in combinazioni diverse.
- **In una reazione, i prodotti** hanno la stessa massa complessiva dei reagenti.
- **Quasi nessuna reazione** può essere ribaltata: i prodotti non possono essere ritrasformati nei reagenti. Per esempio, tostare il pane provoca una reazione chimica irreversibile.
- **In una reazione chimica**, gli elementi possono unirsi e formare composti, ma gli elementi che formano i composti possono essere separati, o legati per formare altri composti.
- **Un catalizzatore è una sostanza** che accelera una reazione chimica, oppure consente che questa avvenga.
- **In quasi tutte le reazioni è presente dell'energia**, sotto forma di luce, elettricità o, come avviene di solito, calore. Le reazioni che liberano calore sono chiamate esotermiche, quelle che l'assorbono sono dette invece endotermiche.
- **L'ossidazione è una reazione** in cui l'ossigeno si combina con una sostanza. La combustione è ossidazione, dal momento che il combustibile per bruciare si combina con l'ossigeno nell'aria. La riduzione è una reazione in cui una sostanza perde ossigeno.

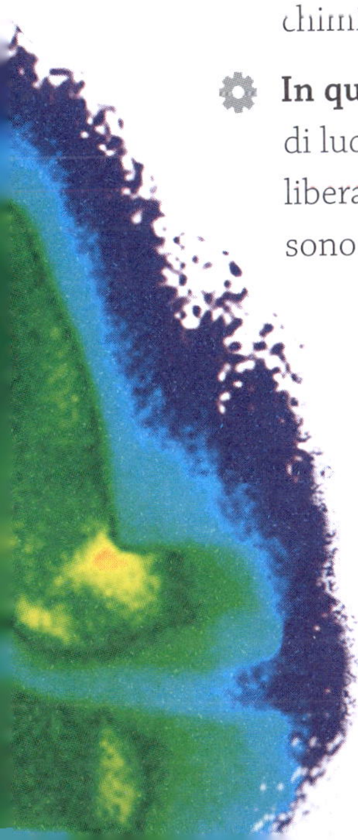

◄ *Il calore del corpo umano, mostrato chiaramente in questa immagine termica, si mantiene costante grazie a reazioni chimiche che coinvolgono grassi e carboidrati.*

Soluzioni

Una soluzione è un liquido con un solido sciolto dentro. L'acqua del rubinetto è una soluzione perché in genere contiene numerosi solidi sciolti, quali i minerali.

LO SAPEVI?

Gli antichi alchimisti cercavano un solvente universale in cui si dissolvessero tutte le sostanze.

Quando un solido si scioglie, le sue molecole si separano e si mescolano completamente con quelle del liquido.

Il liquido in una soluzione si chiama solvente.

Il solido sciolto in una soluzione è il soluto.

Man mano che il soluto si scioglie, la soluzione è sempre più concentrata, fino a diventare satura: a questo punto il soluto non si scioglie più, perché non c'è letteralmente più spazio nel solvente.

Se si scalda una soluzione satura, il soluto si espande e fa spazio a nuovo soluto da sciogliere.

◀ *Una tazza di tè è composta da un solvente, l'acqua, e da alcuni soluti, che in questo caso sono il tè, lo zucchero e il latte.*

▲ *Le stalagmiti si formano quando l'acqua contenente carbonato di calcio disciolto evapora e il carbonato di calcio solido che rimane si deposita man mano.*

- **Quando una soluzione satura** si raffredda o viene lasciata evaporare (il processo in cui un liquido si trasforma in vapore), rimane sempre meno spazio per il soluto. Ciò si dice fa precipitare il soluto, che man mano si deposita sul fondo.
- **Le molecole di soluto precipitato** si uniscono spesso tra loro e formano cristalli solidi.

Miscele

- **Le miscele sono sostanze** che contengono due o più ingredienti diversi (elementi o composti).
- **Molte sostanze che conosciamo sono miscele**, per esempio l'aria (una miscela di ossigeno, azoto e altri gas), il latte e l'olio.
- **Le proprietà di una miscela** sono spesso una combinazione delle proprietà dei suoi componenti. Basta pensare a una miscela di zucchero e acqua: è sia dolce sia bagnata.
- **È possibile separare gli ingredienti delle miscele**. Per farlo, si sfrutta di solito una proprietà che ha uno solo dei suoi ingredienti e nessun altro.
- **I cercatori d'oro separano una miscela di oro e sabbia** lavando la miscela nell'acqua. Avendo l'oro maggiore densità della sabbia, la sabbia viene sciacquata via e l'oro rimane.
- **Il metallo è estratto dai minerali presenti** nel suolo mediante fusione (riscaldamento), che lo scioglie e lo fa colare fuori.

◄ *L'aria è una miscela di gas a cui l'inquinamento non fa che aggiungere altre sostanze.*

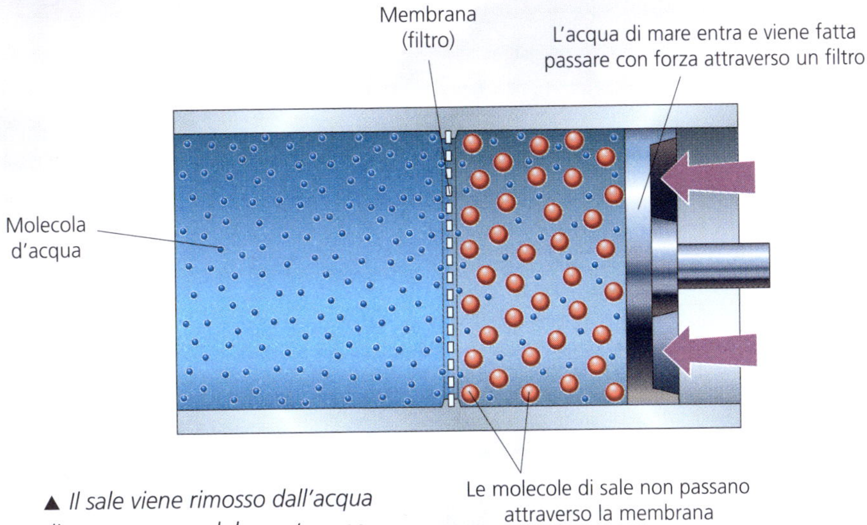

▲ *Il sale viene rimosso dall'acqua di mare pompandolo contro una membrana (un filtro a griglia stretta). È così che l'acqua diventa potabile. Il processo è detto di osmosi inversa.*

- **Le miscele di liquidi si possono separare** usando la tecnica della distillazione: significa che la miscela viene scaldata e le gocce di vapore vengono raccolte mentre condensano.
- **La miscela in questo modo si separa**, dal momento che i vari ingredienti evaporano e condensano (passano cioè dallo stato gassoso o vaporoso allo stato liquido) a diverse temperature.
- **Con la distillazione il petrolio greggio** viene scomposto in benzina e altre sostanze.
- **Le soluzioni sono un tipo di miscela** di due o più sostanze che sono talmente mescolate tra loro, che le loro molecole si dissolvono e si ricombinano.

Acidi e basi

- **Gli acidi sono soluzioni** che si formano quando determinate sostanze contenenti idrogeno si sciolgono in acqua.
- **Gli atomi di idrogeno hanno un solo elettrone**. Quando si sciolgono nell'acqua delle sostanze che producono acido, gli atomi di idrogeno perdono il loro elettrone, trasformandosi in ioni carichi positivamente (uno ione è un atomo che ha acquistato o ceduto elettroni).
- **La forza di un acido dipende** da quanti ioni idrogeno si formano. Gli acidi delicati, come l'acetico (presente nell'aceto), hanno un sapore acido o aspro. Gli acidi forti, come il solforico, sono altamente corrosivi (sciolgono i metalli).
- **Una base è l'opposto di un acido**. Le basi deboli come il lievito hanno un sapore amaro e sono saponose al tatto. Basi forti come la soda caustica sono corrosive.
- **Le basi che si sciolgono in acqua** sono dette alcali. Gli alcali contengono ioni con carica negativa – in genere ioni di idrogeno e di ossigeno, chiamati ioni idrossido.

◄ *Gli agrumi come arance, limoni e lime hanno un sapore aspro perché contengono un acido delicato, l'acido citrico, che ha un pH di 3.*

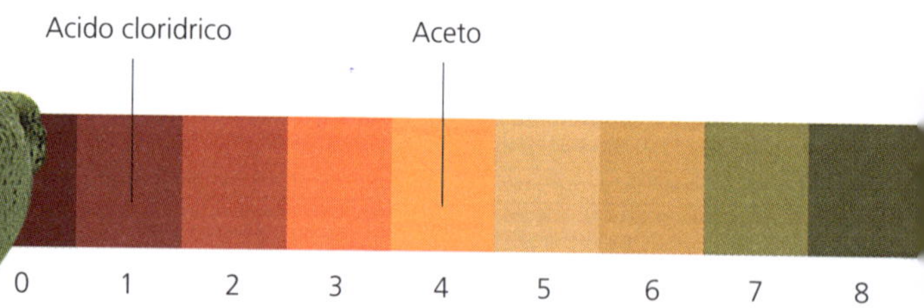

- **Quando aggiungi un acido** a un alcali, entrambe le sostanze si neutralizzano (si annullano a vicenda). L'acido e l'alcali reagiscono tra loro formando acqua e sale.

- **La forza di un acido** si misura sulla scala del pH. L'acido più forte ha un pH di 1. la base più forte ha un pH di 14. L'acqua pura ha un pH attorno al 7. È neutra, né acida né basica.

- **I chimici usano gli indicatori** di pH per testare l'acidità. Un indicatore è una sostanza come la cartina di tornasole: cambia colore a seconda del pH di una soluzione.

LO SAPEVI?

L'acido cloridrico nello stomaco è essenziale per la digestione. Ha un pH compreso tra 1 e 2.

▶ *I detergenti per la casa contengono spesso alcali, che aiutano a rimuovere unto e grasso. Alcuni detergenti hanno un pH di 10.*

▼ *L'indicatore universale rivela il grado di acidità o alcalinità sulla scala del pH.*

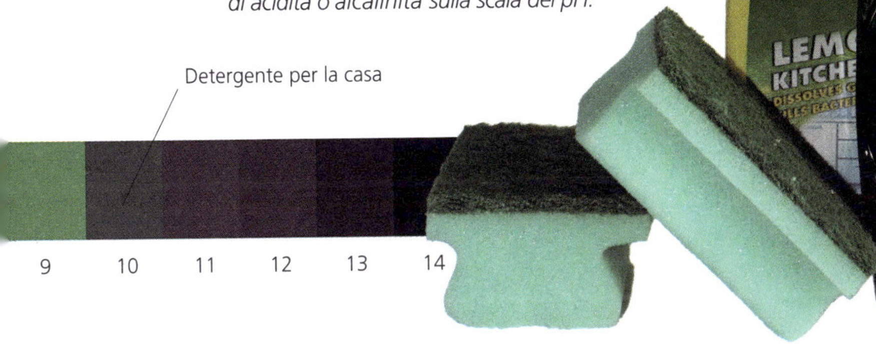

Saponi e sali

- **I saponi e i detergenti** sono sali in grado di rimuovere grasso e sporco. I saponi sono naturali, mentre i detergenti, conosciuti come tensioattivi, sono sintetici.
- **I tensioattivi hanno speciali molecole** che si aggrappano alle particelle di sporco presenti sulle superfici e le staccano.
- **Le molecole di tensioattivo** sono composte da due parti. Una è idrofila (attratta dall'acqua), mentre l'altra è idrofoba (respinta dall'acqua).
- **La coda idrofoba** di una molecola di tensioattivo si fa strada tra lo sporco, mentre la testa idrofila è attirata verso l'acqua.
- **I tensioattivi aumentano** la capacità dell'acqua di bagnare le cose perché riducono la tensione superficiale dell'acqua.

▼ *Le noci di sapone sono bacche dell'albero di sapone. Contengono una sostanza chimica naturale e saponosa che può essere utilizzata per lavare i vestiti.*

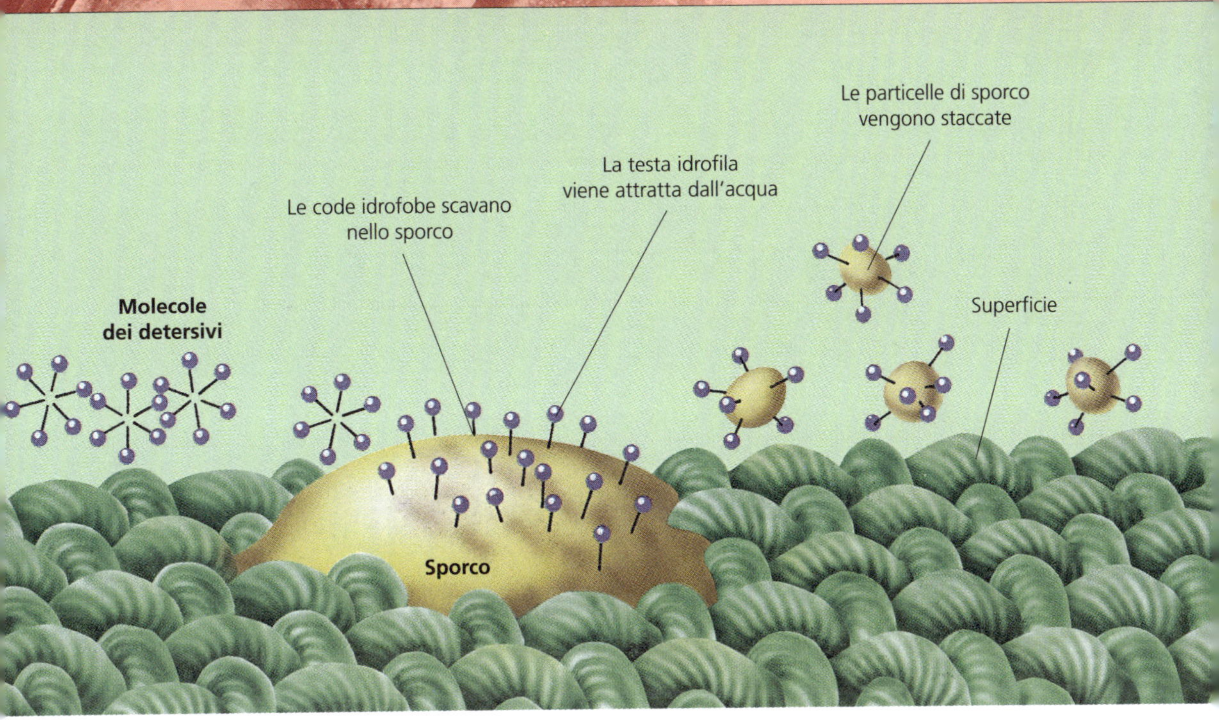

▲ *Le molecole di tensioattivo del sapone penetrano nello sporco con le loro code che rifuggono l'acqua, contribuendo così a staccare lo sporco dalle superfici.*

- **Il sapone è composto da sostanze naturali** – grassi animali o olio vegetale – combinate con alcali, come sodio o idrossido di potassio. La maggior parte, oltre che di tensioattivi, viene poi addizionata di profumi, colori e germicidi (che uccidono i germi).
- **Gli enzimi sono molecole** che accelerano le reazioni chimiche. Si possono quindi aggiungere ai detergenti degli enzimi, che aiutano a sciogliere le macchie di sostanze naturali quali per esempio sangue, grasso e amido.
- **I biosurfattanti sono tensioattivi naturali**. Alcuni batteri e lieviti producono biosurfattanti che potrebbero essere utilizzati in futuro per ripulire le fuoriuscite di petrolio.

Solidi, liquidi, gas

LO SAPEVI?
In un condensato di Bose-Einstein raffreddato, perfino la luce si muove a passo d'uomo!

- **La maggior parte** delle sostanze si trova nei tre stati della materia: solido, liquido e gassoso. Le sostanze cambiano da uno stato all'altro al cambiare della temperatura e della pressione.
- **All'aumentare della temperatura**, i solidi si sciolgono diventando liquidi, e se continua ad aumentare, i liquidi evaporano trasformandosi in vapori o gas. La temperatura alla quale un solido si scioglie è detta punto di fusione. Il punto di fusione del ghiaccio, in condizioni normali, è 0 °C, ma se aumenta la pressione, il punto di fusione si abbassa.
- **Il punto di ebollizione** è la temperatura massima che un liquido può raggiungere prima di diventare gas, anche se i liquidi cominciano a evaporare già prima.
- **La teoria cinetica della materia** spiega i cambiamenti dallo stato solido a quello liquido e gassoso in termini di movimento delle molecole, che dipende dalla loro energia: tanto più una sostanza viene scaldata, tanto più energetiche saranno le sue molecole.
- **I solidi hanno una forma definita** perché le loro molecole sono legate in una struttura rigida: possono vibrare, ma non spostarsi.
- **Un liquido è un fluido** che assume la forma del contenitore in cui viene versato. Ciò avviene perché le sue molecole sono abbastanza libere da scorrere le une sulle altre.
- **Un gas**, come per esempio l'aria, non ha una forma definita o un volume proprio. Questo perché le sue molecole, che non sono quasi legate tra loro, si muovono liberamente.

- **Quando un gas si raffredda**, le sue molecole rallentano fino a quando si formano dei legami che generano gocce di liquido: è un processo definito condensazione.
- **Esistono altri due stati della materia**: il plasma e i condensati di Bose-Einstein. Il plasma è un tipo di gas in cui tutte le particelle hanno carica elettrica. I fulmini trasformano l'aria in plasma. Il primo condensato di Bose-Einstein fu invece creato nel 1995 dagli scienziati: per formarne uno, le temperature devono essere talmente basse che tutti gli atomi smettono praticamente di muoversi.

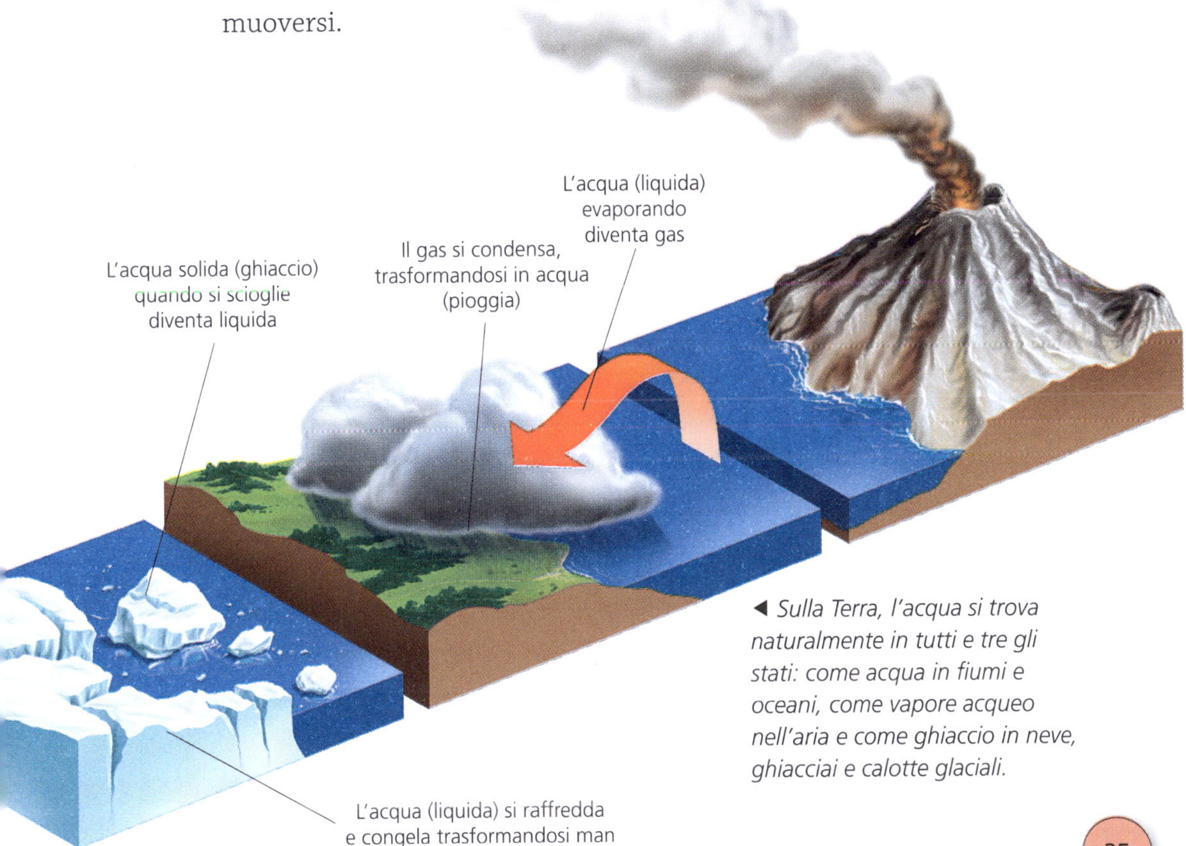

◀ *Sulla Terra, l'acqua si trova naturalmente in tutti e tre gli stati: come acqua in fiumi e oceani, come vapore acqueo nell'aria e come ghiaccio in neve, ghiacciai e calotte glaciali.*

Particelle in movimento

- **Le molecole sono in perenne movimento** e la loro velocità dipende dalla temperatura: il calore fornisce infatti alle molecole energia extra, facendo sì che si muovano con maggiore rapidità.
- **Nel 1827 il botanico scozzese Robert Brown** esaminò alcuni microscopici granuli di polline nell'acqua e vide che si muovevano: venivano urtati da molecole in movimento troppo piccole per essere viste: è il cosiddetto moto browniano.

▼ *Il movimento delle molecole aumenta drasticamente quando le sostanze passano dallo stato solido a quello liquido, da gas a plasma.*

Solido

Liquido

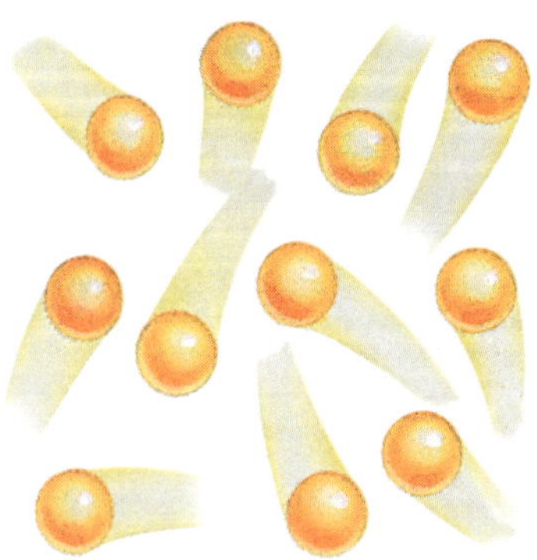

Gas

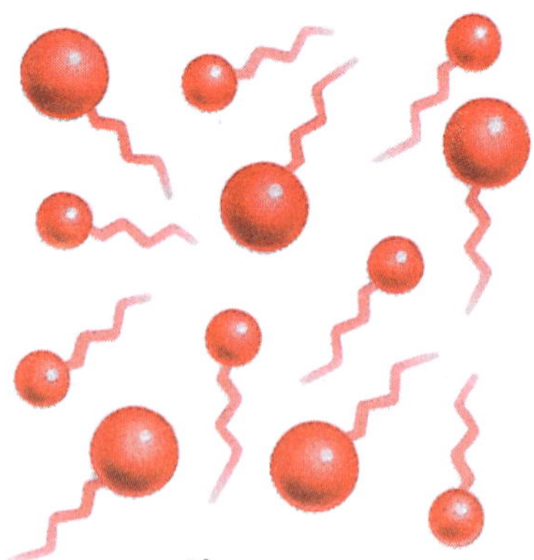

Plasma

LO SAPEVI?

Il calore del Sole fa sì che le molecole d'aria ai margini dell'atmosfera si muovano talmente veloci da sfuggire alla gravità terrestre e allontanarsi nello spazio.

- **In un solido** le molecole non si possono muovere. È per questo motivo che i solidi si riescono a prendere, mentre i liquidi scivolano via dalle mani.
- **Le molecole dei liquidi** possono scorrere le une sulle altre, e infatti scorrono fino ad assumere la forma di ciò che le contiene.
- **Senza il movimento** delle molecole nei liquidi, nei nostri corpi non potrebbero entrare e uscire sostanze dalle cellule.
- **Gli atomi** in un gas sono così distanti che sfrecciano liberamente in tutte le direzioni.

▶ *In una lampada al plasma, l'elettricità trasforma i gas in un plasma elettricamente carico che sprigiona scariche luminose che si muovono se una mano tocca la superficie della lampadina.*

Cristalli

- **I cristalli sono solidi particolari** composti da una disposizione regolare (reticolo) di atomi. Gran parte delle rocce e dei metalli sono cristalli, così come lo sono i fiocchi di neve e il sale.
- **Quasi tutti i cristalli** hanno forme geometriche regolari con facce lisce e spigoli appuntiti. Crescono di solito in densi ammassi come i metalli, ma alcuni crescono separatamente, come granelli di zucchero.

- **Il nome cristallo** deriva dai pezzi di quarzo che gli antichi greci chiamavano *krystallos*, ghiaccio: lo ritenevano ghiaccio che non si scioglie.
- **La cristallizzazione**, cioè la formazione dei cristalli, avviene quando evapora un liquido o dei solidi fusi si raffreddano e poi le sostanze chimiche sciolte all'interno solidificano.
- **I cristalli crescono** quando gli atomi si attaccano al reticolo, proprio come fanno i ghiaccioli man mano che l'acqua congela su di loro.

- **I cristalli più piccoli** sono microscopici, ma a volte quelli di alcuni minerali, come per esempio il berillio, crescono fino a raggiungere la dimensione di un palo del telefono.
- **Un cristallo liquido** è un cristallo che può scorrere come un liquido, ma ha lo schema regolare degli atomi di un solido.
- **Un cristallo liquido** può cambiare colore o diventare scuro quando l'allineamento dei suoi atomi viene interrotto da elettricità o calore. I display a cristalli liquidi (LCD) usano questo principio facendo passare basse correnti elettriche che direzionano la luce attraverso i cristalli.
- **La cristallografia** a raggi X usa i raggi X per studiare la struttura degli atomi nei cristalli. Si usa anche per analizzare molecole organiche: è così che si è potuta conoscere la struttura di molte importanti sostanze vitali come il DNA.

◄ *I cristalli si formano spesso da liquidi ricchi di minerali sulle pareti delle cavità interne a una roccia (geodi).*

Materiali e prodotti chimici

Tavola periodica

- **Sono 118 gli elementi conosciuti**, 92 dei quali sono presenti in natura sulla Terra, mentre gli altri sono stati sintetizzati dagli scienziati. Di due di questi, il plutonio e il nettunio, si è scoperto esserci tracce anche in natura.
- **Nella tavola** gli elementi sono ordinati per numero atomico (il numero di protoni in un atomo di un certo elemento). Il numero atomico è indicato nell'angolo in alto a sinistra di ciascuna voce.
- **La massa atomica** si trova invece sempre in basso a sinistra. Se sottrai il numero atomico di un elemento dalla sua massa, il risultato (arrotondato al più vicino numero intero) dà un'indicazione di quanti neutroni ci siano negli atomi di quell'elemento. Se il calcio ha numero atomico 20 e la sua massa è 40, significa che ha 20 neutroni.
- **Le colonne verticali** della tavola sono chiamate gruppi, mentre le righe orizzontali sono i periodi. Se ti muovi sulla tavola periodica da sinistra a destra, il numero di elettroni aumenta.
- **Ciascun gruppo** è composto da elementi con un certo numero di elettroni nel guscio esterno, che è ciò che determina in gran parte le proprietà dell'elemento: gli elementi di un gruppo hanno tutti proprietà simili.
- **Ogni periodo** inizia da sinistra con un metallo alcalino altamente reattivo del gruppo 1. Tutti gli atomi degli elementi del gruppo 1 hanno un solo elettrone nel loro guscio esterno. Ciascun periodo termina a destra con un gas "nobile" stabile del gruppo 18. Questi elementi hanno il guscio esterno completo di tutti gli elettroni, il che significa che sono inerti.

▶ *La tavola periodica dispone tutti gli elementi chimici in colonne e righe in base al loro numero atomico, che indica chiaramente il modo in cui sono correlati.*

Tipi di elementi:
- Metalli alcalini
- Metalli alcalino terrosi
- Metalli di transizione
- Altri metalli
- Altri non metalli
- Alogeni
- Gas nobili
- Lantanoidi
- Attinoidi
- Trans-attinoidi

Numero atomico: 20 — Simbolo chimico: Ca — Nome: Calcio — Massa atomica: 40.01

1	2	3	4	5	6	7	8	9	10	11	12	13	14	15	16	17	18
1 H Idrogeno 1.01																	2 He Elio 4.0
3 Li Litio 6.94	4 Be Berillio 9.01											5 B Boro 10.81	6 C Carbonio 12.01	7 N Azoto 14.01	8 O Ossigeno 16.00	9 F Fluoro 18.998	10 Ne Neon 20.12
11 Na Sodio 23	12 Mg Magnesio 24.3											13 Al Alluminio 27.00	14 Si Silicio 28.10	15 P Fosforo 31	16 S Zolfo 32.10	17 Cl Cloro 35.45	18 Ar Argon 39.95
19 K Potassio 39.10	20 Ca Calcio 40.01	21 Sc Scandio 44.96	22 Ti Titanio 47.88	23 V Vanadio 50.94	24 Cr Cromo 52	25 Mn Manganese 54.94	26 Fe Ferro 55.85	27 Co Cobalto 58.93	28 Ni Nichel 58.69	29 Cu Rame 63.55	30 Zn Zinco 65.39	31 Ga Gallio 69.72	32 Ge Germanio 72.61	33 As Arsenico 74.92	34 Se Selenio 78.96	35 Br Bromo 79.90	36 Kr Kripton 83.80
37 Rb Rubidio 85.47	38 Sr Stronzio 87.62	39 Y Ittrio 88.91	40 Zr Zirconio 91.22	41 Nb Niobio 92.91	42 Mo Molibdeno 95.94	43 Tc Tecnezio 98	44 Ru Rutenio 101.07	45 Rh Rodio 102.91	46 Pd Palladio 106.42	47 Ag Argento 107.87	48 Cd Cadmio 112.41	49 In Indio 114.82	50 Sn Stagno 118.71	51 Sb Antimonio 121.75	52 Te Tellurio 127.60	53 I Iodio 126.90	54 Xe Xeno 131.29
55 Cs Cesio 132.91	56 Ba Bario 137.33	Elementi 57-71	72 Hf Afnio 178.49	73 Ta Tantalio 180.95	74 W Tungsteno 183.85	75 Re Renio 186.21	76 Os Osmio 190.2	77 Ir Iridio 192.22	78 Pt Platino 195.08	79 Au Oro 196.97	80 Hg Mercurio 200.59	81 Tl Tallio 204.38	82 Pb Piombo 207.2	83 Bi Bismuto 208.98	84 Po Polonio 209	85 At Astato 210	86 Rn Radon 222
87 Fr Francio 223	88 Ra Radio 226.03	Elementi 89-103	104 Rf Rutherfordio 261.11	105 Db Dubnio 262.11	106 Sg Seaborgio 226.03	107 Bh Bohrio 262.12	108 Hs Hassio 264.13	109 Mt Meitnerio 266.14	110 Ds Darmstadtio 269	111 Rg Roentgenio 272	112 Cn Copernicio 277	113 Nh Nihonio 284	114 Fl Flerovio 289	115 Mc Moscovio 288	116 Lv Livermorio 292	117 Ts Tennessinio 294	118 Og Oganesso 294

57 La Lantanio 138.91	58 Ce Cerio 140.12	59 Pr Praseodimio 140.91	60 Nd Neodimio 144.24	61 Pm Promezio 145	62 Sm Samario 150.36	63 Eu Europio 151.96	64 Gd Gadolinio 157.25	65 Tb Terbio 158.93	66 Dy Disprosio 162.50	67 Ho Olmio 164.93	68 Er Erbio 167.26	69 Tm Tulio 168.93	70 Yb Itterbio 173.04	71 Lu Lutezio 174.97
89 Ac Attinio 227	90 Th Torio 232.04	91 Pa Protoattinio 231.04	92 U Uranio 238.03	93 Np Nettunio 237	94 Pu Plutonio 244	95 Am Americio 243	96 Cm Curio 247	97 Bk Berkelio 247	98 Cf Californio 251	99 Es Einsteinio 252	100 Fm Fermio 257	101 Md Mendelevio 258	102 No Nobelio 259	103 Lr Laurenzio 262

Metalli

LO SAPEVI?
Il tungsteno ha il più alto punto di fusione di tutti i metalli. Si scioglie a 3410 °C.

- **La maggior parte degli elementi** conosciuti (di fatto il 75 percento) sono metalli.
- **In genere i metalli sono duri** ma anche malleabili. Significa che possono essere lavorati in lamine sottili senza che si rompano.
- **I metalli di solito sono lucidi**, forti e buoni conduttori (cioè trasportano bene) calore ed elettricità.
- **Invece di formare molecole separate**, gli atomi di metallo sono tenuti insieme da legami metallici e creano strutture reticolari (regolari disposizioni tridimensionali).
- **Tutti i metalli** hanno gusci di elettroni neanche mezzo pieni. Nelle reazioni chimiche, i metalli cedono i loro elettroni ai non metalli.

◄ *L'oro fuso viene versato in stampi in una fonderia. Quando il lingotto si raffredda, forma barre che sono pure al 99,99 percento circa.*

- **La maggior parte dei metalli** si trova naturalmente nel terreno, in rocce chiamate minerali. Oro, rame, mercurio, platino, argento e alcuni altri metalli rari si trovano in natura nella loro forma pura.
- **Il mercurio** è l'unico metallo che a temperatura ambiente è liquido. Si scioglie a -38,87 °C.
- **Quando venne sintetizzato il flerovio** (numero atomico 114), nel 1999, si pensava che questo elemento fosse un nuovo metallo, ora invece gli scienziati lo ritengono più simile a un gas.

▶ *La resistenza dell'acciaio è un componente essenziale in grattacieli come le Torri Petronas a Kuala Lumpur (Malesia).*

Leghe

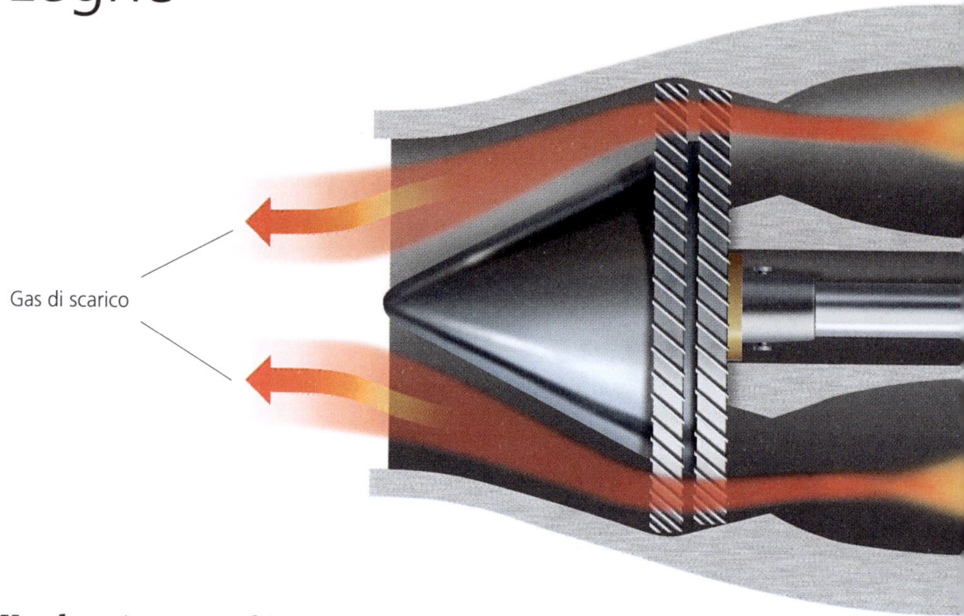

- **Una lega è una combinazione artificiale** di metalli in cui un metallo viene aggiunto a un altro per mettere insieme le proprietà di entrambi.
- **Il bronzo è una lega** di rame e stagno. Il rame è un metallo morbido che, combinato con lo stagno, diventa più resistente. L'uomo scoprì come fabbricare il bronzo circa 6000 anni fa. Prima di allora, utensili e armi erano fatti in pietra o in rame.
- **L'ottone è una lega** di rame e zinco.
- **Il peltro è una lega** di stagno con un po' di rame e antimonio per indurirlo. Nel Medioevo veniva usato molto spesso per le stoviglie.
- **L'acciaio è una lega resistente** di ferro con tracce di carbonio e l'aggiunta di altri metalli come il tungsteno. È utilizzato in una varietà di prodotti, dai materiali da costruzione alle attrezzature da cucina.

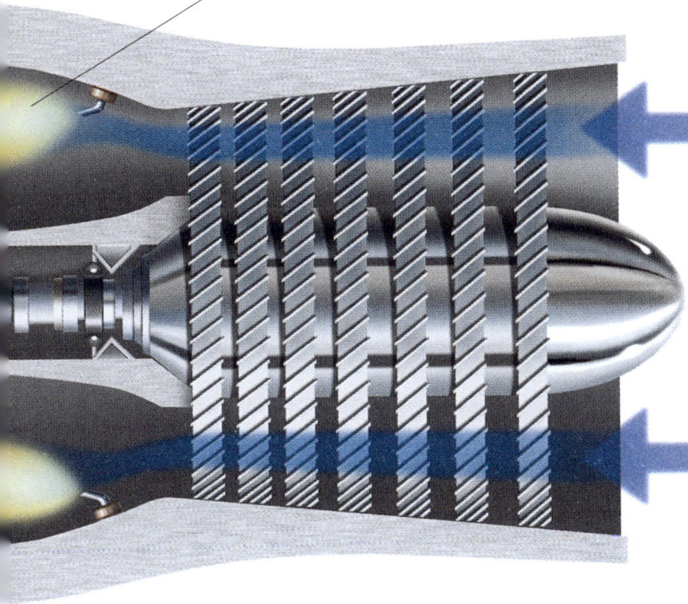

◀ *I motori a reazione devono essere resistentissimi e allo stesso tempo leggerissimi. Le leghe di titanio soddisfano entrambi i criteri.*

- **I veicoli spaziali** sono fatti di leghe incredibilmente leggere e resistenti come alluminio e litio.
- **Le leghe di titanio** sono tra i materiali più forti in assoluto, leggeri e allo stesso tempo resistenti al calore e alla corrosione, motivo per cui sono usati nell'industria aeronautica e aerospaziale.
- **I dati vengono memorizzati** nelle scanalature presenti sulla superficie di CD e DVD realizzate in una lega chiamata GeSbTe, composta da tellurio, antimonio e germanio, che potrebbe in futuro essere usata nella memoria dei computer.
- **Nel 2008 gli scienziati hanno approntato** una lega di boro, alluminio e magnesio con boruro di titanio che è dura quasi quanto un diamante e scivolosa come il Teflon®, per questo viene usata per proteggere parti meccaniche dall'usura.

Alluminio

◀ *La bauxite, minerale di alluminio, forma strati profondi e polverosi nelle zone tropicali.*

- **L'alluminio** è di gran lunga il metallo più comune sulla superficie terrestre: forma l'8 percento della crosta.
- **L'alluminio** non è mai presente in natura allo stato puro. In genere si trova combinato con altri elementi nei minerali contenuti nelle rocce.
- **La fonte principale di alluminio** è costituita da strati di bauxite, morbida roccia minerale che è principalmente idrossido di alluminio.
- **Le polveri di allume** formate da composti di alluminio si usano nei processi di tintura dei tessuti. L'alluminio puro fu prodotto per la prima volta nel 1825 dallo scienziato danese Hans Ørsted.
- **Il primo processo industriale** a impiegare energia idroelettrica fu, nel 1887, proprio la produzione di alluminio, con la costruzione di un impianto sul fiume Reno, in Europa.
- **Appena prodotto, l'alluminio** è di colore argento, ma si ossida presto a contatto con l'aria, virando verso il bianco. Si corrode molto lentamente ed è uno dei metalli più leggeri.
- **Il corindone**, un ossido di alluminio cristallizzato, è uno dei materiali più duri, infatti viene usato per affilare i coltelli.

- **Il punto di fusione dell'alluminio** è 650 °C, mentre il punto di ebollizione è 2450 °C.
- **Ogni anno** vengono prodotte 21 milioni di tonnellate di alluminio, prevalentemente dalla bauxite estratta in Brasile e Nuova Guinea.

▼ *Il duralluminio (alluminio con un po' di rame e manganese), vista la sua leggerezza e resistenza, è largamente utilizzato per costruire gli aerei.*

Ferro e acciaio

- **Il ferro è l'elemento** più comune. Costituisce il 35 percento della Terra, la gran parte nel nucleo.
- **Il ferro si trova più facilmente** sotto forma di minerali di ferro che puro, e per estrarlo i minerali vengono riscaldati in altiforni.
- **Il simbolo chimico del ferro** è Fe, dalla parola latina *ferrum*. I composti di ferro sono chiamati ferrosi o ferrici.
- **Il ferro** ha un numero atomico di 26 e una massa atomica di 55,85.

▼ *Il ferro fuso viene versato in una fornace di un'acciaieria. La temperatura del metallo liquido è di circa 1500 °C.*

▲ *Queste cucine in acciaio sono rese "inossidabili" grazie all'aggiunta di cromo, che mantiene l'acciaio perennemente lucido e liscio.*

- **Il ferro conduce** abbastanza bene il calore e l'elettricità e si scioglie molto lentamente nell'acqua. Il ferro si magnetizza facilmente, ma altrettanto facilmente perde il suo magnetismo.
- **L'ossido di ferro** (ruggine) si forma quando il ferro si combina con l'ossigeno, soprattutto in presenza di umidità.
- **La ghisa**, ferro con 2-4 percento di carbonio e 1-3 percento di silicio, è adatta a essere colata in stampi. Il ferro battuto è quasi puro, con basso tenore di carbonio, facile da forgiare per realizzare ringhiere e cancelli.
- **Il ferro si trasforma in acciaio** con l'aggiunta di tracce di carbonio. L'acciaio si usa in molti prodotti, tra cui automobili e binari ferroviari.
- **Il 60 percento** di tutto l'acciaio viene prodotto con il processo a ossigeno, in cui l'ossigeno viene soffiato sul ferro fuso per bruciare (eliminare) le impurità.
- **Speciali leghe di acciaio** come gli acciai al cromo si ottengono da rottami di ferro (a basso contenuto di impurità) in forni elettrici ad arco.

Rame

- **Il rame si adopera** da più di 10.000 anni. Fu uno dei primi metalli a essere usati dall'uomo.
- **È uno dei pochi metalli** che si trova in natura nella sua forma pura, ma la maggior parte del rame che usiamo oggi proviene da minerali come cuprite e calcopirite.
- **I più grandi giacimenti di rame** allo stato puro si trovano nelle lave vulcaniche delle Ande cilene.
- **Il rame è di gran lunga** il miglior conduttore di elettricità a basso costo, motivo per cui è largamente utilizzato per realizzare cavi elettrici.

▼ *Parecchi edifici moderni sono rivestiti in rame per il suo bel colore, sia quando è nuovo, sia quando si ossida formando una patina verde.*

LO SAPEVI?

Il rame è fondamentale per la tua salute. Tracce di rame aiutano a trasportare l'ossigeno nel tuo corpo, a mantenere il colore dei tuoi capelli e a produrre ormoni.

- **È anche un buon** conduttore di calore, infatti si utilizza per realizzare i fondi delle pentole.
- **Il rame è così duttile** che una barra di rame del diametro di un dito può essere trafilata fino a diventare più sottile di un capello.
- **Esposto all'aria** per un po', il rame si ricopre di una sottile patina verde di carbonato di rame detta anche verderame.

▼ *Il ben noto verde pallido della Statua della Libertà deriva da una sottile patina di carbonato di rame formatasi sulla sua superficie.*

Calcio

- **Il calcio è un metallo** morbido bianco-argenteo. Non si trova in natura nel suo stato puro ed è il quinto elemento più abbondante sulla Terra.
- **Il calcio è uno dei sei metalli** alcalino terrosi che costituiscono il gruppo 2 della tavola periodica.
- **La gran parte dei composti di calcio** sono solidi bianchi (calce) che comprendono sostanze come gesso, porcellana, smalto (presente sui denti), cemento, conchiglie e calcare.
- **La parola calce** in inglese, *lime*, deriva dal latino *limus*, che significa limo, fango.
- **La calce viva** è ossido di calcio che viene chiamata così perché si attorciglia e si gonfia quando vi goccia sopra dell'acqua, come fosse viva.

◄ *Bevendo il latte assumi il calcio di cui il tuo corpo ha bisogno per mantenere denti e ossa sani.*

▼ *Il guscio d'uovo che protegge un pulcino fino alla schiusa è fatto di carbonato di calcio.*

La calce spenta, o calce idrata è idrossido di calcio. È chiamata così perché "spegne" la sete (il bisogno) di calce delle piante nei terreni troppo acidi.

Le luci della ribalta, in inglese *limelight*, era la luce intensa adoperata nei teatri ai tempi in cui l'elettricità non esisteva ancora. Era prodotta scaldando il carbonato di calcio con una miscela di ossigeno e idrogeno. Fu sostituita dall'illuminazione elettrica, ma da allora, per questo motivo, le persone sotto gli occhi del pubblico sono spesso definite "sotto le luci della ribalta".

Il calcio aumenta la rigidità di ossa e denti e aiuta a controllare i muscoli. Il tuo corpo lo assume dai latticini come il latte e il formaggio.

Ossigeno

- **L'ossigeno è il secondo elemento** più diffuso sulla Terra. È un gas incolore, inodore, insapore e costituisce il 20,94 percento dell'aria.

LO SAPEVI?
La gran parte dell'ossigeno contenuto nell'aria è prodotto da organismi marini chiamati alghe.

- **L'ossigeno è uno degli elementi** più reattivi, quindi nella crosta terrestre si trova di solito combinato con altre sostanze chimiche sotto forma di composti.

- **Le molecole di ossigeno** nell'aria sono formate da due atomi di ossigeno. Le molecole dell'ozono gassoso hanno tre atomi di ossigeno.

- **L'ossigeno diventa liquido** a -182,962 °C. L'ossigeno liquido è di un colore blu pallido. Il suo punto di congelamento è -218,4 °C.

- **Gli organismi viventi** dipendono dall'ossigeno, che si combina nelle cellule viventi con altre sostanze chimiche sotto forma di glucosio per produrre energia. Questo processo si chiama respirazione cellulare.

- **L'ossigeno liquido** (LOX) è combinato con altri combustibili come il cherosene per produrre carburante per razzi.

◄ *L'ossigeno è necessario perché si verifichi la combustione.*

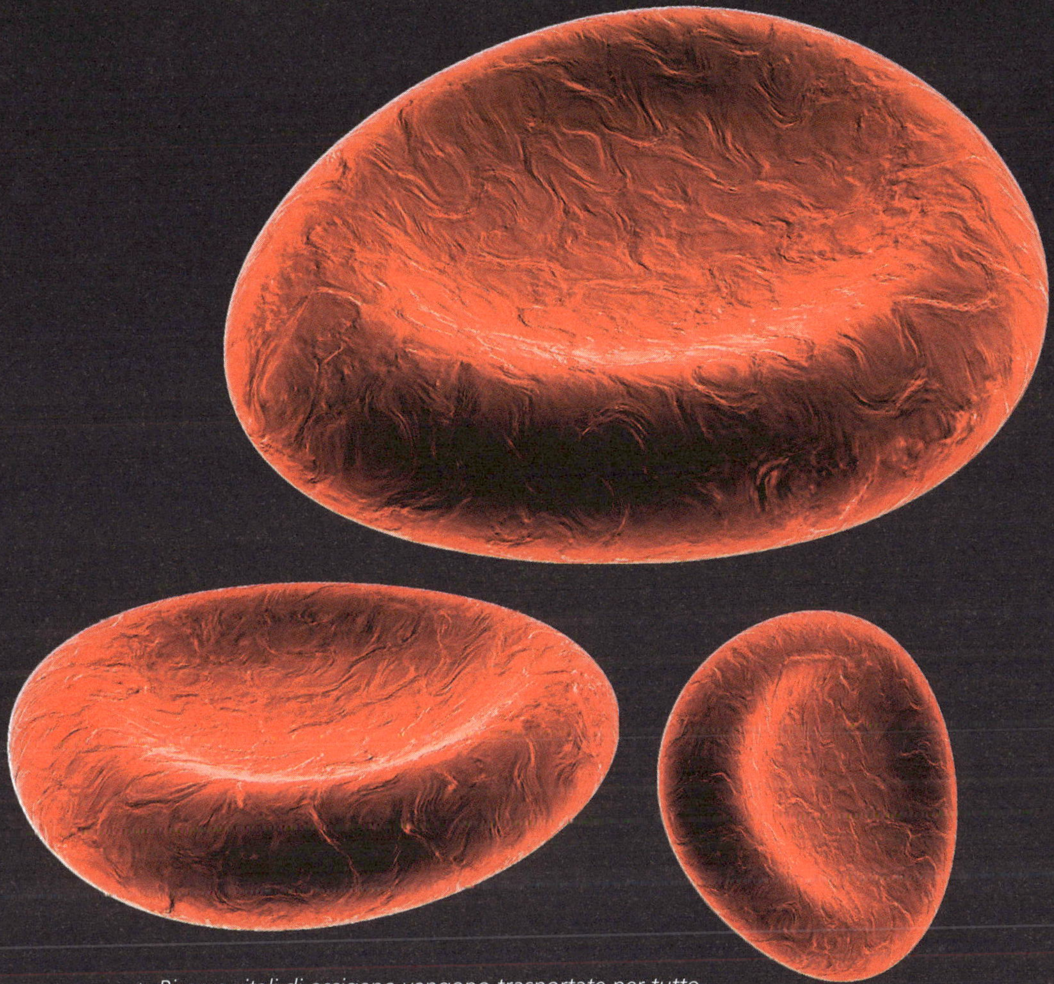

▲ *Riserve vitali di ossigeno vengono trasportate per tutto il corpo nei globuli rossi legate a una molecola chiamata emoglobina la quale, combinata con l'ossigeno, diventa rossa.*

L'ossigeno fu scoperto in modo indipendente sia dal chimico svedese Carl Scheele sia dal sacerdote e scienziato inglese Joseph Priestley negli anni Settanta del Settecento.

Azoto

- **L'azoto costituisce** il 78,08 percento dell'aria. Come l'ossigeno, è un gas incolore, insapore e inodore.
- **A differenza dell'ossigeno**, l'azoto è inerte (non reattivo), ma è comunque necessario alla vita.
- **L'azoto diventa liquido** a -196 °C e congela a -210 °C.
- **L'azoto liquido può essere usato** per congelare le sostanze in modo talmente rapido da non comportare danni durante il processo di congelamento. Cibi come la frutta possono essere conservati (per rimanere freschi più a lungo) spruzzandoli di azoto liquido.
- **I fulmini forniscono l'energia** per le reazioni tra azoto e ossigeno. Il risultato è l'ossido di azoto che, combinato con l'umidità, produce circa 250.000 tonnellate di acido nitrico al giorno, il quale si deposita al suolo con la pioggia.

LO SAPEVI?

Quando scrocchi le dita, il rumore che senti è il realtà lo scoppio delle bolle di azoto che si formano nel liquido presente nelle articolazioni.

- **I composti dell'azoto** sono chiamati nitrati e nitriti. Entrambi sono importanti nutrienti del terreno che aiutano le piante a crescere.
- **Durante un'immersione** in acque profonde, la pressione dell'acqua rischia di colpire i polmoni di un sub provocando la dissoluzione di azoto nel sangue. Se il sub affiora troppo rapidamente, l'azoto forma bolle, causando un disturbo doloroso noto come "malattia da decompressione", che può anche essere fatale.

▼ *L'azoto liquido è talmente freddo che può essere usato per preparare il gelato in meno di dieci minuti.*

Idrogeno

- **L'idrogeno è il più leggero** tra tutti i gas e gli elementi: una piscina piena di idrogeno peserebbe appena 1 kg.
- **Con un solo protone e un elettrone**, l'idrogeno è il primo elemento della tavola periodica.
- **Ogni 6000 atomi di idrogeno**, ce n'è uno che nel nucleo ha sia un neutrone sia un protone, il che lo rende due volte più pesante. Questo atomo è detto deuterio.
- **Alcuni rari atomi di idrogeno** hanno due neutroni oltre a un protone, e quindi pesano tre volte tanto. Sono chiamati "trizio".
- **L'elemento più abbondante** nell'Universo, l'idrogeno costituisce più del 90 percento del suo peso. Fu il primo a comparire dopo la nascita dell'Universo e solo alcuni miliardi di anni dopo hanno iniziato a formarsi altri elementi.
- **Gran parte dell'idrogeno** sulla Terra si trova combinato ad altri elementi, come l'ossigeno nell'acqua. L'idrogeno allo stato puro si trova di rado in natura, per esempio in piccole sacche sotterranee, e vi sono delle tracce nell'aria.
- **Essendo uno dei gas più reattivi**, è altamente infiammabile, quindi prende spesso fuoco.
- **Sottoposto a fortissima pressione**, l'idrogeno diventa un metallo, quello con la più alta conducibilità elettrica di tutti.

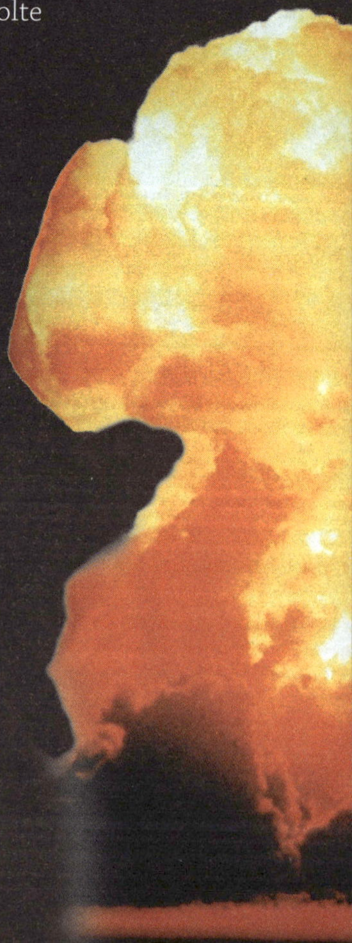

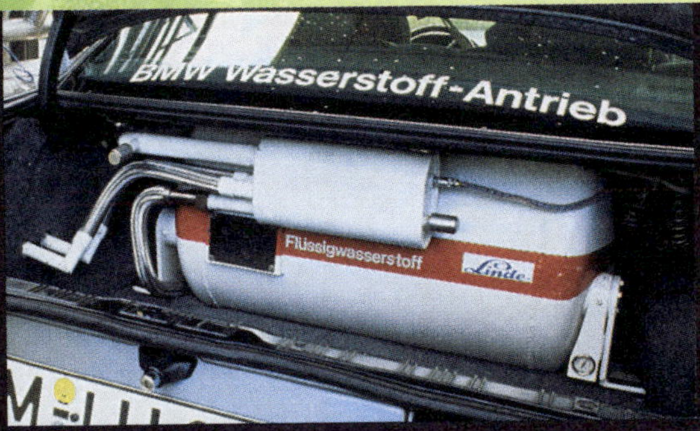

▶ La BMW 735i è stata leader nell'ultima generazione di auto ecologiche sperimentali a idrogeno.

Una cella a combustibile alimentata a idrogeno produce energia elettrica da una reazione chimica tra l'idrogeno (il carburante) e l'ossigeno (l'ossidante).

In futuro molte auto potrebbero essere alimentate da celle a idrogeno che, a differenza dei normali carburanti, producono acqua e non fumi inquinanti. Ma finché le stazioni di rifornimento non venderanno idrogeno, chiunque voglia servirsene non può che ottenerlo da altri carburanti, come il metanolo.

Il carburante per le auto alimentate a idrogeno potrebbe essere prodotto sfruttando celle solari (celle elettriche che convertono l'energia solare in elettricità) per separare le molecole d'acqua in idrogeno e ossigeno. Le auto così rifornite funzionerebbero essenzialmente con una miscela pulita di acqua e luce solare!

Una bomba all'idrogeno è un'arma termonucleare che usa una piccola esplosione nucleare per fondere deuterio con degli atomi di trizio. Si definisce arma termonucleare a causa delle alte temperature necessarie a fondere gli atomi di deuterio (50 milioni di °C) e quelli di trizio (400 milioni di °C).

◀ Le bombe all'idrogeno sono tra le più devastanti di tutte le bombe nucleari, mille volte più potenti delle normali bombe atomiche.

Alogeni

- **Gli alogeni sono elementi chimici** non metallici quali fluoro, cloro, bromo, iodio e astato, che uniti con metalli formano sali. Il termine alogeno deriva da una parola greca che significa "produrre sale".
- **Molti sali nel mare** sono composti da un alogeno e un metallo, come il cloruro di sodio e il cloruro di magnesio.
- **Insieme, gli alogeni** costituiscono il gruppo 17 della tavola periodica. Sono elementi che hanno sette elettroni nei loro gusci esterni.
- **Il fluoro e il cloro** sono entrambi gas. Il fluoro è giallo pallido, mentre il cloro è di un colore verdastro. Il bromo è un liquido rosso e lo iodio un solido nero.
- **L'astato** è un elemento instabile che da solo è di breve durata. Di solito viene sintetizzato artificialmente.
- **Agli atomi di alogeno** manca un elettrone, tendono quindi ad acquistarne un altro per diventare ioni negativi.

LO SAPEVI?

I fluoruri (composti del fluoro) vengono spesso aggiunti all'acqua potabile per prevenire la carie.

- **Gli alogeni sono usati** nelle lampadine, appunto, alogene. Mentre una lampadina alogena si scalda, il suo filamento di tungsteno sublima. Il gas alogeno si combina con gli atomi di tungsteno ridepositandoli sul filamento, così la lampadina ha durata più lunga.

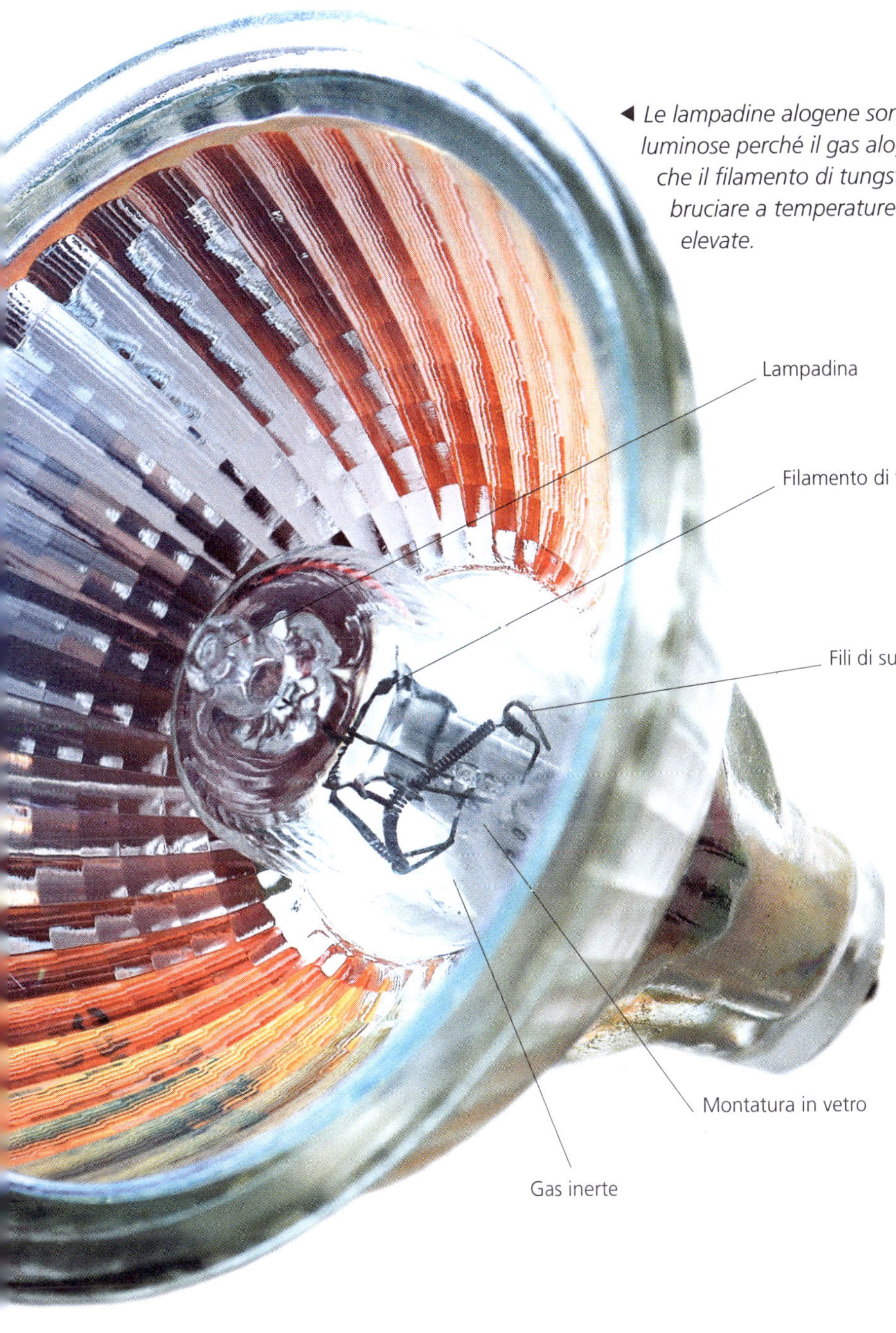

◀ *Le lampadine alogene sono molto luminose perché il gas alogeno fa sì che il filamento di tungsteno possa bruciare a temperature molto elevate.*

Gas nobili

- **I gas nobili** sono un gruppo di gas non reattivi. Sono chiamati così perché rimangono "nobilmente" in disparte, non reagendo con altri elementi.
- **Sei gas nobili** – elio, neon, argon, kripton, xeno e radon – si trovano in natura. Un settimo, chiamato oganesso, è stato sintetizzato non molto tempo fa.
- **Nessuno dei gas nobili è reattivo**, dal momento che i loro atomi hanno gusci esterni completi di elettroni, raggiungono cioè l'ottetto.
- **Sono state ottenute** solo poche centinaia di composti di gas nobili con altri elementi.

▼ *Queste brillanti insegne luminose sono realizzate con tubi di vetro riempiti con gas nobili.*

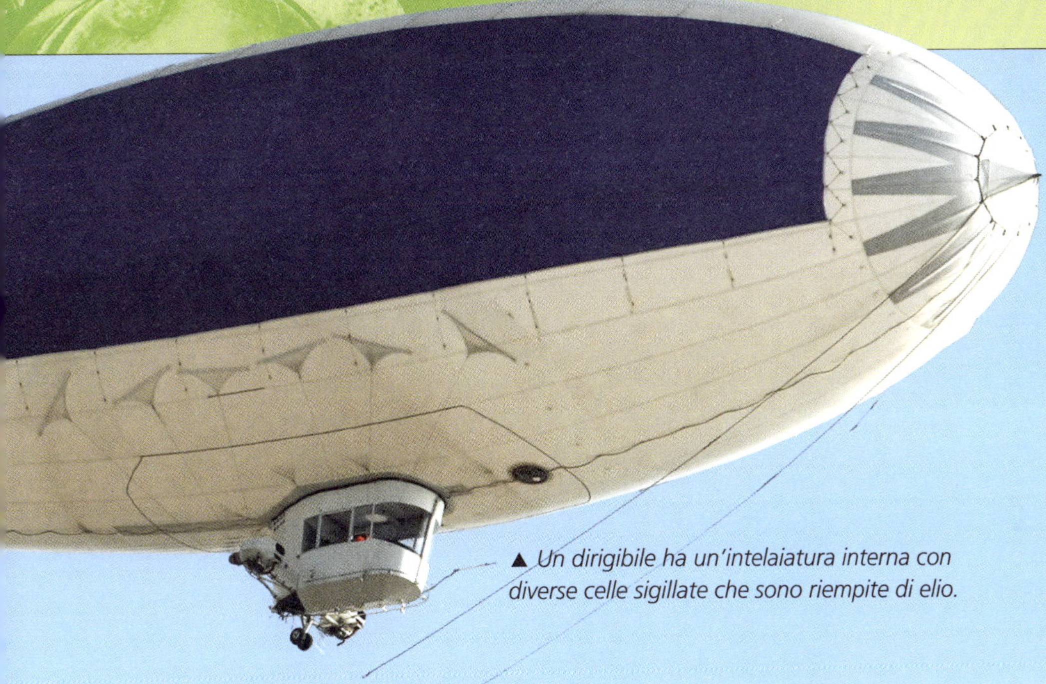

▲ *Un dirigibile ha un'intelaiatura interna con diverse celle sigillate che sono riempite di elio.*

- **L'elio venne scoperto** nell'atmosfera del Sole da Pierre Janssen e Joseph Lockyer nel 1868 mentre ne analizzava lo spettro.
- **L'elio si usa** per riempire aerostati e celle nei dirigibili essendo molto più leggero dell'aria ma non pericolosamente esplosivo come l'idrogeno.
- **Il chimico britannico William Ramsay** scoprì i gas argon, kripton, neon e xeno negli anni Novanta dell'Ottocento distillando aria liquefatta.
- **Il radon, un gas nobile** estremamente tossico, fu individuato nel 1898 dal chimico tedesco Friedrich Dorn.
- **In un tubo a scarica di gas** si fa passare una corrente elettrica attraverso un plasma di gas nobile, facendo sì che risplenda incandescente. Ogni gas genera un colore: le luci al neon, rosso-arancio brillante, l'argon lavanda.

LO SAPEVI?

Se respiri dell'elio gassoso, la tua voce diventa acuta perché il suono si propaga molto più velocemente nell'elio che nell'aria.

Carbonio

- **Il carbonio è il quarto elemento** più abbondante nell'Universo dopo l'idrogeno, l'elio e l'ossigeno. La maggior parte si è formata originariamente all'interno delle stelle.
- **Il termine carbonio** deriva dal latino *carbo*, che significa carbone.
- **Gli atomi di carbonio** hanno spazio per quattro elettroni nei loro gusci esterni, perciò il carbonio forma oltre dieci milioni di composti.
- **Il carbonio puro** si presenta in cinque principali allotropi (forme): diamante, grafite, carbonio amorfo, fullereni e nanotubi di carbonio.

▼ *La durezza dei diamanti deriva dalla fortissima struttura tetraedrica (piramide triangolare) secondo cui si dispongono gli atomi di carbonio.*

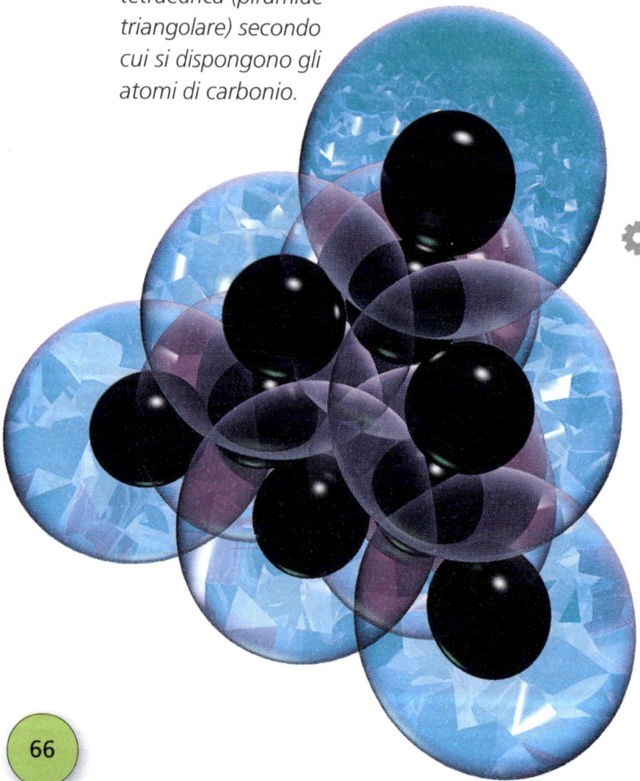

- **Diamante, grafite e carbonio amorfo** si formano in natura, mentre i fullereni e i nanotubi di carbonio sono in genere prodotti artificialmente.
- **Il diamante** è la sostanza naturale più dura sulla Terra. I diamanti naturali si sono formati nelle profondità del nostro pianeta miliardi di anni fa a causa delle enormi pressioni esercitate dal movimento della crosta terrestre. Le attività vulcaniche li hanno poi avvicinati alla superficie.

▶ *Il diamante naturale è una delle sostanze più dure al mondo, forgiato dalla pressione nelle profondità della Terra miliardi di anni fa.*

- **I diamanti sono costituiti** da reticoli incredibilmente forti di atomi di carbonio, ciascuno unito ad altri quattro secondo una disposizione tetraedrica (piramidale).
- **Il carbonio ha il punto di fusione più elevato** di tutti gli elementi, circa 3550 °C, ma di solito sublima (passa direttamente dallo stato solido a quello gassoso) attorno ai 3800 °C.
- **La grafite è una forma di carbonio** che si usa nelle matite. I suoi atomi sono disposti in lamelle che scivolano una sull'altra, per questo è abbastanza morbida.
- **Il carbonio amorfo** è il residuo di fuliggine nera che rimane quando bruciano candele o altri oggetti.
- **I fullereni sono grandi molecole** composte da 60 o più atomi di carbonio uniti tra loro in compatte forme cilindriche o sferiche. Il primo fu realizzato nel 1985, e il suo nome si deve all'architetto americano Richard Buckminster Fuller che progettò una cupola geodetica (cioè a forma di Terra) costruita sulla base degli stessi principi strutturali.
- **I nanotubi di carbonio**, tubi di atomi di carbonio del diametro di pochi nanometri (un nanometro è un miliardesimo di metro), sono 20 volte più resistenti dell'acciaio. Si possono piegare e conducono l'elettricità 1000 volte meglio del rame.

Sostanze chimiche vitali

▶ *Le molecole dell'etano, un idrocarburo gassoso, sono formate da due atomi di carbonio (viola) e sei di idrogeno (arancione).*

- **Lo studio dei composti** che contengono atomi di carbonio si chiama chimica organica.
- **Si definisce chimica organica** perché originariamente gli scienziati pensavano che i composti del carbonio esistessero solo negli esseri viventi (la parola organico descrive tutto ciò che è correlato a organismi viventi). I prodotti chimici organici sono la base della maggior parte dei processi vitali.
- **Un tempo gli scienziati** pensavano che i composti del carbonio potessero essere prodotti solo da esseri viventi. Invece nel 1828 il chimico tedesco Friedrich Wöhler sintetizzò l'urea, composto di carbonio, nel suo laboratorio.
- **Oltre il 90 percento di tutti i composti chimici** è organico e si utilizza in un'ampia gamma di prodotti, tra cui vernici, plastiche, cibi, farmaci e combustibili.
- **Gran parte dei composti organici** è costituita da carbonio e idrogeno, spesso combinati con altri elementi quali azoto, ossigeno, fosforo e silicio. I composti di idrogeno e carbonio sono detti idrocarburi e formano il gruppo più grande dei composti del carbonio.
- **I composti aromatici** sono formati da anelli di sei atomi (la maggior parte dei quali di carbonio), uniti ad atomi di idrogeno. Prendono il nome dal forte aroma (odore) del più importante degli aromatici, il benzene.

- **Sono chiamati isomeri** due o più composti che sono costituiti dagli stessi tipi di atomi ma con diverse strutture. Il gas butano per esempio esiste sotto forma di due isomeri: *n*-butano e isobutano.
- **Ci sono molti idrocarburi** naturali nel corpo umano, inclusi ormoni steroidei come testosterone e anche il colesterolo, che contribuisce a formare la membrana cellulare.
- **Idrocarburi e carboidrati** non sono la stessa cosa. I primi sono costituiti da atomi di carbonio e idrogeno, gli altri contengono anche atomi di ossigeno. La componente di ossigeno dei carboidrati consente loro di assumere una grande varietà di forme essenziali per la vita.
- **I carboidrati come amidi e zuccheri** sono le principali fonti di energia per piante e animali.
- **I composti organici** formati da anelli di atomi di carbonio si chiamano composti ciclici. Gli atomi di carbonio di alcuni composti organici si dispongono in catene: vengono definiti composti alifatici e includono i gas etano e propano.

▶ *I colibrì succhiano il nettare dei fiori assumendo così la necessaria dose di carboidrati, essenziale fonte di cibo e quindi di energia.*

Oli

- **Gli oli sono liquidi** che non si sciolgono in acqua e bruciano facilmente. In genere sono fatti da gruppi di atomi di carbonio e idrogeno. Esistono tre tipi principali: oli essenziali, fissi e minerali.
- **Gli oli** essenziali sono leggeri e profumati, di derivazione vegetale e si usano per l'aromaterapia, o anche per condimenti o inalazioni. Gli oli fissi hanno origine da piante (come quelli di noci) e animali (quelli di pesce). Gli oli minerali provengono dal petrolio, che si forma sotto terra nell'arco di milioni di anni dai resti di piccoli organismi marini come il plancton.
- **Il petrolio è una miscela** di composti organici, la maggior parte dei quali idrocarburi combinati con ossigeno, zolfo, azoto e altri elementi.
- **Il petrolio viene separato per distillazione** in sostanze come combustibile aeronautico, benzina e paraffina. In questo processo l'olio, scaldato in una colonna di distillazione, fa evaporare una miscela di gas. Ogni gas si raffredda e condensa ad altezze diverse trasformandosi in un liquido (o in una frazione, una miscela di liquidi che hanno punti di ebollizione simili), che viene poi prelevato separatamente.
- **Ci sono diversi tipi di idrocarburi**, come il petrolio greggio e il gas naturale. Il primo di solito è denso e viscoso, ma può variare in composizione e colore, dal nero sudanese a quello giallo paglierino del Texas.

> **LO SAPEVI?**
> *Il petrolio si usa per produrre una vasta gamma di prodotti, dalle aspirine ai dentifrici e ai CD.*

- **L'idrocarburo più semplice** è il metano, il principale tra i gas naturali. Le sue molecole sono composte da un atomo di carbonio e quattro di idrogeno.

- **Ci sono tre tipi principali** di idrocarburi nel petrolio: alcani, aromatici e nafteni. La proporzione di ciascuno può variare.

◄ *Gli idrocarburi si formano nel sottosuolo nell'arco di milioni di anni dai resti di microscopici organismi marini.*

- **Gli alcani** hanno lunghe molecole a forma di catena, gli aromatici hanno piccole molecole ad anello e i nafteni hanno molecole ad anello di grandi dimensioni.

- **Gli alcani più leggeri** sono gas quali metano, propano e butano (adoperato in stufe da campeggio) e sono tutti buoni carburanti. Le candele contengono una miscela di alcani.

- **L'etilene o etene** (C_2H_4), l'alchene più semplice, serve per produrre materie plastiche. È la base di molti svernicianti e si usa anche per produrre etanolo, l'alcol contenuto in bevande come il vino.

Nuovi materiali

- **I materiali non presenti** in natura ma creati dall'uomo sono detti sintetici.
- **Molti materiali sintetici**, come la plastica, sono polimeri, sostanze con lunghe catene di molecole organiche costituite da molte molecole identiche più piccole, chiamate monomeri.
- **Alcuni polimeri** sono naturali, come la cellulosa delle fibre vegetali.
- **Il primo polimero sintetico**, la parkesine, fu inventato da Alexander Parkes nel 1862.
- **Il primo polimero** sintetico di successo fu la celluloide. Inventata da John Hyatt nel 1869, si iniziò a usarla poco tempo dopo come supporto per le pellicole fotografiche.
- **I polimeri** possono essere combinati per ottenere fibre leggere e resistenti come per esempio la lycra.
- **Il nylon**, la prima fibra completamente sintetica, fu realizzato da Wallace Carothers, della Du Pont, negli anni Trenta.

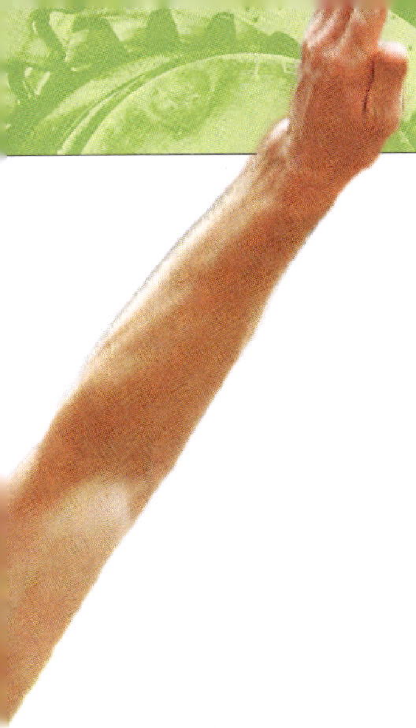

LO SAPEVI?

I nuovi materiali "intelligenti" potrebbero cambiare le loro proprietà in funzione dei mutamenti delle condizioni.

- **Il kevlar è una fibra** sviluppata da Stephanie Kwolek, della Du Pont, negli anni Sessanta, basata su polimeri aromatici. È così leggero e resistente che può essere tessuto per farne un giubbotto antiproiettile.
- **I compositi sono materiali nuovi**, resistenti e leggeri, realizzati combinando un polimero con un altro materiale.
- **La plastica rinforzata con fibra di carbonio** (CRP) è un materiale incredibilmente resistente e leggero sintetizzato incorporando forti fibre di carbonio in una plastica.

▲ *L'atleta paralimpico tedesco Wojtek Czyz ha stabilito un record mondiale di salto in lungo alle Paralimpiadi del 2008 usando una protesi per l'arto inferiore fatta di materiali sviluppati per l'uso nello spazio dalla MST Aerospace.*

Vetro

▲ *Parte delle vetrate di questa finestra sono state colorate con ossidi metallici durante la fabbricazione, il resto è stato dipinto a mano.*

- **Il vetro viene prodotto** scaldando insieme sabbia, soda (carbonato di sodio) e calcare (carbonato di calcio).
- **La silice è un solido** duro e vetroso che si trova nella sabbia. Il vetro potrebbe essere prodotto anche solo dalla silice, ha tuttavia un punto di fusione altissimo (sui 1700 °C), per cui si aggiunge soda per abbassarlo. E visto che molta soda rende il vetro troppo solubile in acqua, si addiziona calcare per ridurne la solubilità.
- **Per realizzare lastre** di vetro si incorporano al mix il 6 percento di calce e il 4 percento di magnesia (ossido di magnesio).
- **Per produrre vetro** per bottiglie si aggiunge alla miscela base il 2 percento di allumina (ossido di alluminio).

- **Il vetro più economico** è verde perché contiene piccole impurità di ferro.
- **Per ottenere colori diversi** si aggiungono ossidi metallici.
- **A differenza della gran parte** dei solidi, il vetro è amorfo (non fatto di cristalli), per questo non ha la stessa struttura rigida degli altri solidi.
- **Quando il vetro si scalda** diventa fluido come un liquido denso.

LO SAPEVI?

Il vetro è cinque volte più resistente alla tensione (la forza di trazione di un materiale) rispetto all'acciaio.

◀ *Il vetro fuso viene modellato in un processo che si chiama soffiatura, in cui si insuffla dell'aria attraverso un tubo.*

Materie plastiche

- **Le materie plastiche** sono materiali sintetici facilmente modellabili e stampabili, in genere polimeri. Le proprietà di una plastica dipendono dal modo in cui si dispongono le molecole polimeriche.
- **Le plastiche si producono** di solito combinando atomi di carbonio e idrogeno per costituire molecole di etilene, unite poi a formare la plastica. Lunghe catene di molecole che scorrono l'una sull'altra danno plastiche flessibili, mentre catene ad angolo forniscono materie plastiche rigide. Molte plastiche derivano da liquidi e gas estratti dal petrolio.
- **I materiali termoplastici** sono morbidi e facilmente modellabili a caldo, ma solidi a freddo. Si utilizzano per prodotti come bottiglie e grondaie. La plastica termoindurente, che non può più essere fusa una volta stampata, si usa per telefoni e maniglie.

▼ *La spettacolare copertura dal colore cangiante dell'Allianz Arena di Monaco (Germania) è fatta di plastica ETFE a base di fluoro.*

▶ *Il palo per il salto con l'asta beneficia della leggerezza, resistenza e flessibilità della fibra di vetro, realizzata in plastica rinforzata con robuste fibre di vetro.*

- **La plastica si può modellare.** Lo stampaggio per soffiaggio utilizza aria compressa per spingere la plastica in uno stampo. La termoformatura sottovuoto usa il vuoto per aspirarla nello stampo. Nell'estrusione, granuli di plastica vengono scaldati e modellati forzandoli attraverso un ugello.
- **Il policarbonato è facile da modellare** e molto durevole e resistente. Si utilizza per produrre, per esempio, lettori mp3.
- **Il polistirolo è molto leggero** ed essendo un buon isolante è utile per prodotti quali tazze usa e getta da tè o caffè.
- **Il polivinilcloruro** (PVC) è una plastica dura, per questo si usa per realizzare serramenti. Può essere ammorbidito con plastificanti per produrre un po' di tutto, dalle scarpe alle bottiglie di shampoo.
- **Il polietilene a bassa densità** (LDPE), leggero e flessibile, serve per avvolgere cibi. Il polietilene ad alta densità (HDPE), con cui si realizzano prodotti come giocattoli, è resistente ma flessibile.
- **Il policarbonato** è resistente ai prodotti chimici, quindi si usa per contenitori per medicinali e prodotti chimici industriali.
- **Alcune plastiche** come Teflon® e tetrafluoroetilene (ETFE), sono realizzate con carbonio e fluoro anziché con idrocarburi.

Aria

LO SAPEVI?
L'aria è una miscela unica che esiste sulla Terra e in nessun altro posto del sistema solare.

- **L'aria è una miscela** di gas, polvere e umidità.
- **L'azoto** costituisce il 78,08 percento dell'aria. Di solito non è reattivo, ma a volte reagisce con l'ossigeno formando ossidi di azoto.
- **L'ossigeno costituisce** il 20,94 percento dell'aria. Gli animali respirano ossigeno, invece le piante, che assorbono la loro energia dalla luce solare, lo emettono con la fotosintesi.
- **L'ossigeno dell'atmosfera terrestre** viene dai miliardi di microrganismi vegetali che galleggiavano negli oceani del mondo primordiale.
- **Nell'aria sono presenti** quantità molto ridotte di gas inerti quali argon, neon, elio, kripton e xeno.
- **Contiene inoltre** una serie di gas più reattivi come anidride carbonica, vapore acqueo, ozono, anidride solforosa e biossido di azoto.
- **Il vapore acqueo** costituisce l'1-7 percento dell'aria, mentre l'anidride carbonica lo 0,03 percento. L'anidride carbonica è continuamente riciclata, essendo emessa dagli animali con la respirazione e assorbita dalle piante attraverso la fotosintesi.

▼ *L'atmosfera della Terra si estende in altezza per solo 10 km. Se paragonata alla buccia di una mela, è molto meno spessa.*

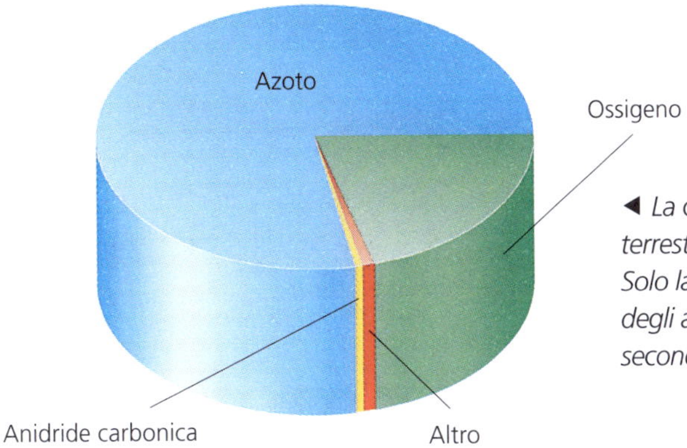

◀ *La composizione dell'atmosfera terrestre è incredibilmente stabile. Solo la proporzione delle tracce degli altri gas tende a cambiare a seconda della quota.*

- **L'ozono costituisce** lo 0,00006 percento dell'aria. È prodotto quando la luce del Sole rompe l'ossigeno. L'idrogeno costituisce lo 0,00005 percento dell'aria e tende sempre a salire verso lo spazio.

- **L'aria di solito è inquinata da gas**, minuscole particelle solide (come fuliggine) e particolato, sotto forma di aerosol (mini goccioline).

- **Un po' di inquinamento** è naturale (polvere da tempeste, fuliggine e fumo da incendi boschivi, cenere da eruzioni vulcaniche). Tuttavia oggi è l'uomo che inquina molto con i gas di scarico delle auto a motore e le emissioni di fabbriche e centrali elettriche.

- **L'inquinamento provocato dall'uomo** immette nell'aria gas come anidride carbonica, metano, ossidi di azoto e ozono. Le particelle degli scarichi delle auto, mescolandosi alla nebbia, formano lo smog, mentre quelle di fuliggine possono causare problemi respiratori.

- **L'anidride carbonica** che viene dalla combustione di petrolio e carbone e il metano prodotto dalle vacche si aggiungono al naturale effetto isolante dell'atmosfera, per questo la Terra si sta gradualmente scaldando: è il fenomeno del riscaldamento globale.

- **La pioggia viene trasformata in acido** dall'inquinamento con composti di zolfo e azoto emessi da centrali elettriche a carbone e a petrolio, da fabbriche e da veicoli a motore.

Acqua

- **L'acqua è l'unica sostanza** che, a temperature normali, esiste in tutti e tre gli stati della materia: solido, liquido e gassoso. Si scioglie a circa 0 °C e bolle attorno ai 100 °C.

- **Il punto di ebollizione** dell'acqua varia a seconda della pressione atmosferica. È a 100 °C al livello del mare, ma a soli 68 °C sulla cima dell'Everest (il punto più alto della Terra), dove la pressione atmosferica è bassa.

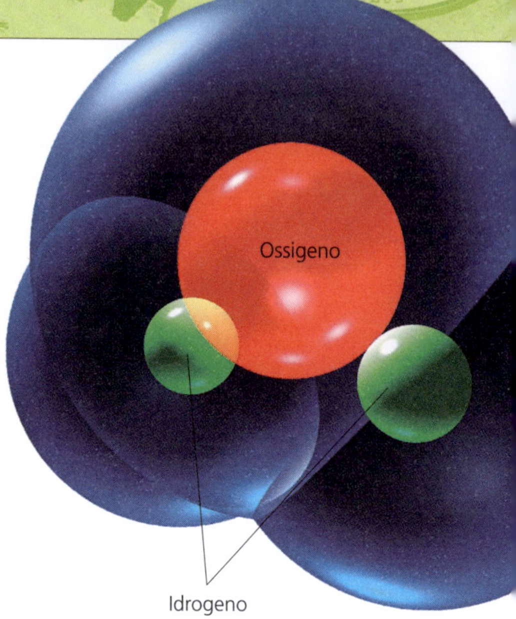

▲ *La molecola a forma di V dell'acqua ha un atomo di ossigeno (rosso) alla base e un atomo di idrogeno (verde) su ciascuna punta.*

- **Il ghiaccio ha una densità** molto minore dell'acqua, motivo per cui si forma sulla superficie dei laghi e per cui gli iceberg galleggiano.

- **L'acqua è una delle poche sostanze** che, ghiacciando, si espande, per questo i tubi scoppiano quando fa freddo. Ha una capacità straordinaria di diluire altre sostanze.

- **L'acqua è un composto** di due atomi di idrogeno legati a uno di ossigeno. La formula chimica è H_2O. Una molecola d'acqua ha la forma di una "V" appiattita, con un atomo di idrogeno su ciascuna punta.

- **Si dice che una molecola d'acqua** sia polare perché l'ossigeno al vertice ha carica elettrica negativa.

- **Sostanze simili all'acqua, come l'ammoniaca** (NH_3), esistono allo stato gassoso al di sotto di 0 °C.

LO SAPEVI?
Il cervello umano è costituito per l'85 percento di acqua, le ossa per circa il 33 percento.

- **L'acqua rimane in forma liquida** fino a 100 °C perché coppie delle sue molecole polari creano legami forti: le estremità caricate positivamente di una molecola sono attratte dalle estremità caricate negativamente di un'altra.
- **Il modo in cui le molecole d'acqua** sono tenute insieme crea molta tensione superficiale, perciò le gocce d'acqua assumono forma sferica.
- **L'acqua ricopre** il 71 percento della superficie terrestre. Gran parte si trova in oceani e fiumi, l'1,6 percento nel suolo e lo 0,001 nell'aria sotto forma di vapore, nuvole e pioggia.
- **Ghiacciai e calotte polari** contengono il 2,4 percento dell'acqua della Terra, ma il riscaldamento globale potrebbe ridurne la percentuale.
- **Acqua in forma liquida** potrebbe anche trovarsi altrove nello spazio: piccole quantità sulla Luna, sotto la superficie di Encelado (luna di Saturno) e di Europa (luna di Giove). Ghiaccio è presente su Marte e Titano, luna di Saturno.

▼ *È noto da tempo che su Marte si trova dell'acqua sotto forma di ghiaccio ai poli, ma non si sa ancora se sul pianeta esista anche allo stato liquido.*

Rothmans
RENAULT
Castrol
Rothmans
VILLENEUVE
RENAULT
FA

Energia, forza e moto

Peso e massa

- **La massa è la quantità di materia** di un corpo. La massa non equivale al peso: in fisica per peso si intende la forza di gravità che agisce su un oggetto. Il peso di un oggetto varia in base alla sua massa e alla forza di gravità.
- **Un oggetto pesa di più** a livello del mare, più vicino al centro della Terra, che su una montagna.
- **Se tu ti trovassi sulla Luna**, peseresti solo un sesto del tuo peso sulla Terra, perché la gravità della Luna è un sesto della gravità terrestre.
- **Mentre il peso di un oggetto** può variare, la sua massa è sempre la stessa. Per questo motivo gli scienziati usano le unità di massa per definire il peso di qualcosa.
- **Il corpo con la massa più piccola** a oggi conosciuto è il fotone (una particella di energia), che ha una massa di $5{,}3 \times 10^{-63}$ kg.
- **La massa della Terra** è 6×10^{24} (sei trilioni di miliardi) kg circa. Si pensa che la massa dell'Universo sia sui 10^{51} kg (10 seguiti da 50 zeri).

◀ *Gli astronauti sperimentano l'assenza di gravità perché non risentono più dell'effetto della gravità terrestre.*

- **La densità è il rapporto** tra la massa di una sostanza e il suo volume. Si misura in grammi per centimetro cubo (g/cm^3).
- **Le sostanze solide più leggere** sono gli aerogel di silice realizzati per la ricerca aerospaziale. Hanno una densità di 0,005 g/cm^3.

LO SAPEVI?

Le stelle più grandi della galassia hanno una massa 150 volte più grande del Sole, cioè 1,989 x 1030 kg.

▼ *I velivoli sperimentali consentono agli astronauti di provare l'illusione dell'assenza di gravità a scopo di test e come addestramento.*

- **Il gas più leggero** è l'idrogeno, con 0,00008989 g/cm^3. La densità dell'aria è circa 0,00128 g/cm^3.
- **Il solido più denso** è l'osmio, con 22,59 g/cm^3. La densità del piombo si aggira sui 11,37 g/cm^3.

Inerzia e quantità di moto

- **L'inerzia è la proprietà** che induce un corpo a resistere a qualsiasi variazione di velocità causata da una forza. Per esempio, un pallone su una superficie piana non si muove perché l'inerzia lo mantiene dov'è. Un calcio può fornirgli la forza per farlo muovere.
- **La quantità di moto è la massa di un oggetto** moltiplicata per la sua velocità (la velocità con cui si muove in una determinata direzione).
- **Inerzia e quantità di moto** dipendono dalla massa, per questo serve una grande forza per rallentare o accelerare un oggetto pesante.

◄ *Una trottola rimane diritta mentre ruota, perché il suo momento angolare è maggiore della forza di gravità.*

▲ *Un crash test serve per mostrare il danno potenziale causato dalla forza della quantità di moto nel momento in cui dei corpi si scontrano.*

- **Quando un oggetto in movimento** ne colpisce un altro (per esempio dando un calcio a un pallone), la quantità di moto dell'oggetto in movimento (il piede) viene trasferita sull'oggetto colpito (il pallone), facendolo muovere. È il principio di conservazione della quantità di moto.
- **La quantità di moto di un oggetto che gira** è detta momento angolare. Quando un pattinatore che ruota su se stesso avvicina le braccia al corpo, il diametro di rotazione (cioè il cerchio formato dalle braccia) è più piccolo di quello che sarebbe se le braccia fossero aperte. Per mantenere il momento angolare, il corpo del pattinatore gira automaticamente in modo più veloce.
- **Per lo stesso motivo**, un satellite in orbita vicino alla Terra viaggia più veloce di uno che orbita più lontano.

Velocità e accelerazione

- **Quando un corpo si muove** in una direzione a velocità costante, si dice che ha una velocità uniforme. La velocità dell'oggetto può essere calcolata utilizzando la seguente formula:

$$\frac{\text{distanza percorsa}}{\text{tempo}} = \text{velocità}$$

- **L'accelerazione è la variazione della velocità** in un certo intervallo di tempo. Se la velocità aumenta, l'accelerazione è positiva, se qualcosa rallenta (decelera), l'accelerazione è negativa.
- **L'accelerazione si misura di solito** in metri al secondo quadrato (m/sec^2), il che significa che ogni secondo la velocità aumenta o diminuisce di tanti metri al secondo al quadrato. Un proiettile di fucile accelera, lungo la canna, di 3000 m/sec^2. Un'automobile veloce accelera di 6 m/sec^2.

▼ *I motori elettrici accelerano questo "treno proiettile" giapponese a velocità superiori a 250 km/h.*

- **L'attrazione gravitazionale della Terra** fa accelerare gli oggetti che cadono. L'accelerazione con cui ciò accade si indica con il simbolo g (accelerazione di gravità). Sulla Terra corrisponde a 9,8 m/sec^2.

- **In un razzo che viaggia** a 1 g l'accelerazione ha scarso effetto sui passeggeri. A 3 g diventa difficile muoversi e a 4,5 g i passeggeri perdono i sensi nel giro di cinque secondi.

- **Un aereo decolla** a 0,5 g, un'auto frena fino a 0,7 g. In un incidente d'auto si può sopravvivere a una decelerazione fino a 100 g.

▶ *Un velocista allena i suoi muscoli in modo da riuscire ad accelerare il suo corpo alla massima velocità che può raggiungere nel minor tempo possibile.*

Moto

- **Ogni movimento** nell'Universo è governato da leggi. Tre delle più importanti di queste leggi sono state definite dallo scienziato inglese Isaac Newton.
- **La prima legge di Newton sul moto** afferma che un oggetto accelera, rallenta o cambia direzione solo quando gli viene applicata una forza.
- **La seconda legge di Newton sul moto** afferma che l'accelerazione di un oggetto dipende da quanto l'oggetto è pesante e dalla grandezza della forza che agisce su di lui.
- **Maggiore è la forza** che agisce su un oggetto, più l'oggetto accelera. Più è pesante (maggiore è la sua massa), meno la forza lo accelera.
- **La terza legge di Newton sul moto** afferma che quando una forza agisce in un certo modo, una forza uguale agisce nel modo opposto. "A ogni azione corrisponde una reazione uguale e contraria."
- **I motori a razzo** si basano sulla terza legge di Newton. Mentre i gas caldi vengono sparati fuori dai motori a razzo (azione), il razzo reagisce in modo contrario: viene spinto verso l'alto (reazione).
- **Le reazioni non sono sempre visibili.** Quando un pallone rimbalza per terra, sembra muoversi soltanto il pallone. In realtà si muove anche il suolo, nella direzione opposta al pallone, ma poiché la massa della Terra è enorme rispetto a quella del pallone, il contraccolpo è talmente lieve da essere invisibile.

▶ *Grazie alle leggi del moto di Newton, gli scienziati spaziali sono in grado di calcolare con precisione millimetrica la traiettoria prevista di un veicolo spaziale.*

Forze

Una forza è una spinta o una trazione che può far sì che qualcosa inizi a muoversi, rallenti, acceleri, cambi direzione, forma o dimensione. Maggiore è una forza, maggiore è l'effetto che ha.

La forza si misura in newton (N). Un newton è la forza necessaria per accelerare una massa di un chilogrammo di un metro al secondo ogni secondo.

Quando un oggetto si muove, di solito vengono coinvolte più forze. Se si lancia un pallone, per esempio, la forza del lancio la scaglia in avanti, la forza di gravità la tira verso il basso e la forza della resistenza dell'aria la rallenta.

◀ *Una montagna russa produce la sua velocità grazie alla gravità. Mentre sfreccia in discesa, l'attrazione costante della gravità la fa accelerare sempre di più. Una volta raggiunto il fondo di una discesa, lo slancio (quantità di moto) la fa risalire.*

> **LO SAPEVI?**
> La spinta dei motori a razzo del Saturno V era di 33 milioni di newton.

- **La direzione e la velocità** di ogni movimento dipendono dall'effetto combinato di tutte le forze coinvolte, noto come forza risultante.
- **Una forza** ha una certa magnitudine (dimensione) e lavora in una direzione particolare.
- **Una forza** può essere disegnata su un diagramma come una freccia, chiamata vettore. La direzione della freccia mostra la direzione della forza, mentre la lunghezza ne indica l'intensità.
- **Quattro forze fondamentali** operano in tutto l'Universo e sono le forze di gravità, elettrica e magnetica (forza elettromagnetica) e quelle nucleari.
- **Un campo di forza** è l'area interessata da una forza. Più è vicino alla fonte, più forte è il campo.

▶ *Quando un pugile colpisce un punching ball, la palla è mossa dalla forza del suo pugno.*

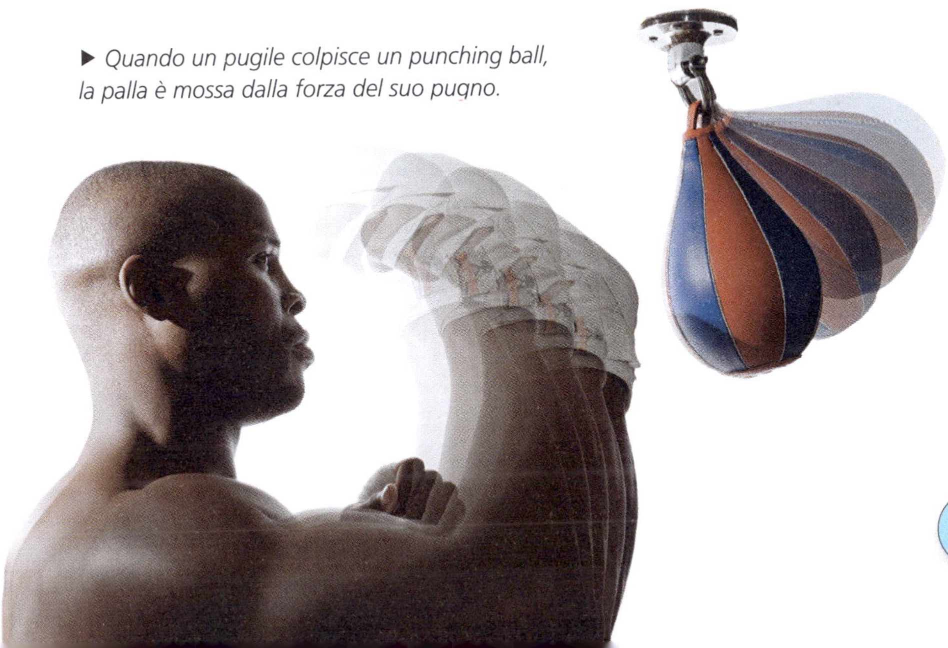

Vettori

- **Le grandezze vettoriali** sono grandezze che hanno una intensità (dimensione) e una direzione. Velocità, forza e accelerazione sono tutte grandezze vettoriali. Gravità, propulsione a reazione e vento, per esempio, possono essere visti come vettori.
- **Le grandezze scalari** hanno una dimensione ma non una direzione. Temperatura, densità e massa sono tutte quantità scalari.
- **Quando a una grandezza vettoriale** viene assegnato un valore, va indicata anche la direzione, di solito mediante una freccia. La lunghezza della freccia indica l'intensità, mentre la direzione individua la direzione della forza.
- **Gli oggetti possono essere sottoposti** contemporaneamente a una combinazione di grandezze vettoriali. Per esempio, se ti siedi su una sedia, la gravità ti tira giù e la sedia ti spinge verso l'alto con la stessa forza, mantenendoti fermo. Se qualcuno spinge la sedia, la forza esercitata, combinata alla gravità, può far ribaltare la sedia.
- **Se si applicano più vettori** a un singolo oggetto, questi possono agire da angoli diversi. L'effetto sull'oggetto (risultante) può essere previsto disegnando un diagramma geometrico.
- **Il parallelogramma delle forze** è un diagramma usato per calcolare la risultante di due forze. Per ogni forza viene disegnata una freccia che parte dallo stesso punto. Una freccia parallela viene poi disegnata dalla fine di ciascuna freccia, fino a formare un parallelogramma. La risultante è la diagonale del parallelogramma.

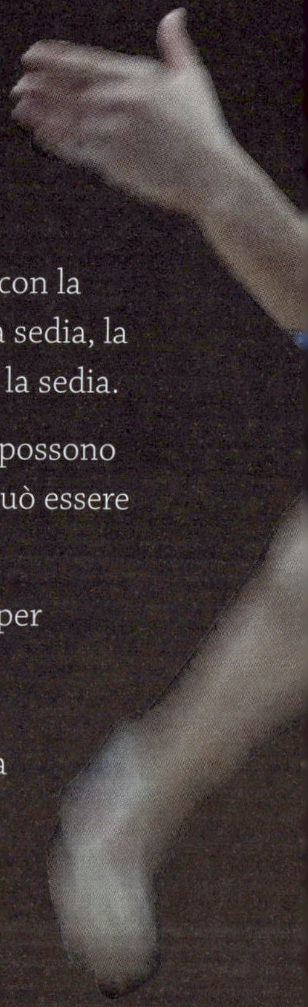

LO SAPEVI?

I grafici vettoriali sono usati per le previsioni del tempo perché descrivono sia la velocità sia la direzione, elemento fondamentale per indicare il corso dei venti o delle tempeste.

◀ *Grazie ai vettori, è possibile tracciare un semplice diagramma geometrico di tutte le forze che agiscono su questa ginnasta, per esempio il suo peso e la quantità di moto.*

Macchine

- **Una macchina**, dal punto di vista scientifico, è un dispositivo che riduce lo sforzo necessario per spostare un carico. Agisce modificando la forza applicata o cambiandone la direzione.
- **Le macchine semplici** comprendono leve, ingranaggi, pulegge, viti e cunei. Le macchine complesse, per esempio le gru, sono formate da combinazioni di macchine semplici.
- **Le macchine riducono lo sforzo** distribuendo il carico su una distanza maggiore o su un tempo più lungo.
- **Il guadagno meccanico** è la misura di quanto efficiente sia una macchina. È il rapporto tra un carico e lo sforzo necessario per muoverlo.

▼ *I carri attrezzi hanno un verricello con un cavo resistente che si avvolge lentamente su un tamburo, ma con una tale forza da riuscire a trascinare i veicoli in panne.*

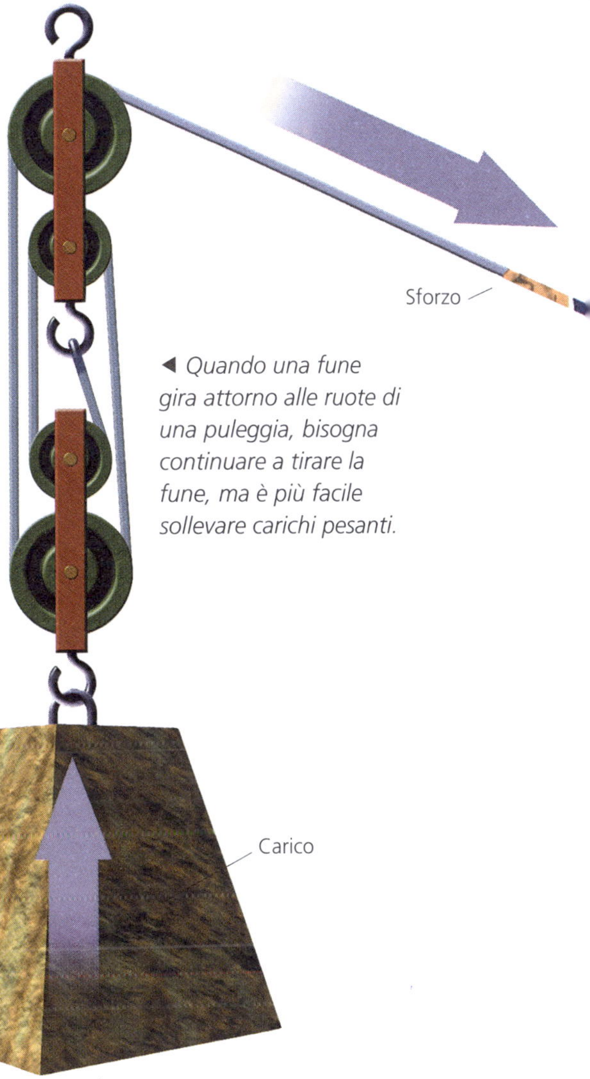

◄ *Quando una fune gira attorno alle ruote di una puleggia, bisogna continuare a tirare la fune, ma è più facile sollevare carichi pesanti.*

- **Il rapporto di velocità** è il rapporto tra la distanza compiuta dallo sforzo e quella compiuta dal carico.
- **In una macchina perfetta**, il rapporto di velocità corrisponderebbe al guadagno meccanico, ma gran parte delle macchine è inefficiente, con perdite tra lo sforzo e il carico dovute a forze quali l'attrito.
- **Gli scienziati parlano di lavoro** ogni volta che una forza muove un oggetto. Il lavoro è la forza applicata moltiplicata per la distanza compiuta dall'oggetto.

- **L'efficienza** di una macchina è il rapporto tra il lavoro effettuato muovendo il carico e quello compiuto nell'applicare lo sforzo.
- **Una delle prime macchine**, un dispositivo di sollevamento dell'acqua a vite ancora oggi in uso, era adoperata dai Sumeri 5500 anni fa.
- **Tra le macchine più grandi in assoluto**, l'escavatore SMEC si utilizza nelle miniere a cielo aperto in Australia. Pesa 200 t e ha ruote alte 3,5 m.

Forze di rotazione

- **Le forze agiscono sempre in linea retta**, ma quando si applica una forza su un oggetto che ruota attorno a un punto fisso (un fulcro), si produce un effetto di rotazione.
- **L'entità dell'effetto della rotazione** è chiamata momento meccanico (dai fisici) o momento torcente (dagli ingegneri). Più lontano dal fulcro viene applicata la forza, maggiore è il momento.
- **Una leva** è una macchina semplice costituita da una barra rigida che in un certo punto della sua lunghezza ruota attorno a un fulcro.
- **In una leva di primo genere**, il fulcro si trova tra lo sforzo e il carico. Pinze e forbici sono leve di primo genere.
- **In una leva di secondo genere**, il carico è tra lo sforzo e il fulcro. Cacciaviti e carriole sono leve di secondo genere.
- **In una leva di terzo genere**, lo sforzo è tra il carico e il fulcro. Le pinzette sono una leva di terzo genere.
- **Un ingranaggio** è una macchina semplice che trasmette movimento attraverso più alberi rotanti (ruote dentate).

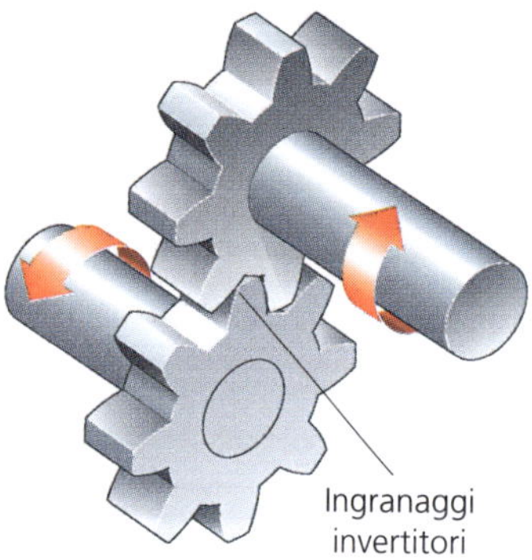

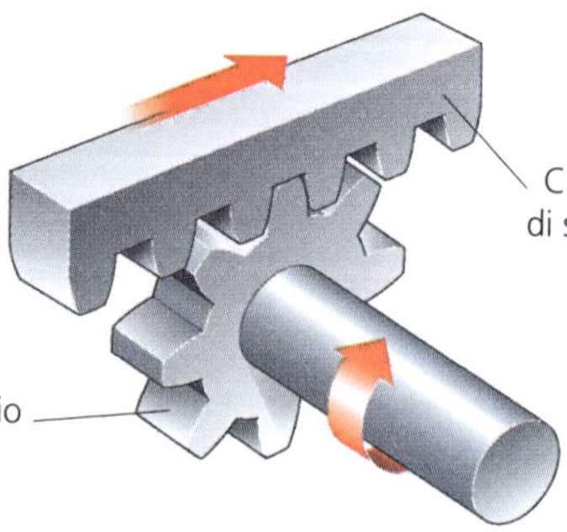

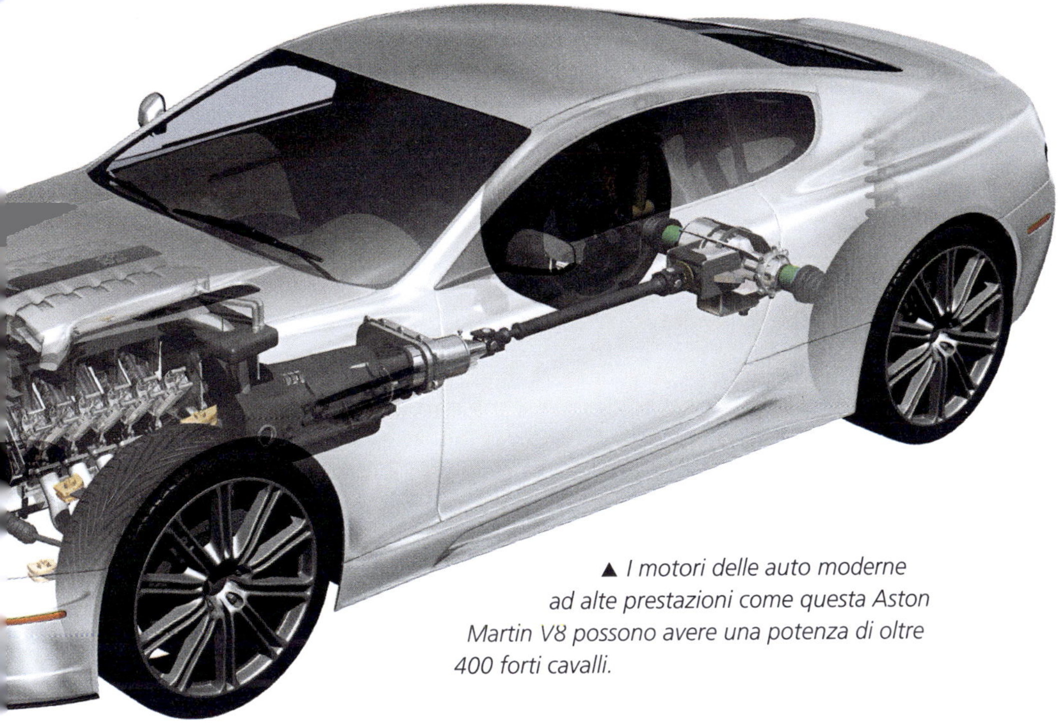

▲ *I motori delle auto moderne ad alte prestazioni come questa Aston Martin V8 possono avere una potenza di oltre 400 forti cavalli.*

- **Il rapporto di trasmissione** è il rapporto tra il numero di denti di due ruote dentate accoppiate. Una ruota con 14 denti gira due volte per far ruotare una ruota con 28 denti, in un rapporto di 2:1.
- **Maggiore è il rapporto di trasmissione**, maggiore è l'incremento della forza di rotazione, ma più lento il movimento della ruota condotta.

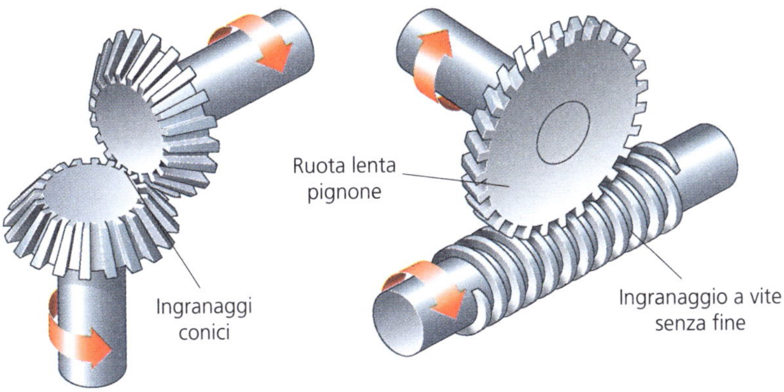

◄ *Gli ingranaggi vengono utilizzati per convertire le forze di rotazione.*

Allungamento e trazione

- **L'elasticità è il grado** al quale un solido può tornare alla sua dimensione e forma originarie dopo essere stato allungato, schiacciato o deformato.
- **Una forza** che deforma un materiale si chiama stress.
- **Tutti i solidi** hanno una certa elasticità, ma alcuni, come gomma, nylon e molle a spirale, sono particolarmente elastici. Un solido torna alla sua forma iniziale quando lo stress si ferma, purché lo stress non superi il limite elastico, che è il punto in cui il materiale perde del tutto la sua elasticità.

▸ *Chi pratica bungee jumping confida che la precisa valutazione dei limiti elastici del cavo lo faccia fermare senza strattoni poco prima di colpire il suolo.*

LO SAPEVI?
Alcuni tipi di gomma possono essere allungati 1000 volte oltre la loro lunghezza originaria prima di raggiungere il loro limite elastico.

- **Lo sforzo** corrisponde a quanto un solido si allunga o si comprime in condizioni di stress. La legge di Hooke, in onore di Robert Hooke, scienziato inglese, afferma che la quantità di sforzo è direttamente proporzionale alla quantità di stress.

- **Quanto un solido** si deforma applicando una certa forza – il rapporto tra stress e sforzo – corrisponde al suo modulo di elasticità.

- **Solidi con un basso modulo** di elasticità (la gomma), sono più elastici di quelli con un modulo alto (acciaio).

- **L'acciaio si può allungare** solo dell'1 percento prima che raggiunga il suo limite di elasticità. Ma se è trasformato in molla, questo 1 percento consente un allungamento o una compressione notevoli.

◀ *La leva della corda dell'arco aiuta l'arciere a tendere molto il materiale elastico dell'arco, ma questo ritorna di scatto alla sua forma originaria con una forza incredibile.*

Pressione

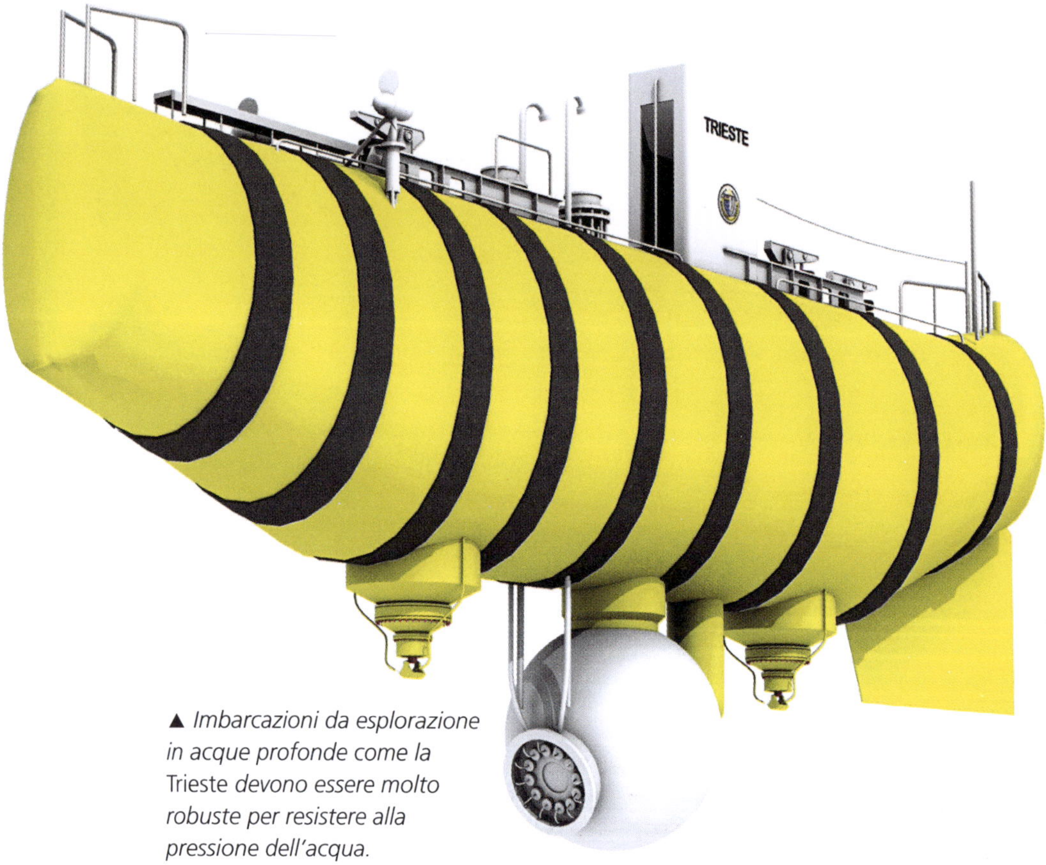

▲ *Imbarcazioni da esplorazione in acque profonde come la* Trieste *devono essere molto robuste per resistere alla pressione dell'acqua.*

- **La pressione è la forza esercitata su una superficie**, che si misura rispetto all'unità di superficie su cui agisce. L'unità standard di pressione è il pascal (Pa). 1 Pa equivale a 1 newton per metro quadrato (N/m^2).
- **La pressione al centro della Terra** può raggiungere i 400 milioni Pa. L'acciaio è in grado di resistere 40 milioni Pa, mentre il morso di uno squalo arriva a 30 milioni Pa.

- **La pressione in un gas o liquido** è l'agitazione delle molecole in rapido movimento sulle superfici che lo circondano o al suo interno.
- **Lo pneumatico gonfio di una bicicletta** sembra rigido a causa dell'agitazione costante delle molecole d'aria al suo interno. Pompando, si spingono più molecole d'aria nello spazio disponibile e quindi la pressione aumenta.
- **Le pressioni sono maggiori nei liquidi** che nei gas perché i primi sono più densi. Più si scende nell'oceano, più aumenta la pressione, perché aumenta la densità dell'acqua.
- **La pressione dell'acqua** a 10.000 m sotto la superficie del mare equivale a quella di sette elefanti in piedi su un piatto.
- **La pressione dell'aria** sul tuo corpo è bilanciata dalla pressione dei fluidi interni al tuo corpo: senza quella interna, la pressione dell'aria lo schiaccerebbe all'istante.

▶ *I palloncini rimangono gonfi perché la pressione del gas al loro interno è maggiore della pressione dell'aria che li circonda.*

Principi di galleggiamento

- **Quando un oggetto viene immerso in un fluido**, il suo peso sposta (spinge via) un certo volume di fluido. Il fluido spostato esercita a sua volta sul solido una forza dal basso verso l'alto che si chiama spinta idrostatica.
- **Se la spinta verticale** è maggiore o uguale al peso dell'oggetto, questo galleggia: è il principio di Archimede.
- **Un oggetto scende nel liquido** fino a che il suo peso eguaglia la spinta verso l'alto dell'acqua: da quel punto galleggia. La capacità di un oggetto di mantenersi a galla si chiama galleggiabilità.
- **La densità di una sostanza** è il rapporto tra la sua massa e il suo volume.
- **Un oggetto galleggia** solo se ha la stessa densità, o è meno denso, del liquido che lo circonda.
- **Una nave d'acciaio può galleggiare** anche se l'acciaio è più denso dell'acqua, perché il suo scafo è pieno d'aria: la nave scende infatti nell'acqua solo fino al livello in cui sposta la quantità di acqua che è uguale al peso combinato dell'acciaio e dell'aria all'interno dello scafo. Da quel livello si mantiene a galla.
- **Le navi galleggiano** ad altezze diverse, a seconda di quanto sono pesanti e di quanto è densa l'acqua.
- **Le navi galleggiano più alte** nell'acqua di mare che nell'acqua dolce, perché il sale rende l'acqua di mare più densa.
- **Le navi galleggiano più alte** nei mari freddi e densi che in quelli tropicali caldi.

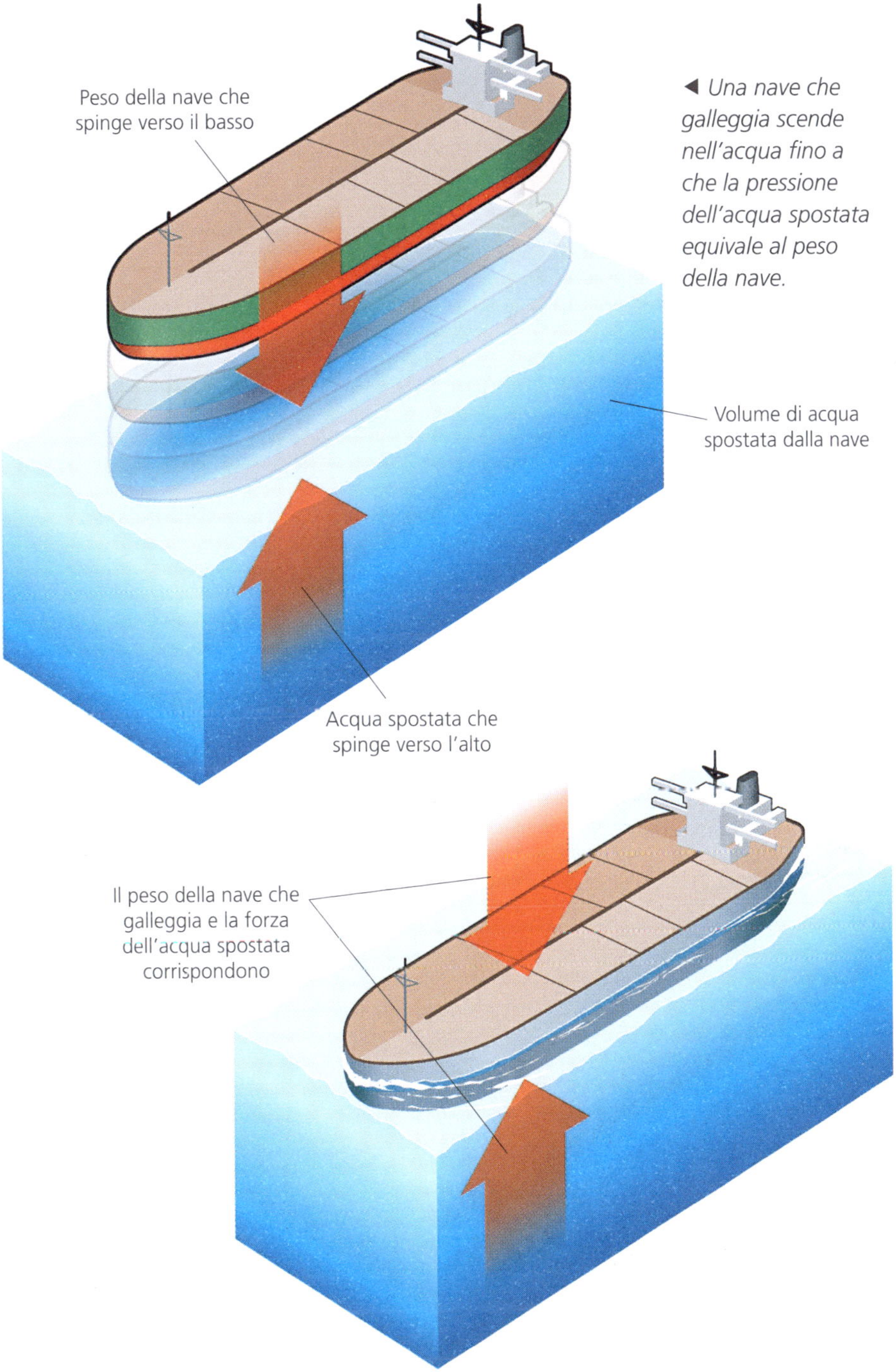

◀ *Una nave che galleggia scende nell'acqua fino a che la pressione dell'acqua spostata equivale al peso della nave.*

Energia

- **L'energia è la capacità** di un sistema di compiere un lavoro. Ha molte forme, dall'energia chimica immagazzinata nello zucchero, a quella meccanica in un treno in corsa.
- **Si verifica una conversione di energia** quando si passa da una forma di energia a un'altra. Se invece l'energia si muove da un posto a un altro si parla di trasferimento di energia.

▼ *All'interno del Sole, l'energia nucleare contenuta negli atomi viene convertita in energia termica, che rende incandescente la superficie.*

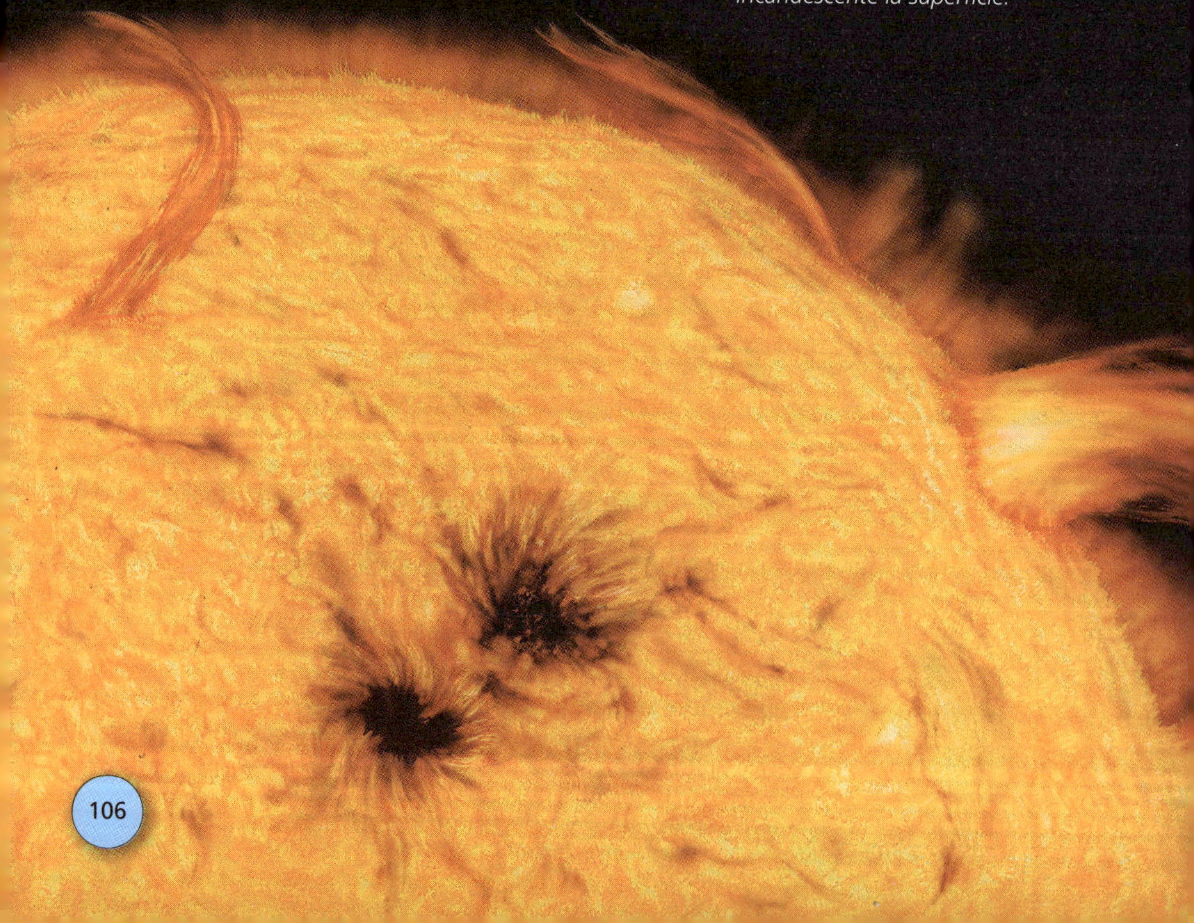

▲ *Quando si bruciano combustibili come il gas, l'energia chimica si trasforma in energia termica.*

L'energia non si distrugge né si crea, semplicemente si trasforma o si trasferisce. La quantità totale di energia nell'Universo è da sempre la stessa. Usare l'energia significa convertirla da una forma all'altra.

L'energia potenziale è l'energia immagazzinata in un corpo o un sistema pronto all'azione. L'energia contenuta in una molla a spirale è un esempio di energia potenziale.

L'energia cinetica è l'energia posseduta da un oggetto nel momento in cui si muove. Una palla che rotola possiede energia cinetica.

Maggiore è la massa o la velocità di un oggetto, maggiore è la sua energia cinetica. Un'auto ha un'energia cinetica quattro volte maggiore a 40 km/h che a 20 km/h.

Conversione di energia

- **L'energia si misura** in joule (J). 1 J equivale alla quantità di energia necessaria per muovere una forza di 1 newton (N) per una distanza di 1 metro. 1 chilojoule (kJ) equivale a 1000 J.
- **L'energia un tempo si misurava** in calorie, ora se ne parla solo quando si fa riferimento al contenuto energetico dei prodotti alimentari. 1 caloria (cal) equivale a 4,187 J e 1 chilocaloria (kcal) corrisponde a 1000 calorie.
- **Il lavoro è il trasferimento di energia** che si verifica quando una forza sposta un oggetto. Il lavoro svolto è la quantità di energia (in J) che l'oggetto ha acquisito.

- **Il lavoro compiuto da una forza nell'unità di tempo** (la velocità con cui l'energia cambia da una forma all'altra) si chiama potenza.
- **La potenza di una macchina** è la quantità di lavoro che compie divisa per il tempo necessario per farlo:

$$\text{Potenza} = \frac{\text{lavoro compiuto}}{\text{tempo}}$$

- **Un transduttore** è un dispositivo che converte l'elettricità in altre forme, per esempio suono, luce oppure movimento. O viceversa. Un altoparlante è un esempio di trasduttore.
- **Le riserve di carbone della Terra** contengono un totale di 2 × 1023 J di energia. Un temporale ne ha 1011.
- **Mentre dormi**, il tuo corpo consuma 60 calorie all'ora. Se leggi o guardi la televisione per tre ore ne consuma 240, e 600 durante un'ora di corsa. In sette ore di duro lavoro fisico si bruciano circa 1000 calorie.

▲ *Una turbina eolica converte l'energia cinetica (movimento) del vento in energia elettrica.*

LO SAPEVI?

In una televisione, l'energia elettrica si trasforma in minuscoli punti di luce colorata.

Calore

- **Il calore è una forma di energia**. È il risultato del movimento di energia termica, che è l'energia combinata delle molecole in movimento.
- **Quando tieni una mano sopra una stufa**, il calore che senti deriva in realtà dall'assalto di miliardi di molecole d'aria che si muovono molto veloci.
- **Il calore è l'energia combinata** di tutte le molecole in movimento, mentre la temperatura è la misura dell'energia media delle molecole.

▼ *Il calore dell'interno della Terra può sciogliere la roccia solida trasformandola in lava liquida incandescente.*

▲ *L'acqua bolle, cioè passa dallo stato liquido a quello gassoso, quando raggiunge i 100 °C.*

- **La temperatura più bassa possibile** è lo zero assoluto, cioè -273,15 °C. A questa temperatura le molecole smettono di muoversi.
- **Se scaldi una sostanza**, la temperatura aumenta perché il calore fa muovere più veloci le sue molecole. La stessa quantità di calore fa aumentare le temperature di sostanze diverse in modo diverso.
- **Il calore specifico** è la quantità di energia richiesta (in J) per scaldare una sostanza di 1 °C.
- **Il calore latente** è la quantità di energia termica rilasciata o assorbita quando una sostanza cambia stato senza cambiare la sua temperatura.
- **Il calore sensibile** è tutto il calore che non viene convertito in calore latente ed è quindi libero di muoversi.
- **Il calore si diffonde** dalla sua fonte e riscalda l'ambiente circostante mentre la fonte di calore si raffredda.

Propagazione di calore

- **Il calore si propaga** in tre modi diversi: per conduzione, convezione e irraggiamento.
- **Per conduzione si intende** la diffusione del calore da aree calde ad aree fredde per contatto diretto. Funziona un po' come una staffetta: le molecole piene di energia, che si agitano o vibrano rapide, urtano quelle vicine facendole muovere a loro volta.

▲ *Il liquido caldo riscalda un cucchiaio di metallo per conduzione.*

- **I materiali come i metalli**, che sono buoni conduttori, sono freschi al tatto perché sottraggono rapidamente il calore dalle tue dita.
- **I migliori conduttori di calore** sono i metalli, in questo ordine: argento, rame e oro.
- **I materiali che conducono lentamente** il calore sono detti isolanti. Aiutano a tenere calde le cose riducendo la perdita di calore. Il legno è uno dei migliori, ma anche l'acqua è efficace.
- **L'irraggiamento è la propagazione del calore** sotto forma di raggi di calore, cioè onde invisibili di radiazione infrarossa.
- **L'irraggiamento diffonde calore** senza contatto diretto.
- **La convezione si verifica** quando dell'aria calda sale attraverso l'aria fredda, come in una mongolfiera.
- **I moti convettivi** sono schemi di circolazione causati dall'aria calda (o un fluido) che tende sempre a salire: la colonna di calore, salendo, trova dell'aria fredda (o fluido) che la raffredda, così torna a scendere. In basso, si riscalda di nuovo e risale, continuamente.

▶ *Una mongolfiera contiene aria scaldata da un bruciatore. Il calore agita le molecole d'aria nel pallone rendendo l'aria all'interno più leggera di quella all'esterno: per questo motivo la mongolfiera si solleva.*

Temperatura

- **La temperatura è la misura** di quanto sia caldo o freddo qualcosa. Le scale di temperatura più note sono la Celsius e la Fahrenheit.
- **La scala Celsius (C)** fa parte del sistema metrico di misura. Prende il nome dall'astronomo svedese Anders Celsius, che la sviluppò nel 1742.
- **Il grado Celsius è detto anche** centigrado perché l'acqua bolle a 100 °C e *cent* è il prefisso latino per 100. L'acqua congela a 0 °C. Sulla scala Fahrenheit (F), invece, l'acqua bolle a 212 °F e congela a 32 °F.
- **Per convertire** i gradi Celsius in Fahrenheit, basta dividere per 5, moltiplicare per 9 e aggiungere 32. Per convertire i Fahrenheit in Celsius, sottrai 32, dividi per 9 e moltiplica per 5.
- **La scala Kelvin (K)** è quella che viene usata dagli scienziati. È come la scala Celsius, ma inizia a -273,15 °C. Significa che 0 °C equivalgono a 273,15 K.

▶ *In questo globo, la temperatura della superficie del mare è indicata dal colore: dalle acque più fredde, in nero, passando al blu, al viola, al rosso, fino a quelle più calde, evidenziate in giallo.*

L'elio passa da gas a liquido a -272,2 °C. La benzina congela sui -50 °C. La temperatura dell'aria più bassa mai registrata sulla Terra è -97,8 °C.

Un fuoco a legna brucia a una temperatura che si aggira sugli 800 °C. Il magma fuso è circa 1200 °C. La superficie del Sole arriva a 6000 °C e il nucleo della Terra a 7000 °C. Un lampo raggiunge i 30.000 °C. Il centro di una bomba all'idrogeno supera i 4.000.000 °C.

Il sangue nel corpo umano ha una temperatura media di 37 °C. Se la temperatura corporea supera i 40 °C è molto calda, sotto i 31 °C è molto fredda. Qualunque cosa oltrepassi i 45 °C, scotta la pelle, anche se ci sono persone che camminano a piedi nudi su carboni ardenti, che possono arrivare anche a 800 °C.

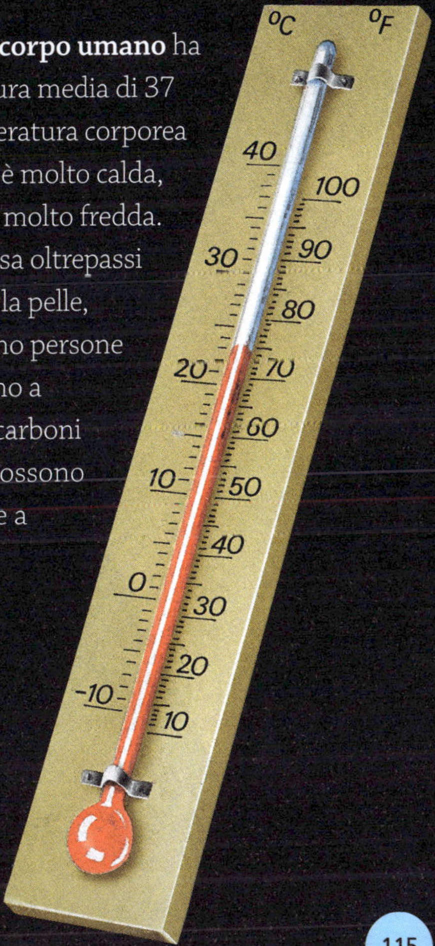

▶ *La temperatura si misura con un termometro. Scaldandosi, il liquido all'interno del tubo sottile si espande e sale.*

Attrito

▲ *L'attrito statico mantiene saldamente in pista gli pneumatici di una macchina da corsa, che slittano solo se l'auto sbanda.*

- **L'attrito è una forza** che agisce contrastando il movimento di due superfici che sono a contatto tra loro.
- **Il tipo di attrito** che impedisce lo spostamento delle cose è noto come attrito statico, quello che lo rallenta è l'attrito dinamico.
- **Più due superfici sono pressate** una sull'altra, maggiore è la forza necessaria per superare l'attrito.
- **Il coefficiente d'attrito** (Cf) è il rapporto tra l'attrito e il peso dell'oggetto che si muove. Lo spostamento di un metallo su un altro metallo ha un Cf di 0,74, mentre quello del ghiaccio sul ghiaccio ha un Cf di 0,1. Ciò significa che è sette volte più difficile far scorrere metallo su metallo che ghiaccio su ghiaccio.
- **Spesso l'attrito scalda le cose**. Mentre due superfici a contatto che scorrono sono costrette a rallentare, parte dell'energia della quantità di moto si trasforma in calore.

- **L'attrito tra due fluidi**, o tra un fluido e un solido, si definisce attrito viscoso: fa sì che i fluidi più densi scorrano con più difficoltà.
- **L'olio riduce l'attrito** creando una pellicola che tiene separate le superfici solide.
- **I freni usano l'attrito dinamico** per rallentare le cose.
- **La resistenza, cioè l'attrito** tra l'aria e un oggetto, è in grado di rallentare un'auto veloce o un aereo che vola.

▼ *Le moto da ghiaccio necessitano di punte affilate di metallo sugli pneumatici per compensare la mancanza di attrito sul ghiaccio scivoloso.*

Termodinamica

- **L'energia non si può distruggere**, ma può essere bruciata. Ogni volta che si utilizza energia, una parte si trasforma in calore.
- **L'energia che si trasforma in calore** si dissipa (si diffonde in ogni direzione) ed è difficile da riutilizzare.
- **Gli scienziati usano il termine entropia** per descrivere quanta energia è divenuta inutilizzabile. Minore è l'energia disponibile per svolgere un lavoro, maggiore è l'entropia.
- **Il fisico tedesco Rudolf Clausius** introdusse la parola entropia nel 1868 per descrivere come tutto avviene perché l'energia si muove naturalmente da aree calde ad alta energia, ad aree fredde a bassa energia.
- **L'energia** fluisce da aree calde a fredde fino a che si equivalgono. Raggiunto tale equilibrio, non c'è più differenza di energia e il flusso cessa: a questo punto l'entropia è al suo massimo.

LO SAPEVI?

L'entropia crescente dell'Universo fornisce una "freccia" che dà una direzione al tempo.

▲ *Una volta bruciata, l'energia del gas non può più essere riutilizzata.*

- **Clausius riassunse questa teoria** negli anni Sessanta dell'Ottocento in due principi della termodinamica.
- **Il primo principio della termodinamica** afferma che l'energia totale nell'Universo è stata fissata per sempre all'inizio del tempo.
- **Il secondo principio della termodinamica** dice che tutte le differenze di energia tendono a uniformarsi nel tempo, quindi l'entropia dell'Universo tenderà sempre ad aumentare.

Motori

- **I motori sono macchine** che convertono del combustibile in movimento. La gran parte funziona bruciando combustibile per far sì che i gas, scaldandosi, si espandano rapidamente.
- **I motori che bruciano** combustibile per generare energia sono chiamati motori termici. Il processo si definisce combustione.
- **I motori a combustione interna**, come quelli di automobili e jet, bruciano carburante all'interno.
- **Nei motori di automobili e treni diesel**, i gas caldi si gonfiano all'interno di una camera di combustione e muovono un pistone o una turbina.
- **I motori a combustione esterna**, come quelli dei motori a vapore, bruciano carburante in una caldaia separata che produce vapore caldo, che a sua volta aziona un pistone o una turbina.
- **I carburanti più comuni** per i veicoli a motore sono benzina e diesel, ma le riserve sono limitate. Alcuni motori ora bruciano biocarburanti come etanolo e metanolo, derivati da piante quali il mais.

▼ *In un motore turboventola l'aria fredda si miscela con i gas caldi e produce una spinta.*

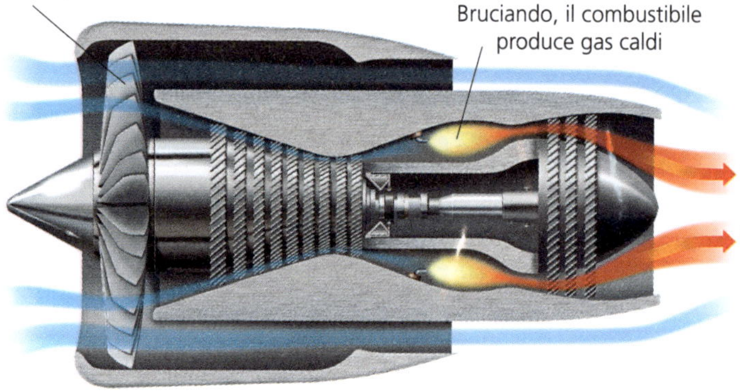

- **Benzina, diesel e biocarburanti** emettono gas che inquinano l'aria, per questo motivo alcuni motori di oggi usano l'idrogeno.
- **I motori con pistoni** che vanno avanti e indietro all'interno dei cilindri sono chiamati motori alternativi.
- **Nei motori a quattro tempi** (usati nella gran parte delle automobili), i pistoni vanno su e giù quattro volte per ciascuna volta che vengono aspirati dai gas caldi. Nei motori a due tempi, come quelli di piccole motociclette e tosaerba, il pistone è spinto giù ogni volta che scende dalla combustione dei gas.
- **In jet e razzi**, i gas caldi si gonfiano e, premendo contro il motore, vengono sparati fuori dalla parte posteriore.
- **In un motore a reazione**, l'aria viene aspirata nella parte anteriore e compressa da ventole, quindi nebulizzata con carburante e bruciata. I gas di combustione aumentano di volume, passano attraverso le palette della turbina e vengono espulsi nella parte posteriore del motore spingendo avanti l'aereo.

▼ *I gas caldi di un motore a reazione trasformano l'elica in un motore a turboelica.*

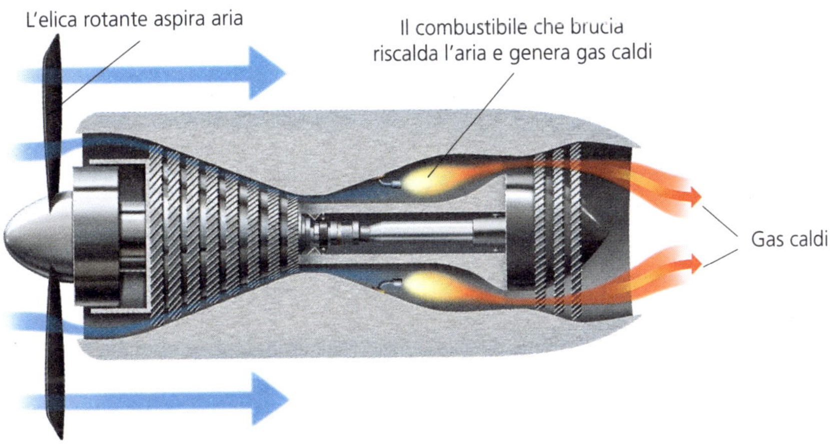

Elettricità, magnetismo e radiazioni

Elettricità

- **L'elettricità è energia**, ed è la principale fonte di energia per gran parte del mondo.
- **Tutti gli elettroni** che compongono ogni singolo atomo trasportano una minuscola carica elettrica. Questa è una forza che riunisce le parti degli atomi (le attrae) o le allontana (le respinge).
- **Alcune particelle** (come gli elettroni) hanno una carica elettrica negativa. Altri ne hanno una positiva. Due particelle con la stessa carica si respingono, mentre due con cariche opposte si attraggono.
- **Quasi tutti gli atomi** hanno un numero uguale di particelle positive e negative, quindi di solito sono elettricamente neutri.
- **Il movimento degli elettroni** può produrre una corrente elettrica, cioè un flusso di elettricità.
- **Un materiale attraverso il quale scorrono gli elettroni** (e carica elettrica), come per esempio il rame, viene chiamato conduttore. I materiali che invece bloccano il passaggio degli elettroni, quali la gomma, si definiscono isolanti.
- **L'elettricità statica** è l'accumulo di carica elettrica su un isolante. È il risultato del trasferimento di elettroni sull'isolante tramite strofinio.
- **La carica elettrica può essere rilevata** e misurata con uno strumento chiamato elettroscopio.

► *Un lampo è un incredibile spettacolo di elettricità naturale. Durante un temporale, la carica elettrica negativa si accumula nella parte bassa di una nuvola, mentre il suolo ha carica positiva. La scintilla di un fulmine, saltando dall'una all'altra, scatena la scarica elettrica.*

Circuiti elettrici

- **Un circuito elettrico** è un percorso senza interruzioni di un materiale conduttore lungo il quale può passare una carica elettrica. Una corrente fluisce solo attraverso un buon conduttore.
- **Sono tre i componenti principali** di un circuito elettrico: un conduttore, una fonte di energia e ciò che alimenta il circuito.
- **Una corrente passa** solo se c'è energia che spinge la carica elettrica, una forza chiamata forza elettromotrice (fem).
- **Una fem è indotta** da una batteria o da un generatore. Senza una fem, gli elettroni carichi si spostano in modo casuale e in varie direzioni all'interno del conduttore. Il movimento casuale non produce corrente elettrica.

▼ *L'elettricità si genera in una centrale elettrica facendo girare bobine di cavo strettamente avvolte (avvolgimenti) tra dei magneti per indurre una corrente nel cavo.*

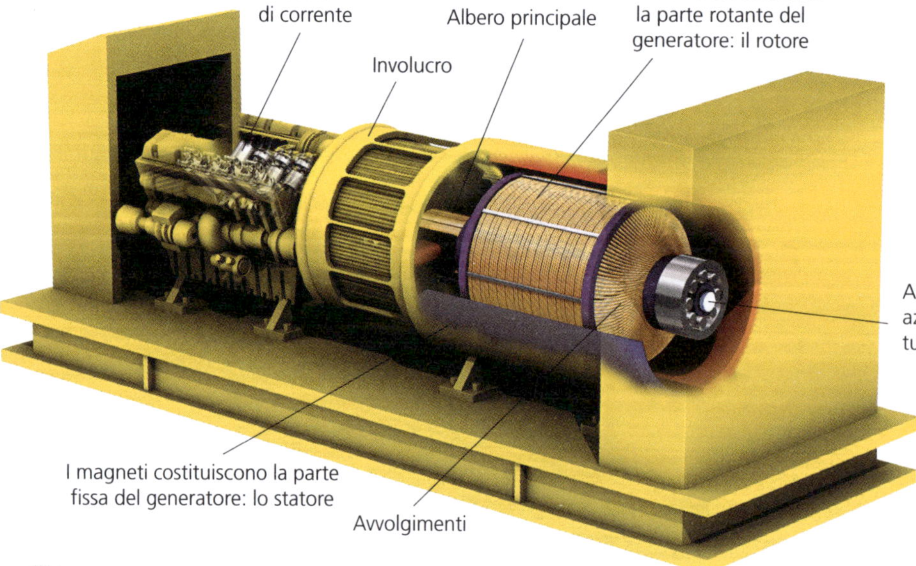

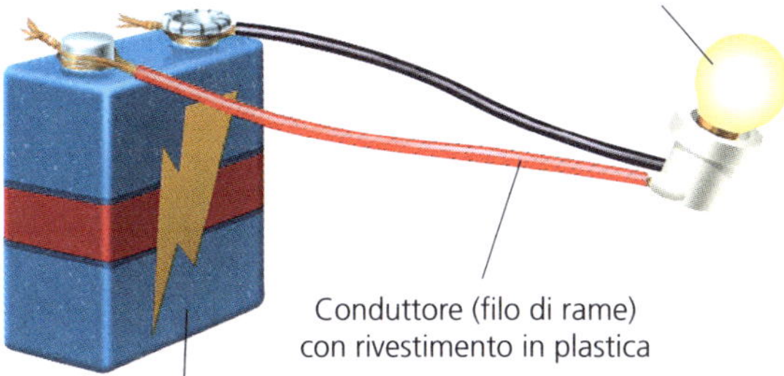

◀ *Una batteria fornisce la fem affinché la corrente elettrica passi attraverso il circuito e accenda la lampadina.*

LO SAPEVI?
La resistenza elettrica della pelle secca è di 500.000 ohm, quella della pelle bagnata di soli 1000 ohm.

- **Quando un conduttore** è collegato a una batteria, gli elettroni carichi negativamente sono attratti verso il polo positivo della batteria, verso il quale scorrono in un'unica direzione. Tale flusso produce una corrente elettrica.
- **Le batterie forniscono energia potenziale** agli elettroni da loro prodotti. La quantità di energia elettrica varia in punti diversi di un circuito. La differenza, chiamata differenza di potenziale, si misura in volt.
- **L'intensità** con cui la corrente fluisce si calcola in ampere. Dipende dalla tensione elettrica e dalla resistenza (quanto il circuito frena il flusso di corrente). La resistenza è misurata in ohm.

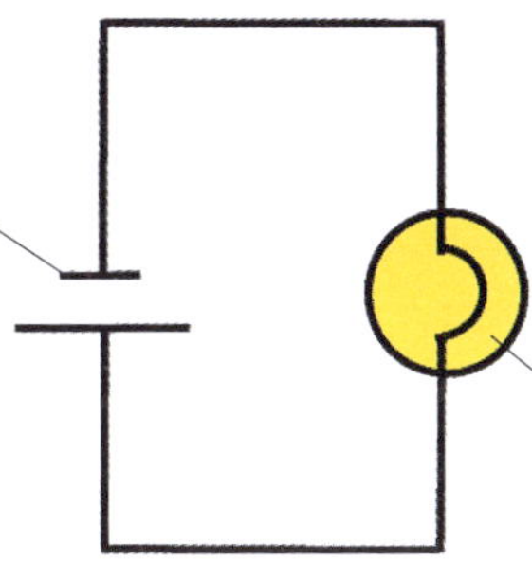

◀ *È possibile rappresentare un circuito elettrico con una semplice linea su un diagramma, con simboli per componenti quali la batteria e la lampadina.*

Magnetismo

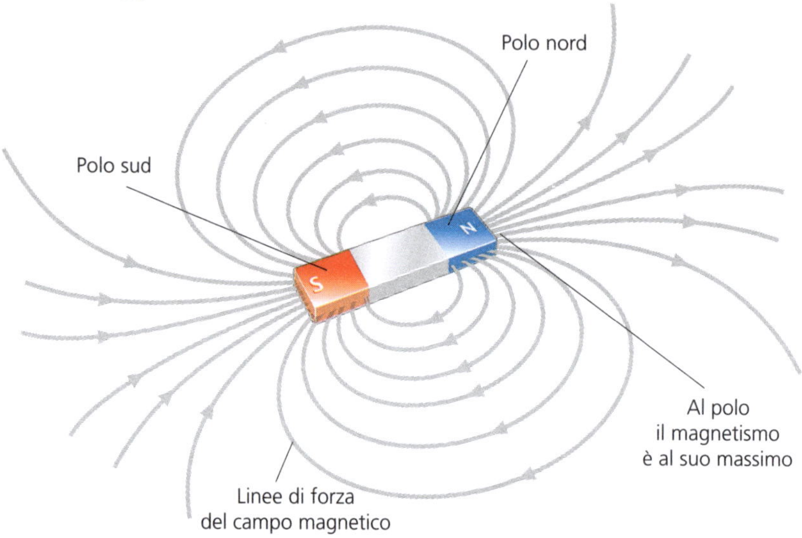

▲ *Un tipico magnete a barra è fatto di acciaio. Su ciascuna estremità, le linee di forza magnetica si incurvano verso l'altro polo.*

LO SAPEVI?

Uno dei magneti più potenti al mondo si trova al Lawrence Berkeley National Laboratory, in California. Il suo campo magnetico è 250.000 volte più forte di quello terrestre.

- **Il magnetismo è la proprietà** di alcuni materiali di attrarre o respingere materiali "simili". Un magnete è un materiale che ha tale proprietà, per esempio il ferro.
- **Un campo magnetico** è l'area intorno a un magnete al cui interno si rileva la sua forza magnetica. Una corrente elettrica genera un campo magnetico.
- **Un magnete** ha dei poli su ciascuna estremità. Il campo magnetico è più forte ai poli. I poli uguali (per esempio i poli nord di due magneti) si respingono e i poli opposti si attraggono.

- **La Terra ha un campo magnetico** generato da correnti elettriche all'interno del suo nucleo di ferro. Il polo nord magnetico è vicino al Polo Nord geografico.
- **Se lasciato libero**, un magnete ruota fino a che il suo polo nord punta verso il polo nord magnetico terrestre.
- **La forza di un magnete** viene misurata in tesla. Il campo magnetico terrestre ha un'intensità di 0,00005 tesla.
- **I materiali magnetici** sono costituiti da gruppi di atomi (domini magnetici). Ogni dominio è un piccolo magnete molecolare con poli nord e sud.

▼ *Le particelle cariche del Sole vengono incanalate nell'atmosfera dal campo magnetico terrestre e generano delle aurore sopra la zona dei Poli.*

Elettromagnetismo

- **L'elettromagnetismo** è la combinazione di elettricità e magnetismo. Ogni corrente elettrica crea il proprio campo magnetico.
- **Fu il fisico scozzese** James Maxwell a sviluppare la teoria elettromagnetica. La sua regola del cavatappi afferma che la direzione di un campo magnetico coincide con il verso di avvitamento di un cavatappi, se questo è puntato nel verso della corrente elettrica.
- **Un elettromagnete** è un potente magnete che è magnetico solo quando una corrente elettrica lo attraversa. Per farne uno, basta avvolgere una bobina di filo conduttore (solenoide) attorno a un nucleo di ferro.
- **Gli elettromagneti** sono utilizzati nella maggior parte delle odierne macchine elettriche, dai distributori automatici di biglietti ai telefoni.
- **I treni a levitazione magnetica** (Maglev) usano elettromagneti per sostenere il treno al di sopra delle rotaie mediante repulsione magnetica.
- **Quando un filo elettrico** viene mosso attraverso un campo magnetico, si induce una corrente nel filo. È la base di ogni tipo di generazione di elettricità.

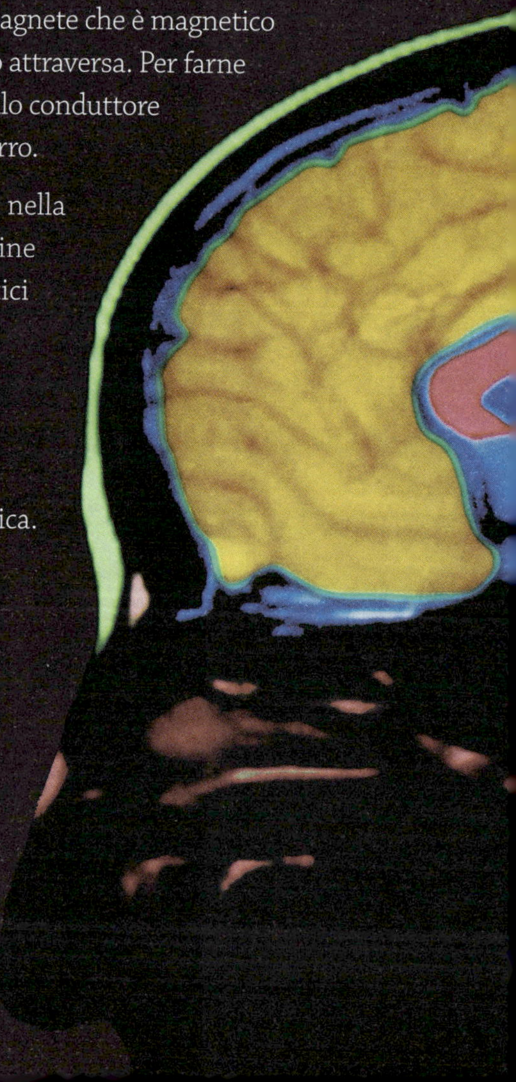

▶ *In una scansione del cervello, la testa del paziente entra in un elettromagnete a forma di anello e le onde radio rivelano qualsiasi anche lieve cambiamento nel campo creato dal cervello.*

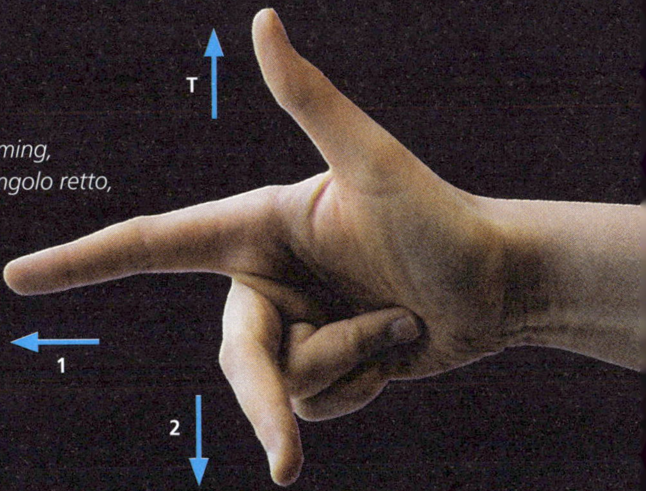

▶ *La regola della mano destra di Fleming, con pollice, indice e dito medio ad angolo retto, mostra la direzione della corrente indotta* ***2*** *quando un filo* ***T*** *si muove attraverso un campo magnetico* ***1****.*

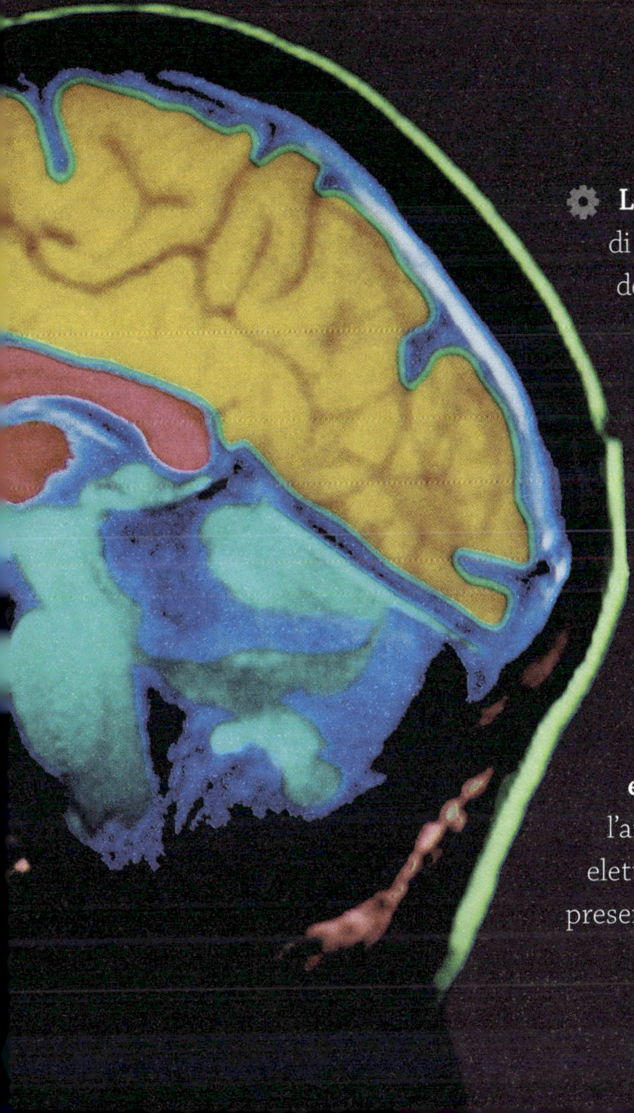

La regola della mano destra di Fleming mostra la direzione del flusso di una corrente elettrica quando un filo si muove attraverso un campo magnetico (immagine sopra).

Gli elettromagneti possono essere accesi e spenti, diversamente dai magneti permanenti.

Un campo elettromagnetico descrive l'area intorno a un oggetto elettrico o magnetico in cui è presente la forza elettromagnetica.

Spettro elettromagnetico

- **La radiazione elettromagnetica** è l'energia emessa dagli atomi. Viaggia in minuscoli pacchetti di energia chiamati fotoni che possono comportarsi come particelle o come onde.
- **Le onde di radiazione elettromagnetica** possono variare in lunghezza e frequenza. Lo spettro elettromagnetico corrisponde all'intera gamma possibile.
- **Le onde più lunghe** superano i 100 km di lunghezza, le più corte misurano meno di un miliardesimo di millimetro.
- **L'occhio umano** vede solo una piccola gamma di lunghezze d'onda, detta luce visibile. Ogni colore che vediamo ha la sua lunghezza d'onda.
- **La radiazione infrarossa (IR)** è la luce emessa da oggetti caldi in onde troppo lunghe per essere visibili all'occhio umano. La radiazione ultravioletta (UV) è la luce emessa da oggetti molto caldi in onde troppo corte per essere viste.
- **Le onde più lunghe della luce includono:** terahertz (si usano per i sistemi body scanner), microonde (per i forni a microonde) e onde radio (per radio, televisori, telefoni cellulari e reti wireless). Le onde più lunghe hanno minore energia delle corte.

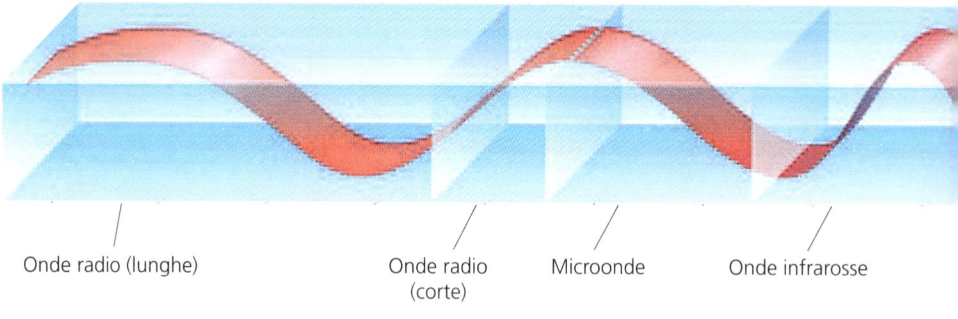

◄ *Questa foto satellitare mostra chiaramente il vicino infrarosso (cioè con onde più corte del calore), riflesso dalla vegetazione rigogliosa (in rosso).*

- **Le onde più corte della luce**, come i raggi UV, X e gamma, hanno più energia e possono passare attraverso alcuni materiali solidi che bloccano la luce, cosa che rende pericoloso esporvisi.
- **A piccole dosi le radiazioni UV della luce solare** abbronzano, mentre esposizioni prolungate possono causare il cancro della pelle.
- **I raggi X sono innocui** per esposizioni brevi e sono abbastanza corti da attraversare la maggior parte dei tessuti del corpo, tranne le ossa. Per questo si utilizzano per realizzare radiografie per uso medico.
- **I raggi gamma** sono pericolosi anche a piccole dosi, possono però servire in alcuni body scanner e per "irradiare" dei semi per impedirne la crescita finché non servirà che riprendano a crescere.

▼ *Lo spettro elettromagnetico spazia dalle lunghe onde radio a bassa energia ai corti raggi gamma ad alta energia.*

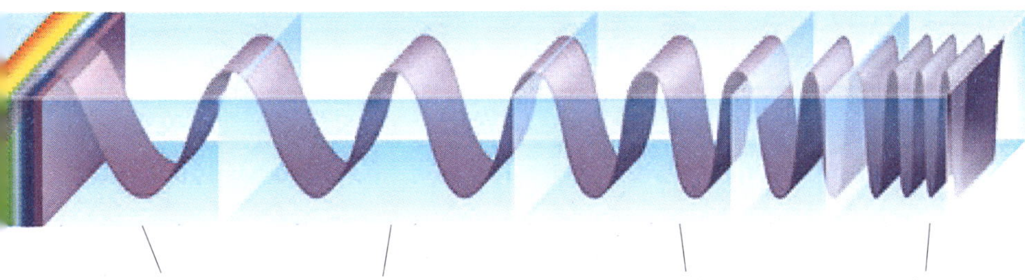

Elettronica

- **L'elettronica è la tecnologia** dei sistemi di controllo elettrici: è alla base di tutto, dai telefoni cellulari ai PC.
- **I componenti elettronici** controllano le operazioni accendendo e spegnendo piccoli circuiti elettrici.
- **I transistor sono componenti chiave** di ogni circuito elettronico, perché controllano il flusso di elettricità.
- **Un transistor controlla** automaticamente le correnti, essendo fatto di un materiale chiamato semiconduttore che può cambiare la sua capacità di condurre elettricità.
- **I diodi sono transistor** con due terminali: un "in" e un "out", che sono semplici interruttori che accendono o spengono la corrente.
- **I triodi sono transistor** con tre terminali: un "in", un "out" e un "controllo". Servono per amplificare la corrente o ridurla.

◂ *Si possono realizzare i telefoni cellulari grazie all'invenzione del chip di silicio, che ha reso fattibile miniaturizzare i circuiti elettronici. All'interno del telefono, un chip trasforma le parole in forma digitale per la trasmissione wireless all'antenna telefonica più vicina.*

LO SAPEVI?

Un microprocessore è un chip contenente tutti i circuiti necessari per le elaborazioni in un computer (CPU, Central Processing Unit, cioè Unità Centrale di Elaborazione).

- **Un chip di silicio** è costituito da migliaia di transistor collegati da sottili strisce metalliche integrate (contenute) in un singolo cristallo (chip) del silicio semiconduttore.
- **I componenti elettronici** di un chip sono quelli che vengono trattati con tracce di sostanze chimiche, come boro e fosforo, che modificano la conducibilità del silicio.

▼ *Si realizzano piccoli circuiti elettronici stampando gli schemi dei circuiti su una scheda rivestita di rame.*

Radiazione

- **La radiazione è un modo per un atomo** di sbarazzarsi dell'energia in eccesso. La radiazione elettromagnetica è energia che viaggia in forma di fotoni alla velocità della luce. Nelle radiazioni di particelle, gli atomi liberano particelle più grandi a velocità più basse.
- **Le radiazioni di particelle** includono raggi cosmici (flussi di particelle dalle stelle) e radioattività, che si verifica quando alcuni atomi di grandi dimensioni decadono (si rompono).
- **Le radiazioni possono avere effetti nocivi**, danneggiare e uccidere cellule umane, animali e vegetali.
- **I batteri possono sopravvivere** a una quantità di radiazioni 10.000 volte più forte di quella a cui sopravvivrebbe una persona.

▼ *Quasi tutte le forme di radiazione elettromagnetica sono emesse dal Sole. Man mano che le lunghezze d'onda diventano più corte, dalle onde radio ai raggi gamma, la frequenza – il numero di onde al secondo – aumenta. Noi usiamo molte di queste onde in varie apparecchiature, quali televisioni e forni a microonde.*

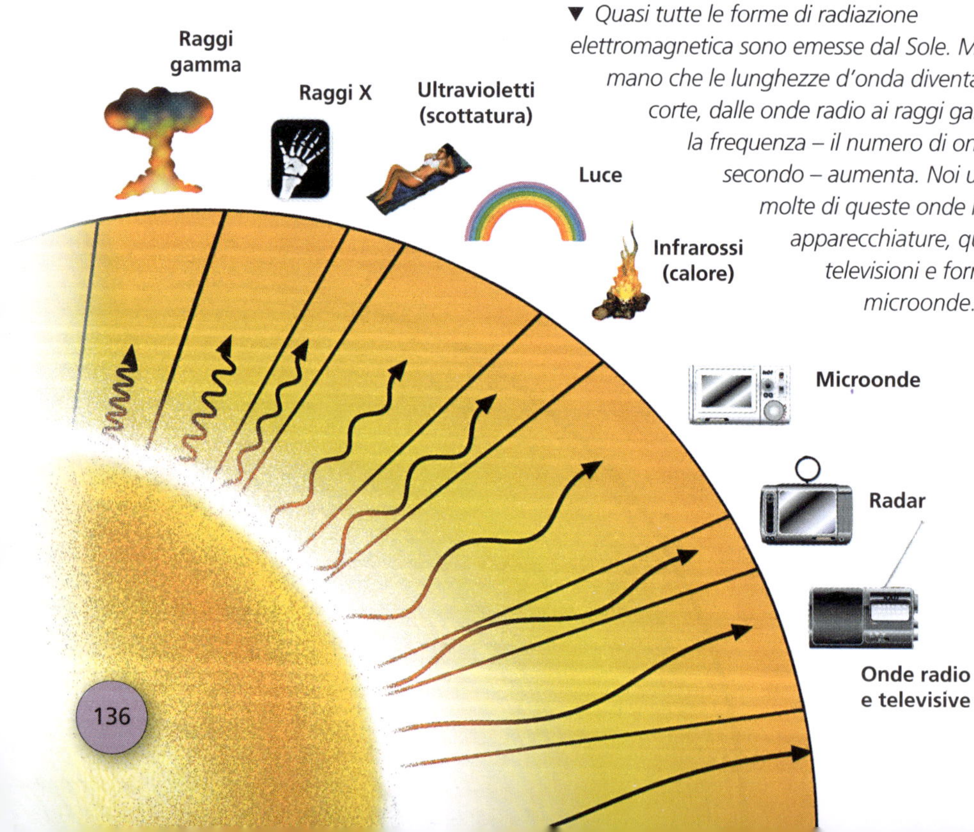

▲ *Parte del combustibile esaurito (cioè utilizzato) proveniente dalle centrali nucleari diventa altamente radioattivo e deve essere smaltito in modo sicuro.*

- **La radiazione rilasciata** da sostanze radioattive viene comunemente calcolata in becquerel. La dose di radiazioni a cui ci si espone si misura in roentgen, quella che si assorbe in gray.
- **Nel 1986 un incidente alla centrale nucleare** di Chernobyl, in Unione Sovietica, ha rilasciato grandi quantità di radiazioni nell'atmosfera, uccidendo trentadue persone e contaminando milioni di ettari di terreno.
- **La radioattività naturale** di una noce brasiliana è di circa sei becquerel. Ciò significa che nella noce ogni secondo si rompono sei atomi.

Luce visibile

- **Se parliamo di luce**, in genere intendiamo quella visibile, che è l'unica forma di radiazione elettromagnetica che siamo in grado di vedere.
- **Durante il giorno** la luce ci sembra di essere circondati dalla luce, ma in realtà le fonti di luce sono poche. Tra queste ci sono le stelle, come il nostro Sole, e le luci elettriche.
- **Quasi tutti gli oggetti sono visibili** all'occhio umano perché riflettono la luce prodotta dalle fonti luminose. Se qualcosa non è una fonte di luce e non la riflette, non ci è possibile vederla.
- **La luce viaggia** in linee rette chiamate raggi. I raggi luminosi cambiano direzione se vengono riflessi o se attraversano un oggetto o una sostanza, ma rimangono comunque sempre diritti.

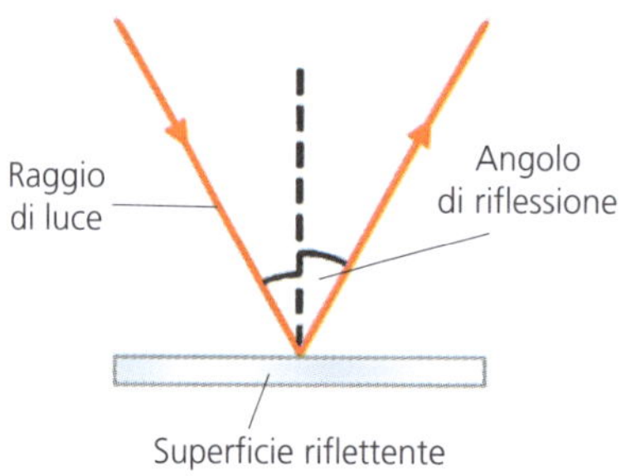

◄▼ *Vediamo in uno specchio un'immagine nitida se i raggi di luce vengono riflessi con la stessa angolazione con la quale sono arrivati (a sinistra). Uno specchio non piatto li riflette invece con angolazioni differenti, distorcendo l'immagine (vedi foto sotto).*

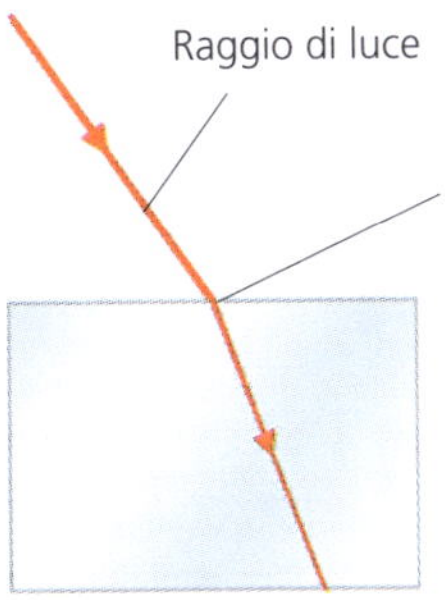

▲▶ *La luce viaggia più lentamente attraverso il vetro che attraverso l'aria, quindi quando un raggio penetra nel vetro con una certa angolazione viene piegato, o rifratto, ecco perché la cannuccia sembra essere spezzata.*

- **Quando la luce colpisce una superficie**, si riflette tutta, o solo parzialmente. Molte superfici diffondono la luce in ogni direzione, il che le rende visibili all'occhio umano.
- **Specchi e altre superfici lucide** riflettono la luce esattamente nello stesso modo in cui questa arriva, producendo un'immagine speculare visibile.
- **Quando la luce passa** attraverso sostanze trasparenti come vetro o acqua, cambia leggermente direzione. Questa deviazione è nota come rifrazione.
- **Se il percorso di un raggio di luce** viene fermato, si forma un'ombra. La gran parte delle ombre ha due zone: l'ombra e la penombra. La prima è la parte scura in cui i raggi luminosi sono bloccati del tutto. La penombra è il bordo esterno più chiaro dove filtra qualche raggio.

Fonti di luce

- **La principale fonte di luce naturale** sulla Terra è il Sole. I gas caldi sulla sua superficie, incandescenti, risplendono.
- **La luminosità**, o intensità luminosa, di una sorgente di luce, si misura in candele (cd). 1 cd ha all'incirca la stessa intensità luminosa di una candela piccola.
- **La superficie del Sole** emana 23 miliardi di cd al m^2. Le luci laser sono ancora più luminose, ma molto piccole.
- **La quantità di luce** che cade su una superficie si misura in lux, con 1 lux pari alla quantità di luce proveniente da una sorgente di una candela da 1 m di distanza. Per leggere servono circa 500 lux.

▼ *Durante un concerto, dei raggi laser emettono fasci luminosi di luce colorata, ciascuno con una propria lunghezza d'onda.*

- **Le lampadine elettriche** sono incandescenti: la loro luce proviene da un sottile filo di tungsteno (filamento) che si illumina quando viene riscaldato ad alte temperature da una corrente elettrica.
- **Le luci elettriche** vennero inventate in modo indipendente nel 1878 dal fisico e chimico inglese Sir Joseph Swan e dagli inventori americani Thomas Edison e Hiram Maxim.
- **Una luce fluorescente** ha un tubo di vetro rivestito all'interno di polveri chiamate fosfori. L'elettricità fa sì che i gas all'interno del tubo emettano raggi UV, che colpiscono i fosfori facendoli brillare (fluorescenza).
- **In una lampada al neon**, una forte corrente elettrica carica elettricamente il gas all'interno del tubo facendo sì che emetta luce.

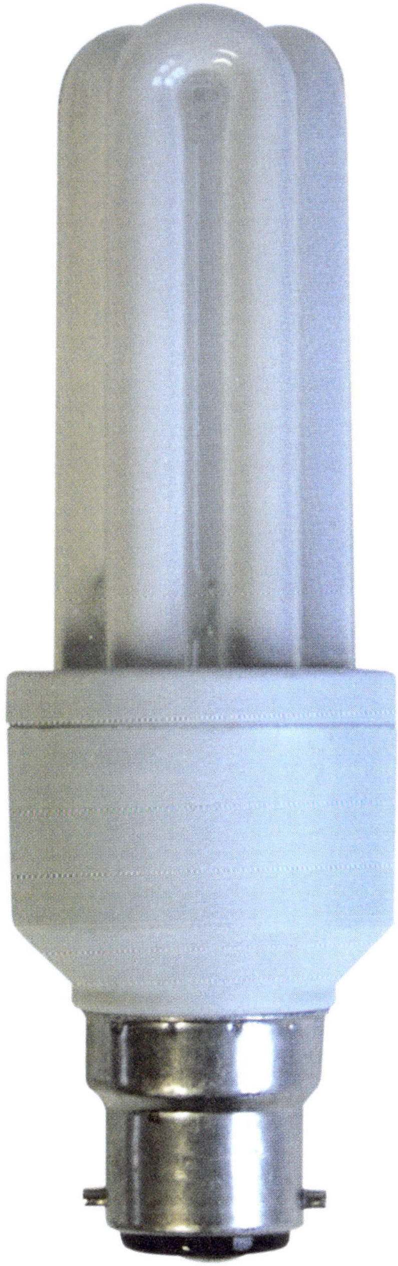

▶ *Questa lampadina a basso consumo utilizza un gas incandescente per emettere luce, al posto del vecchio filamento incandescente.*

Luce in movimento

- **La luce è la cosa più veloce** che esiste nel nostro Universo. Viaggia a una velocità di 299.792.458 m/sec.
- **Per secoli gli scienziati si sono chiesti** se la luce viaggiasse sotto forma di onde o come particelle (fotoni). Ora si pensa che possa fare entrambe le cose.
- **Le onde luminose** hanno picchi e avvallamenti, come onde del mare.
- **Se due fasci di luce si incontrano**, interferiscono l'uno con l'altro.
- **Un'interferenza costruttiva** si verifica quando i picchi di due onde di luce si allineano, creando un solo fascio, più luminoso.
- **Un'interferenza distruttiva** avviene quando i picchi di un'onda luminosa si allineano con gli avvallamenti di un'altra. Questo fa sì che i raggi si neutralizzino, creando un gioco di luci e ombre noto come schema di interferenza.
- **I raggi di luce del Sole** possono essere convertiti in altre forme di energia.
- **I pannelli solari fotovoltaici** (PV) sono costituiti da due o più strati di materiale semiconduttore, per esempio il silicio. Quando i raggi del Sole lo colpiscono, il silicio genera elettroni che vengono trasportati sotto forma di corrente elettrica da una griglia metallica.

LO SAPEVI?

Un'area delle dimensioni della testa di uno spillo esposta alla luce diretta del Sole riceve mille miliardi di fotoni in un solo secondo.

▼ *Nei pannelli solari, l'impatto dei fotoni di luce sugli atomi genera elettricità.*

Luce e atomi

- **Gli atomi emettono luce** quando guadagnano energia assorbendo luce o altre onde elettromagnetiche, oppure quando vengono colpiti da altre particelle.
- **Di solito gli atomi** si trovano allo stato fondamentale, cioè quello in cui gli elettroni ruotano vicini al nucleo, dove la loro energia è al livello più basso.
- **Un atomo emette luce** quando viene eccitato, salta cioè dallo stato fondamentale a uno superiore, assorbendo energia. Quando guadagnano energia, gli elettroni si allontanano dal nucleo.
- **Un atomo** resta eccitato solo per una frazione di secondo prima che l'elettrone ritorni verso il nucleo.
- **Tornando indietro**, gli elettroni rilasciano l'energia che hanno guadagnato sotto forma di un pacchetto di radiazioni elettromagnetiche (fotone). Gli elettroni ritornano verso il nucleo a salti.

◄ *Gli astronomi capiscono di cosa sono fatte le stelle lontane dal colore della luce emessa dai loro atomi.*

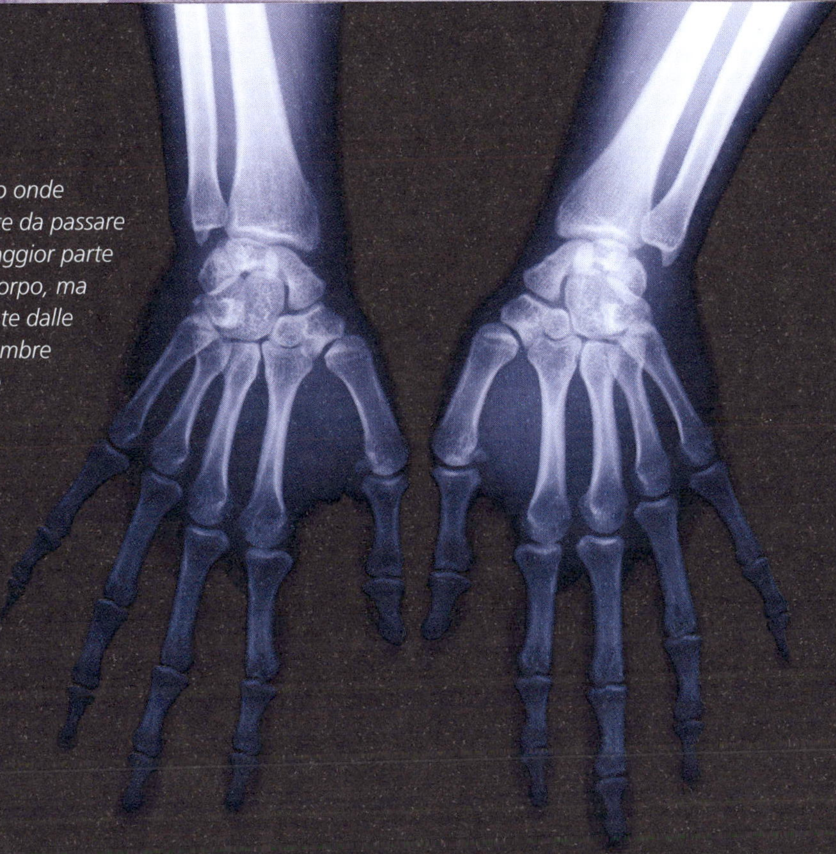

▶ *I raggi X sono onde abbastanza corte da passare attraverso la maggior parte dei tessuti del corpo, ma vengono bloccate dalle ossa, creando ombre sulle lastre delle radiografie.*

- **Ciascun "salto"** ha un suo livello di energia, quindi l'energia di un fotone dipende esattamente da quanto sono grandi: grandi salti emettono fotoni ad alta energia a onde corte come i raggi X.
- **Il colore della luce** che un atomo emette dipende anche dalla dimensione dei salti che i suoi elettroni compiono tornando indietro.
- **Ogni tipo di atomo** ha una sua gamma di salti di energia degli elettroni, quindi ognuno emette determinati colori di luce. La gamma di colori che ogni tipo di atomo emette è detta spettro di emissione.
- **Gli atomi assorbono** luce tanto quanto la emettono. Un determinato atomo può assorbire solo certi colori: si chiama spettro di assorbimento di un atomo.

Colori

- **Il colore è il modo** in cui i nostri occhi vedono le diverse lunghezze d'onda della luce.
- **Vediamo rosse le onde luminose** più lunghe: misurano circa 700 nanometri (nm), dove 1 nm corrisponde a 1 miliardesimo di metro.

LO SAPEVI?
Le persone daltoniche hanno difficoltà nel distinguere alcuni toni di arancione, marrone, verde e rosa.

- **Le onde luminose più corte** – lunghe circa 400 nm – l'occhio umano tende a vederle viola.
- **Alcune luci quali quella del Sole**, delle torce e delle comuni lampadine, sono in realtà una miscela di tutti i colori che viene chiamata luce bianca.
- **Il mondo che ci circonda** ci sembra avere colori diversi perché le molecole di differenti superfici riflettono e assorbono solo determinate lunghezze d'onda di luce.
- **Gli inchiostri rosso e blu** per stampanti hanno colori vivaci perché entrambi hanno molecole a forma di fiori a quattro petali con un atomo metallico al centro.
- **L'effetto dei colori vivaci** dell'arcobaleno che si riflettono su superfici quali piume di pavone, ali di farfalla e CD si chiama iridescenza.
- **L'iridescenza può essere causata** dal modo in cui una superficie spezza la luce scomponendola in colori, o da interferenze, che si verificano quando un oggetto ha uno strato superficiale sottile e trasparente: le onde luminose che la superficie esterna riflette sono leggermente sfasate rispetto a quelle riflesse dalla superficie interna, creando così un gioco di luci.

▶ *Il blu di questa farfalla è cangiante per l'iridescenza creata da minuscole sacche d'aria nelle squame sulle sue ali.*

Spettro

- **Uno spettro** corrisponde a una gamma di diverse lunghezze d'onda della radiazione elettromagnetica.
- **La luce bianca** del Sole può essere scomposta nel suo spettro di colori usando un prisma.
- **Quando un prisma** è illuminato da un raggio di luce bianca, rifrange più le lunghezze d'onda corte della luce che quelle lunghe. Ciò fa sì che la luce si scinda in bande che vanno dal viola (lunghezza d'onda più corta) al rosso (più lunga).
- **L'ordine dei colori** in uno spettro è sempre: rosso, arancione, giallo, verde, blu, indaco, viola. Per memorizzarlo, si usa l'acronimo RAGVAIV (per semplicità di pronuncia, il blu è stato sostituito dall'azzurro).

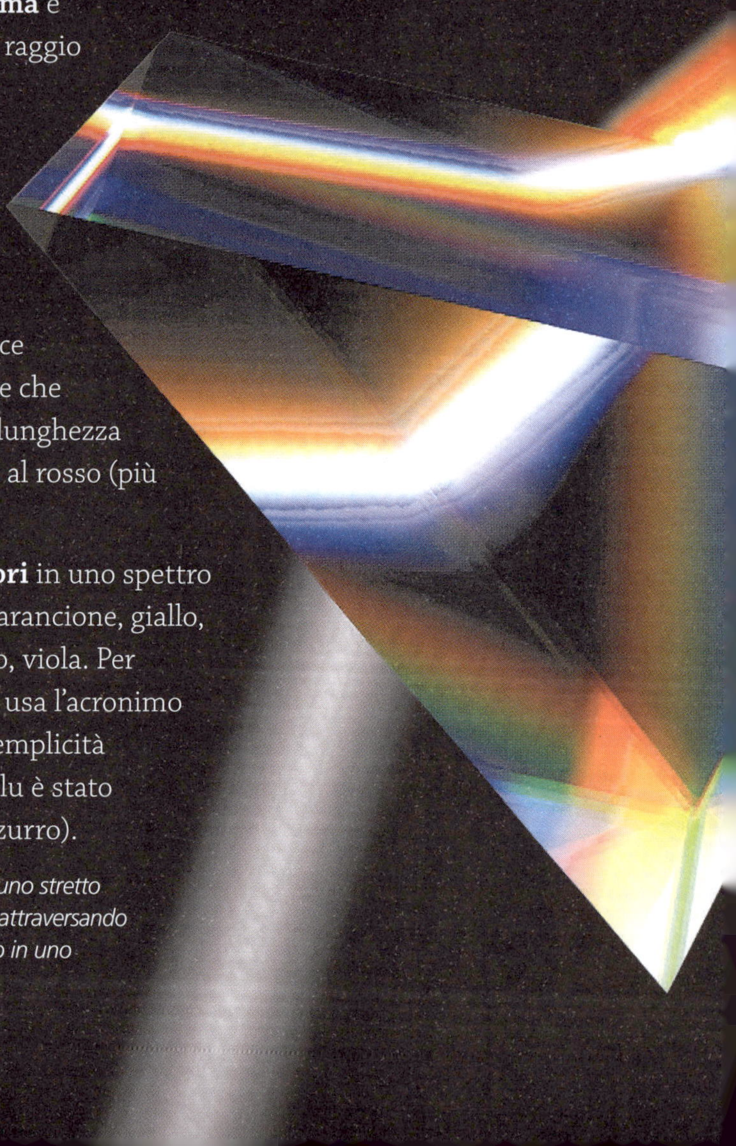

▶ *In una stanza buia uno stretto raggio di luce bianca, attraversando un prisma, viene scisso in uno spettro per rifrazione.*

LO SAPEVI?
L'analisi spettroscopica può rivelare di cosa è fatta qualsiasi cosa, da una galassia lontana a una droga.

- **L'occhio non riesce a vedere** l'infrarosso perché è una luce composta di onde troppo lunghe, ma neanche l'ultravioletto, che è una luce fatta di onde troppo corte.
- **L'analisi spettroscopica** è lo studio dello spettro generato quando si illumina un solido, un liquido, oppure un gas.
- **Ogni sostanza produce un proprio specifico spettro**, per questo l'analisi spettroscopica è un valido aiuto per identificare le cose che ci circondano.

Combinazioni di colori

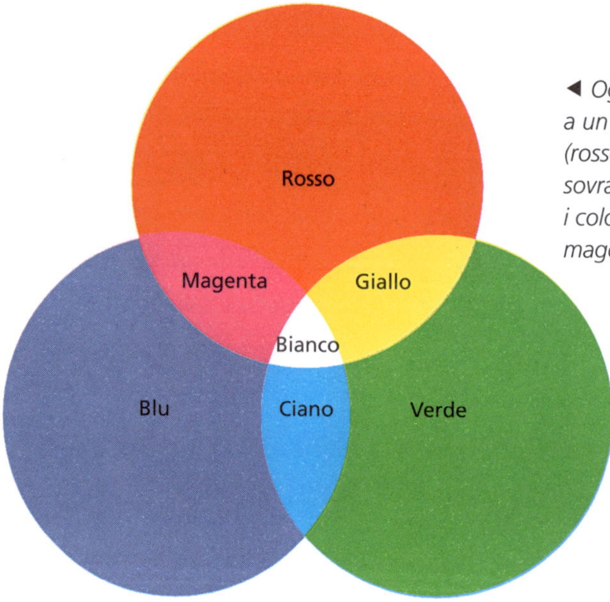

◀ *Ogni cerchio corrisponde a un colore primario di luce (rosso, verde, blu). Dove si sovrappongono, puoi vedere i colori primari sottrattivi, cioè magenta, giallo e ciano.*

- **I colori primari (colori di base) della luce sono tre**: rosso, verde e blu, e possono essere combinati per ottenere qualsiasi altro colore, basta cambiare le proporzioni.
- **I colori primari** della luce sono chiamati primari additivi e si usano per avere gli altri colori.
- **Ciascuno degli additivi primari** corrisponde a un terzo dello spettro della luce bianca, quindi la combinazione di tutti e tre crea il bianco.
- **Quando due additivi primari** vengono mescolati, viene fuori un terzo colore, chiamato primario sottrattivo.
- **I tre primari sottrattivi** sono: magenta (rosso + blu), ciano (blu + verde) e giallo (verde + rosso). Anche questi si possono a loro volta mescolare in varie proporzioni per ricavare colori ancora diversi.

- **Le superfici ci appaiono** di certi colori perché assorbono alcuni colori della luce bianca e riflettono gli altri. Il colore che l'occhio percepisce è la combinazione dei colori riflessi.
- **Ciascun primario sottrattivo** assorbe un terzo dello spettro della luce bianca e ne riflette due terzi. La combinazione di due primari sottrattivi assorbe i due terzi dello spettro. Mescolando i tre primari sottrattivi si assorbono tutti i colori dello spettro: il risultato è il nero.
- **Combinando due primari sottrattivi** si ottiene un additivo primario. Ciano + magenta: blu; giallo + ciano: verde; giallo + magenta: rosso.

▼ *Le sostanze utilizzate per ottenere i vari colori della pittura a olio sono chiamate pigmenti.*

Suono

- **La maggior parte dei suoni** che senti, dal soffio del vento al rombo di un aereo, è di fatto uno spostamento di aria.
- **Tutti i suoni** sono originati da qualcosa che vibra (come le corde di una chitarra che oscillano), che a sua volta fa vibrare l'aria. Le vibrazioni nell'aria conducono il suono fino alle nostre orecchie.
- **Le vibrazioni** che trasportano il suono attraverso l'aria sono chiamate onde sonore, che si muovono comprimendo e allargando alternativamente parti dell'aria.
- **Le parti dell'aria** che vengono schiacciate sono dette compressioni, quelle che vengono allargate, rarefazioni.
- **Le onde sonore** viaggiano più veloci attraverso i liquidi e i solidi che attraverso l'aria, in quanto le molecole nei liquidi e nei solidi sono più strette tra loro che nell'aria.

▼ *Quando un aereo viaggia a una velocità superiore a quella del suono, comprime l'aria che ha davanti fino a provocare un "boato sonico" nel momento in cui l'aria esplode come un pallone.*

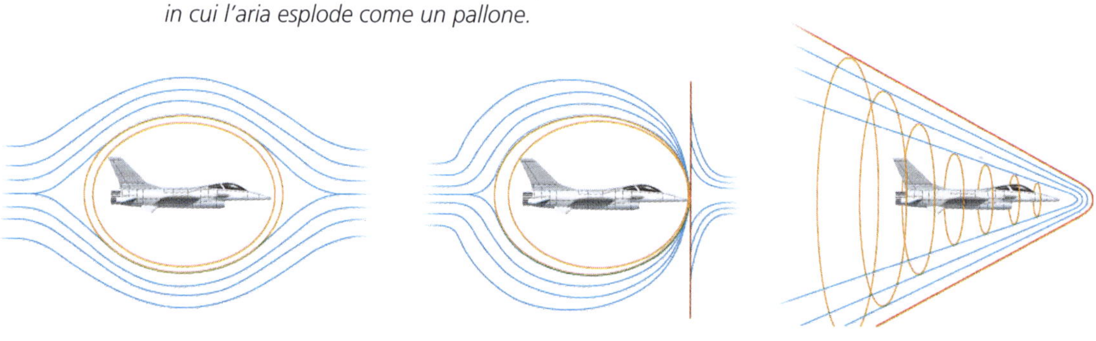

1 Le onde sonore si diffondono verso l'esterno mentre l'aereo si muove

2 Quando l'aereo aumenta la sua velocità, le onde sonore vengono compresse

3 L'aereo vola attraverso la barriera del suono e si sente un boato sonico

▲ *Un altoparlante trasforma i segnali elettrici in corrispondenti pattern di onde sonore.*

- **Nel vuoto** (uno spazio privo persino di aria) il silenzio è totale, perché non vi sono molecole che trasportano il suono.
- **Il suono viaggia** a 344 m/sec nell'aria di 20 °C e a 386 m/sec nell'aria a 100 °C. Viaggia a 1500 m/sec in acqua e nell'acciaio attorno ai 6000 m/sec.
- **La velocità del suono** è circa un milione di volte più lenta di quella della luce. È questo il motivo per cui vedi prima il lampo e solo dopo senti il tuono.

Misurazione del suono

L'intensità (volume) di un suono viene solitamente misurata in decibel (dB). Un decibel è un decimo di bel, l'unità di misura del suono che prende il nome dall'inventore americano nato in Scozia Alexander Graham Bell.

All'inizio si misurava in decibel solo l'intensità del suono, ora invece si usano i decibel anche per confrontare potenze e tensioni elettriche.

Un aumento di 10 punti sulla scala dei decibel significa che un suono è aumentato di dieci volte.

Il suono più basso udibile all'orecchio umano è 0 dB. Siamo in grado di percepire un cambiamento nel volume di un suono solo se è di almeno a 1 dB.

Il fruscio delle foglie o un lieve sussurro corrisponde a 10 dB, una conversazione mormorata a 30-40 dB e una chiacchierata ad alta voce a circa 60 dB.

◀ *Chi lavora si protegge dalle onde sonore pericolose indossando protezioni per le orecchie.*

Bomba atomica: 210 dB

Decollo di un jet: 140 dB

Tuono: 100 dB

Strada in città: 70 dB

Conversazione: 40 dB

Fruscio di foglie: 10 dB

LO SAPEVI?

Ascoltare livelli sonori di oltre 100 dB per lunghi periodi di tempo provoca sordità nell'uomo.

Il livello di rumore in una strada cittadina è di circa 70 dB, il tuono si aggira sui 100 dB, mentre l'urlo più forte mai registrato è stato di 128,4 dB. Il decollo di un jet sviluppa 110-140 dB. Il suono più forte mai prodotto dalla tecnologia umana è stato quello di una bomba atomica: 210 dB.

La quantità di energia in un suono si calcola in watt per metro quadrato (W/ m^2). Un suono di 0 dB è un millesimo di miliardesimo di 1 W/m^2.

◀ *Una gamma di suoni diversi sulla scala dei decibel.*

Eco e acustica

- **L'eco è la riflessione di un suono** su un oggetto o su una superficie che si sente poco dopo il suono iniziale.
- **Le nostre orecchie** possono udire un'eco solo se ritorna più di 0,1 secondi dopo il suono originario. In 0,1 secondi il suono percorre 34 m, quindi le nostre orecchie possono sentire solo echi che si riflettono sulle superfici ad almeno 17 m di distanza.

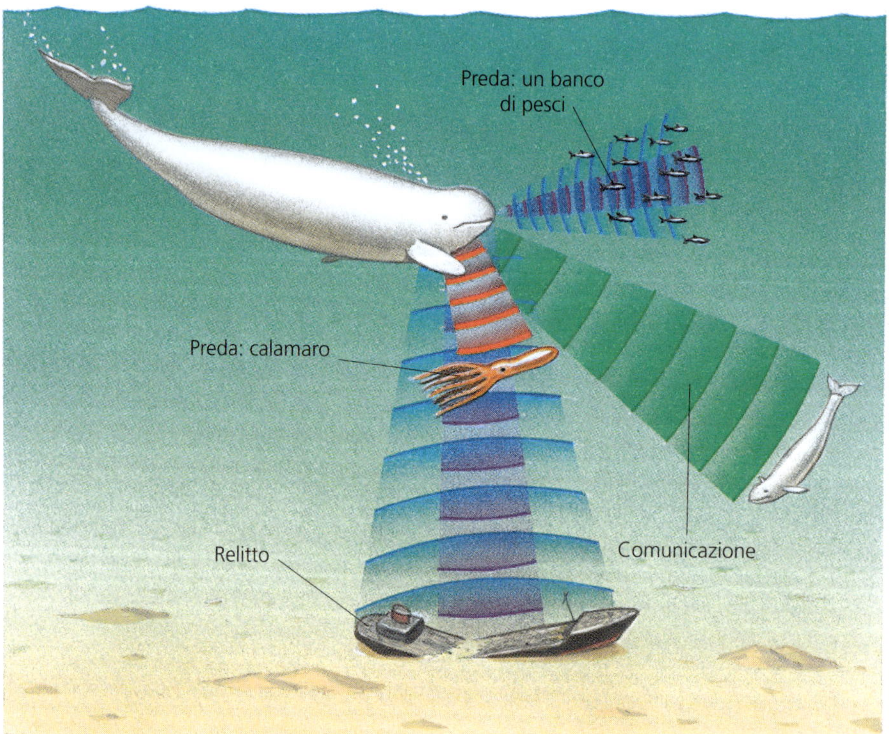

▲ *Balene predatrici come il beluga inviano dei segnali sonori simili a dei clic. Questi impulsi rimbalzano come echi e forniscono alla balena informazioni sulla posizione di qualsiasi oggetto si trovi nelle sue vicinanze.*

▶ *Gli ingegneri del suono hanno installato pannelli fonoassorbenti per ridurre gli echi nella grande sala della Royal Albert Hall di Londra e migliorare così la qualità del suono.*

Con superfici lisce e dure si ottengono gli echi migliori, perché causano una minima interruzione delle onde sonore che vi si riflettono.

L'acustica è lo studio di come i suoni vengono originati, propagati e ricevuti. Il termine si riferisce anche alle proprietà sonore di un edificio.

Le sale da concerto sono progettate per sfruttare al meglio gli echi per diffondere il suono. Se in una sala c'è troppa eco, i suoni che rimbalzano interferiranno con i nuovi suoni, ma l'assenza completa di echi si traduce in un suono ovattato e senza vita.

Si può sentire svanire il suono della musica dal vivo dopo che i musicisti hanno smesso di suonare. Questo ritardo è detto tempo di riverbero. Le sale da concerto hanno di solito un tempo di riverbero di 2 secondi, una cattedrale anche di 8, e restituisce infatti un suono meno nitido.

Suoni musicali

- **Come tutti i suoni**, una nota musicale viene generata da una vibrazione dell'aria. I musicisti controllano la frequenza e il volume di queste vibrazioni per suonare i loro pezzi.
- **Il tono (livello)** di una nota musicale dipende dalla frequenza delle vibrazioni.
- **La frequenza** del suono è misurata in hertz (Hz), che si riferisce al numero di cicli o onde al secondo.
- **L'orecchio umano** riesce a sentire suoni entro un intervallo di frequenza di 20-20.000 Hz.
- **Il Do centrale** su un pianoforte corrisponde a 262 Hz. Un pianoforte ha una gamma di frequenze da 27,5 a 4186 Hz.
- **La voce cantata più alta** può raggiungere il mi al di sopra della nota più alta di un pianoforte (4350 Hz), la più bassa è 20,6 Hz.
- **Pochi suoni** hanno solo un tono. La maggior parte spazia da un tono fondamentale (basso) a toni più alti.
- **La frequenza** con cui un oggetto vibra naturalmente è detta frequenza di risonanza. Una nota musicale può frantumare un vetro se la sua frequenza coincide con la frequenza di risonanza del vetro.

▶ *La forma del sassofono controlla le vibrazioni di aria soffiata al suo interno per ottenere un suono musicale.*

▶ *Il suono di un violino nasce dalle vibrazioni regolari delle corde mentre l'arco le sfrega.*

Le frontiere della scienza

Tempo

- **Il tempo si misura** in secondi, minuti, ore, giorni, mesi e anni.
- **Un orologio** è uno strumento utilizzato per quantificare il tempo.
- **La misurazione avviene** grazie a dei meccanismi che compiono movimenti periodici. Nessun orologio tiene l'ora perfetta, di solito guadagna o perde ogni giorno almeno una frazione di secondo.

▼▶ *I fusi orari furono inventati intorno al 1880 per standardizzare gli orari ferroviari. I viaggi aerei li hanno resi ancora più importanti. All'interno di un fuso orario l'ora è ovunque la stessa, mentre è diversa in tutti gli altri fusi orari.*

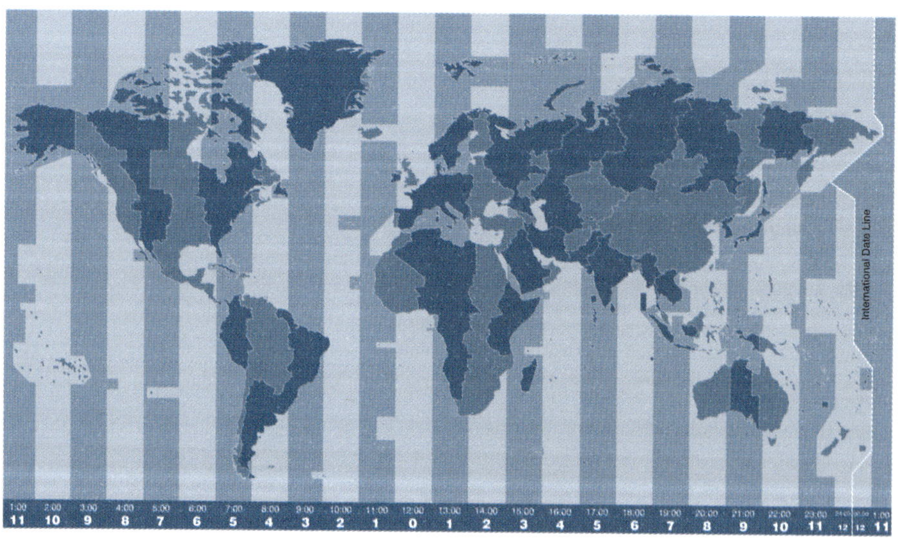

◄ *Si ritiene che l'orologio atomico basato sullo stronzio sia più preciso di qualsiasi strumento precedentemente inventato.*

- **L'ora standard mondiale** è stata fissata fin dal 1967 dagli orologi atomici, che hanno un margine di errore di 0,001 secondi ogni 1000 anni.
- **Gli orologi atomici** sono mantenuti regolari dal movimento di alcuni atomi. Gli atomi di cesio vibrano 9.192.631.770 volte al secondo, mentre quelli di stronzio sono ancora più veloci (e quindi anche più precisi), con 429.228.004.229.952 vibrazioni al secondo.
- **L'orologio atomico allo stronzio** messo a punto dal JILA, un istituto scientifico in Colorado (Stati Uniti), è il più preciso della Terra. Potrebbe funzionare per 200 milioni di anni senza guadagnare o perdere un solo secondo!
- **Alcuni scienziati** pensano al tempo come a una quarta dimensione (le altre tre sono lunghezza, larghezza e altezza). Da qui nasce la teoria secondo cui il tempo potrebbe scorrere in qualsiasi direzione.
- **Le stelle più distanti** sono talmente lontane che la loro luce può richiedere molti anni prima di raggiungerci. Significa che le vediamo com'erano tempo fa, non come sono adesso. Quindi il tempo varia a seconda di dove ci si trova.
- **La teoria della relatività generale di Einstein** afferma che lo scorrere del tempo è influenzato dalla gravità: è più lento vicino a campi gravitazionali forti come le stelle.

Spazio

- **Una superficie piana è bidimensionale**. Le due dimensioni, lunghezza e larghezza, sono ad angolo retto l'una rispetto all'altra.
- **Qualsiasi punto su una superficie piana** può essere individuato esattamente da due valori di queste dimensioni, uno indica quanto il punto sia lontano nel senso dell'altezza, l'altro della larghezza.
- **Esistono tre dimensioni** dello spazio perpendicolari tra loro: altezza, larghezza e profondità.
- **Ogni punto nello spazio** può essere individuato da tre valori: uno mostra quanto è distante nel senso dell'altezza, uno quanto nel senso della larghezza e il terzo nella profondità.
- **Se un oggetto si muove,** tre dimensioni non sono sufficienti per localizzarlo: per determinarne la posizione è necessaria una quarta, il tempo.

▶ *Hermann Minkowski usò metodi geometrici per risolvere problemi difficili nella teoria dei numeri, nella fisica matematica e nella teoria della relatività.*

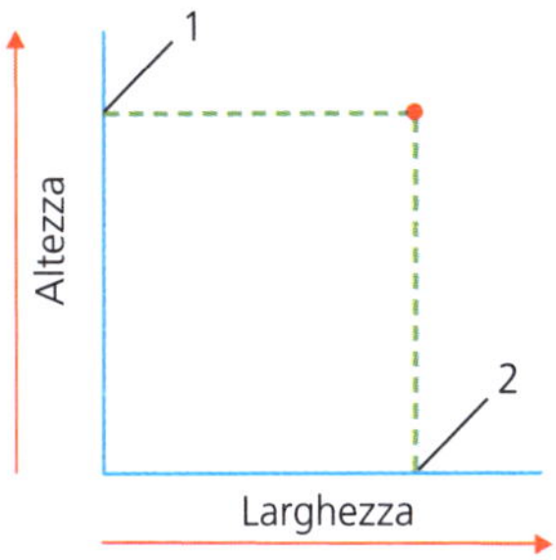

Calcolo della posizione di un punto su un piano in 2D

◀ *È possibile individuare una posizione su una superficie con solo due grandezze: altezza e larghezza.*

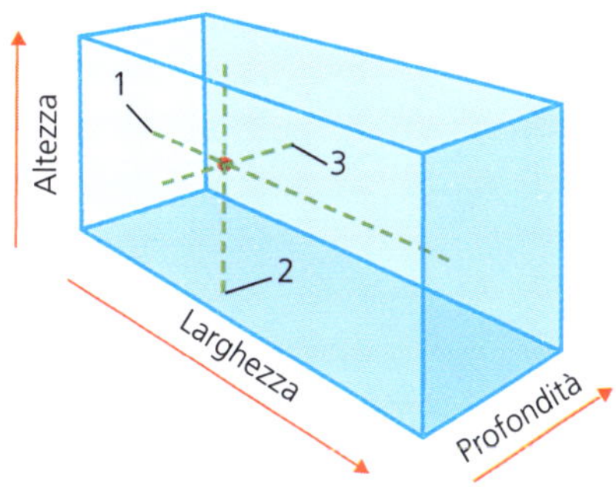

Calcolo della posizione di un punto in una forma in 3D

▶ *È possibile determinare una posizione nello spazio usando tre grandezze: altezza, larghezza e profondità.*

- **Il matematico lituano** naturalizzato tedesco Hermann Minkowski gettò le basi per la teoria della relatività speciale di Albert Einstein nei primi anni del Novecento, quando si rese conto che le tre dimensioni dello spazio fisico dovevano essere combinate con il tempo. Lo spazio quadridimensionale si chiama spazio-tempo.
- **Dopo le scoperte di Minkowski**, i matematici iniziarono a sviluppare una geometria nuova per descrivere quattro dimensioni.

LO SAPEVI?

Secondo la visione dell'Universo di Einstein, il tessuto dello spazio-tempo viene distorto dalla forza di gravità.

Relatività

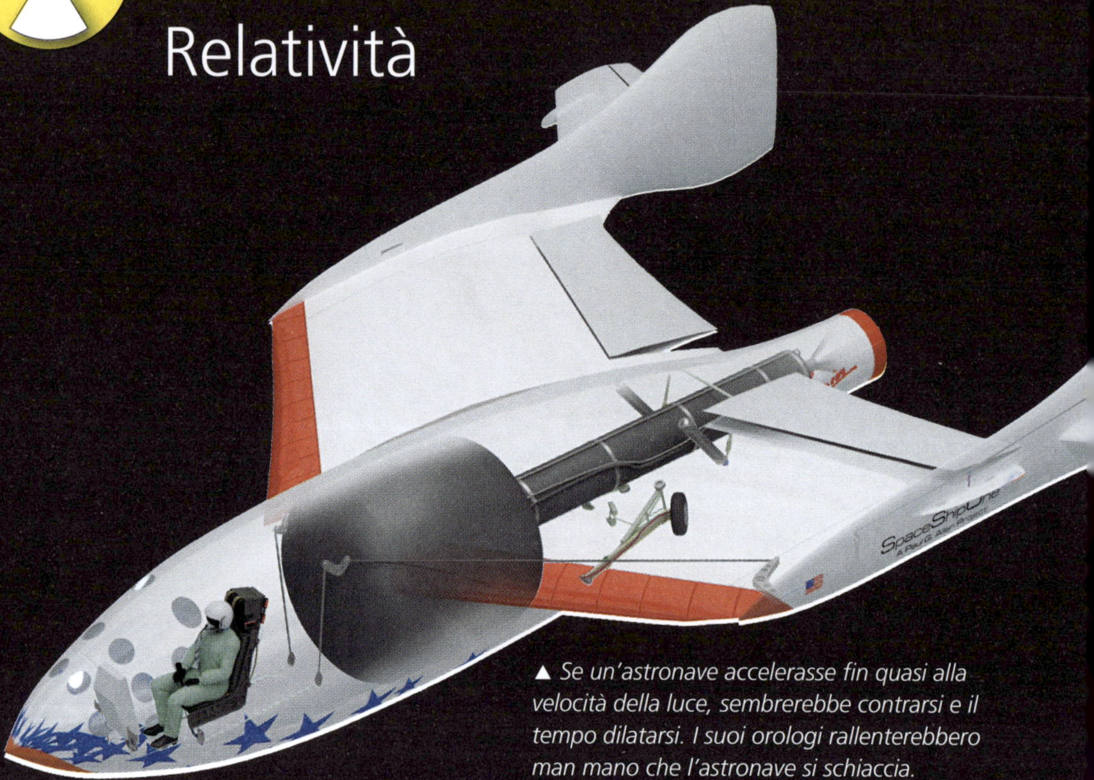

▲ *Se un'astronave accelerasse fin quasi alla velocità della luce, sembrerebbe contrarsi e il tempo dilatarsi. I suoi orologi rallenterebbero man mano che l'astronave si schiaccia.*

- **Sono di Einstein le due teorie** della relatività che hanno rivoluzionato il modo di pensare degli scienziati riguardo all'Universo. Sono chiamate la teoria ristretta o speciale della relatività (1905) e la teoria della relatività generale (1915).

- **Il tempo è relativo.** Dipende interamente da dove ci si trova e da come ci si muove quando lo si misura. Ciascun osservatore diverso otterrà una misurazione diversa.

- **Anche la distanza e la velocità** sono relative. Se per esempio si è in un'auto e un'altra auto passa sfrecciando, quanto più lentamente si sta viaggiando, tanto più veloce sembrerà muoversi l'altro veicolo.

- **Nella sua teoria della relatività speciale**, Einstein dimostrò che non si può nemmeno misurare la velocità rispetto alla luce, la cosa più veloce nell'Universo, perché la velocità della luce è costante, non dipende dalla velocità con cui si muove la fonte di luce né dalla velocità di chi la guarda.
- **Einstein capì che la sua teoria** sulla velocità costante della luce lo aveva portato a risultati strabilianti riguardo agli altri oggetti che si muovono a velocità molto elevate.
- **La teoria generale della relatività** dimostrò che la gravità curva lo spazio-tempo: ciò portò gli scienziati a predire l'esistenza di buchi neri (luoghi nello spazio dove la gravità è così forte che perfino la luce ne è risucchiata).
- **Un'eclissi solare** nel 1919 diede allo scienziato inglese Arthur Eddington l'opportunità di osservare la curvatura della luce intorno al Sole dovuta alla gravità: fu così che dimostrò la teoria della relatività generale di Einstein.

▶ *Con le sue teorie Einstein ribaltò l'idea sulla natura del tempo e dello spazio.*

Viaggio nel tempo

- **Einstein dimostrò** che il tempo scorre a velocità diverse in luoghi diversi e che è solo un'altra dimensione come altezza, larghezza e profondità. Ciò portò a ritenere che a un certo punto potrebbe essere possibile per gli uomini viaggiare nel tempo, passato o futuro.
- **Einstein dichiarò** che è impossibile per chiunque muoversi nel tempo, perché ciò comporterebbe lo spostarsi più veloci della luce. Comunque anche se si potesse raggiungere la velocità della luce, il tempo si fermerebbe e quindi non si potrebbe essere vivi.
- **A livello teorico** non si può mantenere la relazione causa-effetto se si viaggia nel tempo. Un esempio famoso è l'ipotesi di un uomo che viaggia indietro nel tempo, a prima della nascita dei suoi genitori, e uccide il nonno. Ciò significherebbe, però, che uno dei genitori non avrebbe potuto nascere e quindi nemmeno lui. Ma allora, come avrebbe potuto uccidere il nonno? È impossibile rispondere a questo paradosso.

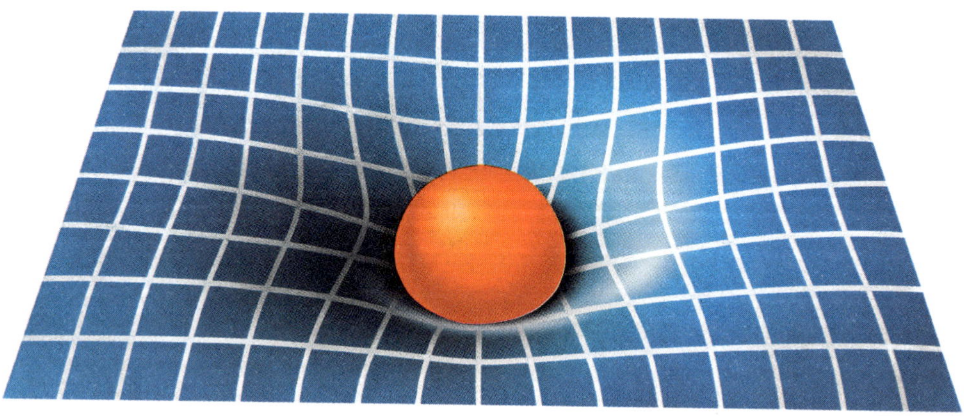

▲ *La gravità distorce il tessuto dello spazio-tempo. Potremmo mai piegarlo al punto da permetterci di viaggiare nel tempo proprio come viaggiamo nello spazio?*

- **Durante gli anni Trenta**, un matematico americano, Kurt Gödel, suggerì che i viaggi nel tempo sarebbero stati possibili curvando lo spazio-tempo. Gli scienziati avevano fino ad allora provato a ipotizzare ogni tipo di tecnologia per curvare lo spazio-tempo, anche l'utilizzo di macchine gravitazionali. I buchi neri sarebbero quindi i più potenti distorsori dello spazio-tempo.
- **Il fisico inglese** Stephen Hawking pensava che i buchi neri non potessero essere usati per i viaggi nel tempo poiché qualsiasi cosa vi fosse entrata si sarebbe contratta in una singolarità (un punto inimmaginabilmente piccolo).
- **Alcuni scienziati** credono che i buchi neri potrebbero essere connessi tramite *wormhole* (tunnel che attraversano lo spazio-tempo) all'opposto dei buchi neri, da cui verrebbe espulsa la materia, i buchi bianchi.

▶ *I buchi neri nello spazio risucchiano anche la luce, ma i buchi neri creati artificialmente potrebbero rappresentare l'accesso ai* wormhole *utilizzabili per i viaggi nel tempo?*

Fisica quantistica

Negli anni Novanta dell'Ottocento, il fisico tedesco Max Planck mostrò che le radiazioni di un oggetto caldo non si presentano sotto forma di onde come si pensava, ma sono invece minuscoli pezzi di energia chiamati quanti che, insieme, si comportano come onde.

Quando la luce colpisce determinati atomi, crea elettricità in quello che viene chiamato effetto fotoelettrico. Einstein capì che ciò si può spiegare ipotizzando che la luce viaggi in forma di quanti, non di onde.

Per Planck i quanti erano solo un'idea matematica. Einstein dimostrò che erano reali. I quanti di luce furono poi chiamati fotoni.

▼ *Gli scienziati sperimentano i condensati di Bose-Einstein, un quinto stato della materia ipotizzato negli anni Venti da Einstein e Bose sulla base delle teorie quantistiche.*

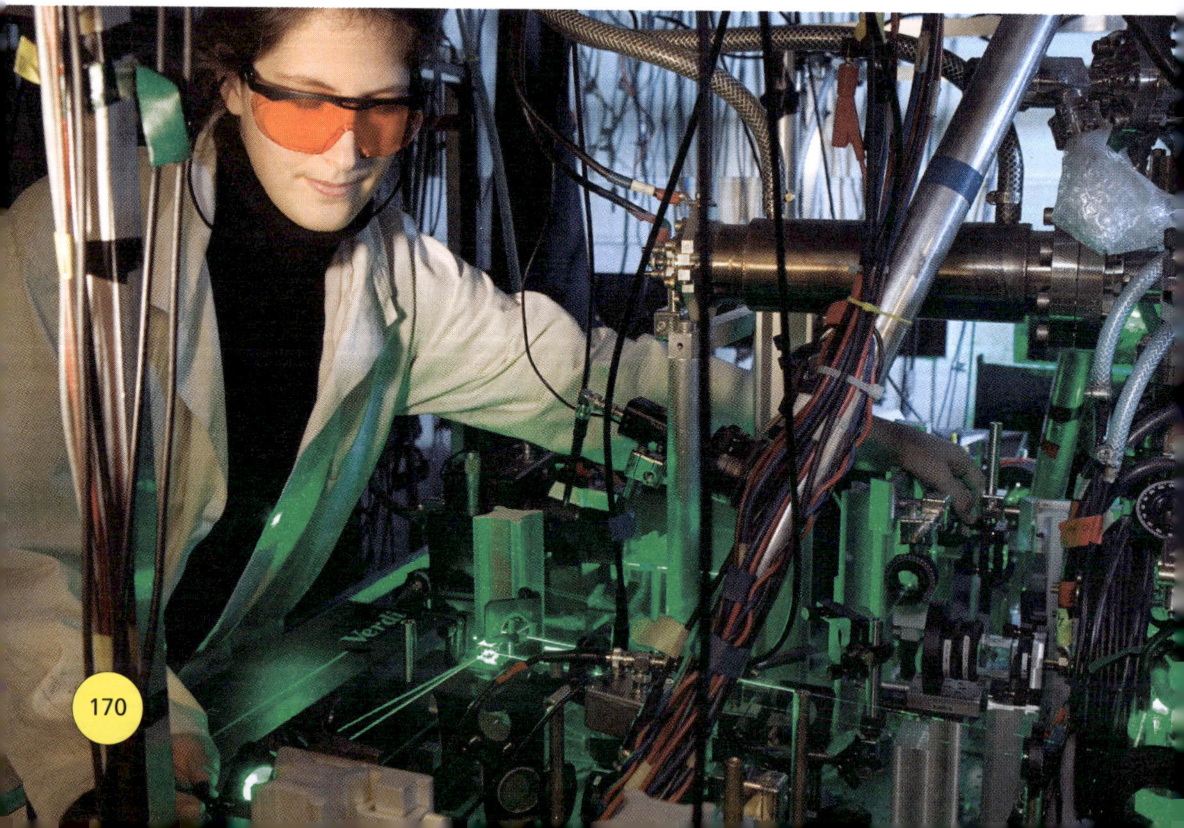

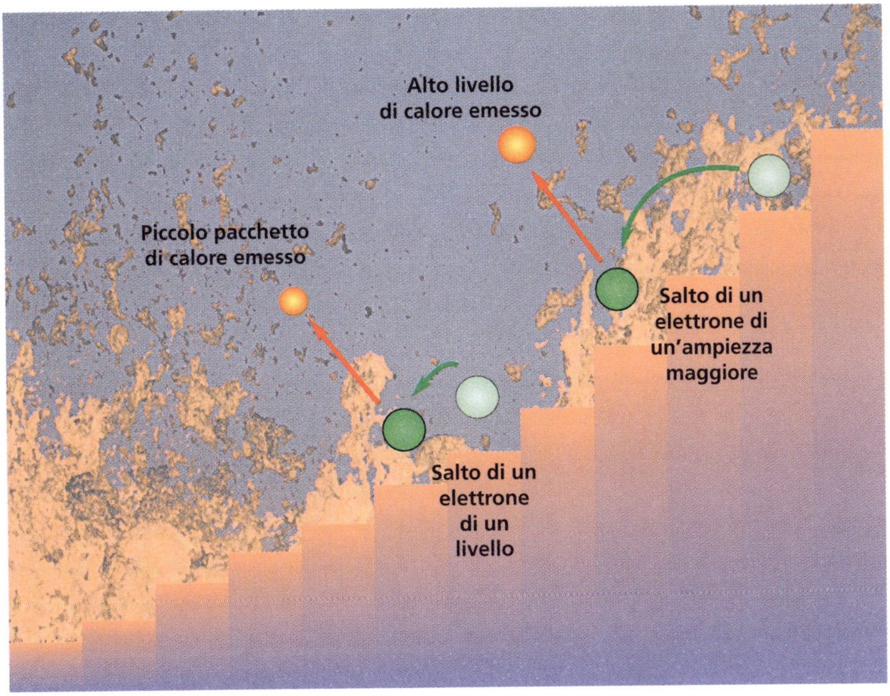

▲ *La fisica quantistica mostra come le radiazioni di un oggetto caldo vengano emesse in piccoli pacchetti chiamati quanti.*

- **Nel 1913** il fisico danese Niels Bohr dimostrò come anche l'esistenza di diversi livelli di energia per gli elettroni in un atomo siano spiegabili con il concetto di quanti.
- **Negli anni Venti**, Erwin Schrödinger e Werner Heisenberg svilupparono l'idea dei livelli di energia quantistica negli atomi per creare una nuova branca della fisica: la fisica quantistica.
- **La fisica quantistica** spiega il tipo di radiazioni che può essere emesso dagli elettroni. Un elettrone si presenta sia come una particella sia come un'onda, a seconda di come lo si osserva.
- **La fisica quantistica** ha reso possibile lo sviluppo delle tecnologie che ci hanno fornito laser e transistor.

Energia nucleare

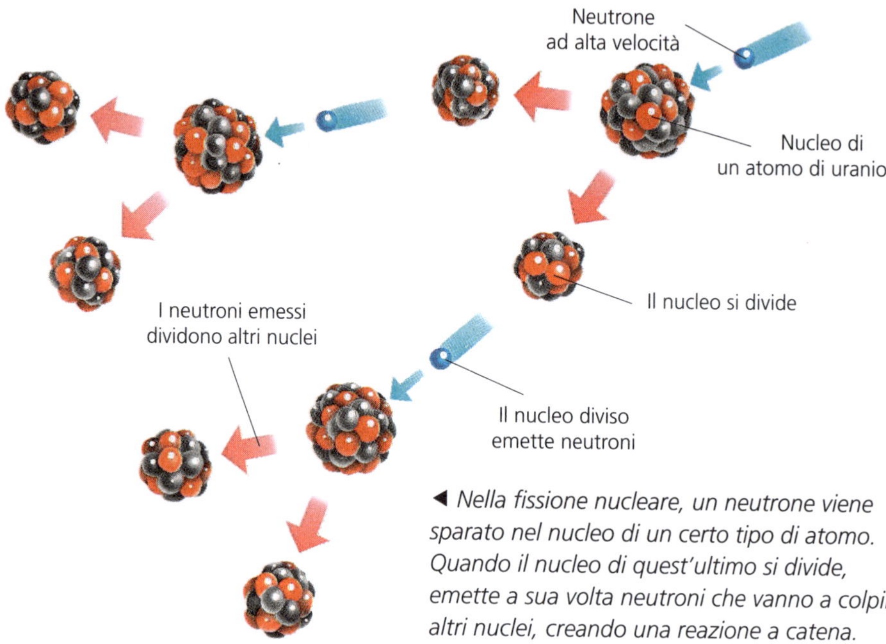

◀ *Nella fissione nucleare, un neutrone viene sparato nel nucleo di un certo tipo di atomo. Quando il nucleo di quest'ultimo si divide, emette a sua volta neutroni che vanno a colpire altri nuclei, creando una reazione a catena.*

- **Il nucleo** al centro di ciascun atomo è tenuto insieme da un'altissima quantità di energia.
- **L'energia rilasciata** dai nuclei di milioni di atomi può generare un'enorme quantità di energia, nota come potenza nucleare. Ogni reazione che provoca un cambiamento nel nucleo di un atomo viene chiamata reazione nucleare.
- **L'energia nucleare** serve come fonte di energia per la produzione di elettricità e l'esplosione di bombe atomiche.
- **La fusione nucleare** è il processo in cui piccoli atomi come il deuterio, una forma di idrogeno, vengono fusi insieme per rilasciare energia nucleare. Questo processo avviene naturalmente nelle stelle, facendole brillare.

- **La fissione nucleare** è un processo in cui i neutroni vengono sparati contro i nuclei di atomi di grandi dimensioni come l'uranio e il plutonio per far sì che si dividano, rilasciando energia.
- **Quando i neutroni colpiscono** (bombardano) gli atomi e ne dividono i nuclei, questi emettono altri neutroni, che bombardano altri nuclei, che a loro volta emettono altri neutroni e così via. Si chiama reazione a catena.
- **Una bomba atomica** (bomba A) è uno dei due principali tipi di armi nucleari. Funziona con una fissione esplosiva e incontrollata di uranio-235 o plutonio-239.
- **Una bomba all'idrogeno** (bomba H), o arma termonucleare, utilizza un'esplosione convenzionale per fondere i nuclei di atomi di deuterio in una gigantesca esplosione nucleare.

▼ *L'esplosione di un'arma nucleare produce una caratteristica "nuvola a fungo" che si innalza sopra il luogo dell'esplosione.*

Radioattività

- **La radioattività** è la disintegrazione spontanea di un certo tipo di atomo. Mentre si rompe, l'atomo emette piccoli lampi radioattivi.
- **Gli isotopi** sono atomi dello stesso elemento che contengono lo stesso numero di protoni ed elettroni (come negli atomi normali) ma diverso numeri di neutroni.
- **Un isotopo** radioattivo si chiama radioisotopo. Alcuni atomi, come l'uranio per esempio, sono così instabili che tutti i loro isotopi sono radioisotopi. Questi emettono tre tipi di radiazione, i raggi alfa, beta e gamma.

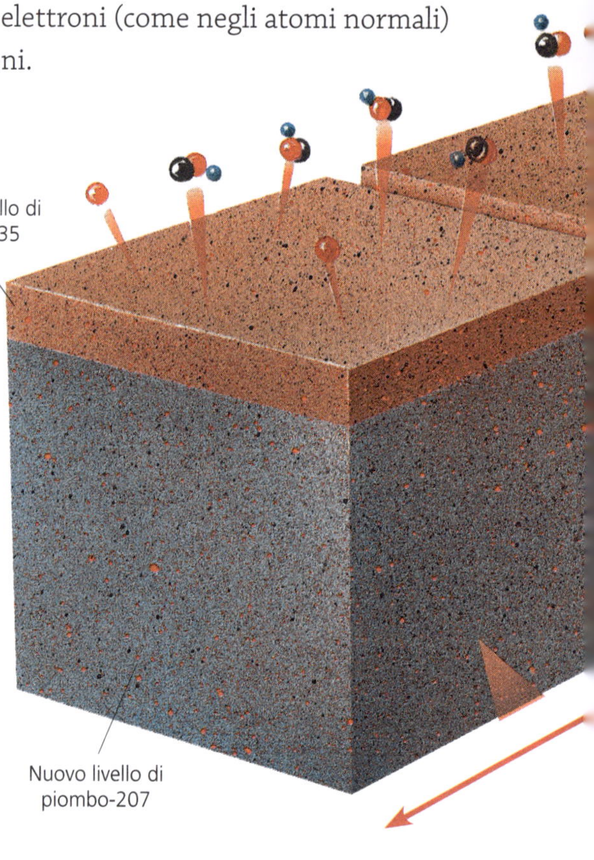

- **Quando il nucleo** instabile di un atomo di grandi dimensioni si disintegra, emette particelle alfa e beta e diventa l'atomo di un altro elemento. Questo si definisce decadimento radioattivo.
- **I raggi alfa** sono flussi di particelle alfa e sono composti da due protoni e due neutroni. Un foglio di carta può fermare i raggi alfa.

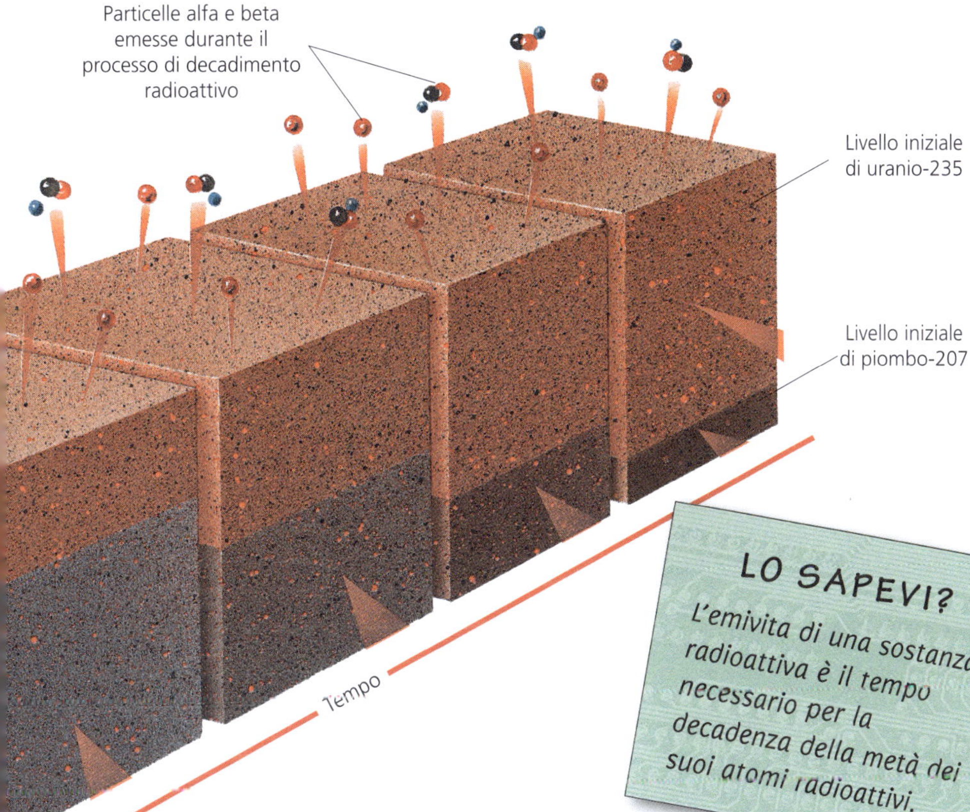

LO SAPEVI?
L'emivita di una sostanza radioattiva è il tempo necessario per la decadenza della metà dei suoi atomi radioattivi.

▲ *Alcune rocce contengono naturalmente l'isotopo uranio-235, che completa il proprio decadimento radioattivo in piombo-207 in un arco di milioni di anni. Questo avviene a un ritmo costante, quindi gli scienziati possono stabilire con esattezza l'età di una roccia dalla proporzione di uranio-235 rispetto al piombo-207. Più è vecchia, maggiore è la proporzione di piombo-207.*

- **I raggi beta** sono flussi di particelle beta – gli elettroni che vengono emessi quando un neutrone decade in un protone. Le particelle beta possono penetrare in un foglio di alluminio.
- **I raggi gamma** sono onde elettromagnetiche di lunghezza d'onda corta e alta energia. Possono penetrare nella maggior parte dei materiali e sono la forma di radiazione più pericolosa.

Dividere l'atomo

- **Fino agli anni Novanta dell'Ottocento** si pensava che gli atomi fossero solidi e indivisibili, ma nel 1897 il fisico britannico Joseph John Thomson scoprì che gli atomi contenevano particelle ancora più piccole, che chiamò elettroni.
- **Gli scienziati ritenevano** che gli elettroni fossero incorporati nelle superfici degli atomi. Poi, nel 1909, il fisico neozelandese Ernest Rutherford sparò delle particelle alfa su una lamina d'oro. La maggior parte attraversò il foglio, ma alcune tornarono indietro.
- **Rutherford concluse** che gli atomi sono spazi vuoti (attraverso i quali passavano le particelle alfa), ma che ciascuno ha un nucleo piccolo e denso al centro.

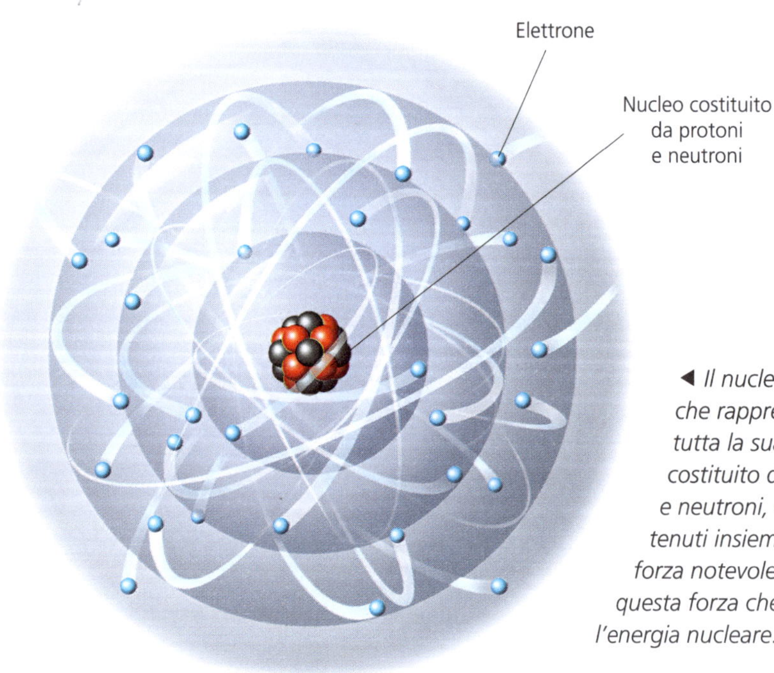

◀ *Il nucleo dell'atomo, che rappresenta quasi tutta la sua massa, è costituito da protoni e neutroni, che sono tenuti insieme da una forza notevole. È sfruttando questa forza che si produce l'energia nucleare.*

▲ *In realtà non si riescono a vedere le particelle subatomiche, ma quando si scontrano lasciano tracce dietro di sé che si possono registrare fotograficamente.*

- **Nel 1919** Rutherford divise il nucleo di un atomo di azoto con particelle alfa e nel 1932 James Chadwick mostrò che il nucleo era costituito da due tipi di particelle: neutroni e protoni.
- **Nel 1933** si formarono nuovi atomi quando Enrico Fermi bombardò i nuclei di atomi di uranio con neutroni.
- **Gli scienziati tedeschi** Otto Hahn e Fritz Strassman ripeterono l'esperimento di Fermi nel 1939 e scoprirono che gli atomi creati erano una forma radioattiva di bario, un elemento molto più leggero: l'atomo di uranio si era scisso in due atomi più leggeri, una scoperta che aprì la strada al rilascio di energia nucleare per fissione.

Quark

- **I quark sono le minuscole particelle** elementari o fondamentali di cui sono costituiti protoni e neutroni.
- **Sono troppo piccoli** per poterne calcolare le dimensioni, ma gli scienziati sono stati in grado di misurare la loro massa: il quark più grande pesa come un atomo di oro. Il più piccolo è 35.000 volte più leggero.
- **Esistono sei tipi di quark** (detti sapori), chiamati su, giù, basso, alto, strano e incanto.
- **I quark giù, basso e strano** portano ciascuno un terzo della carica negativa degli elettroni, mentre i quark su, alto e incanto portano ciascuno i due terzi della carica positiva dei protoni.
- **I quark esistono solo** in combinazione con uno o due altri quark. I gruppi di quark sono noti come adroni.

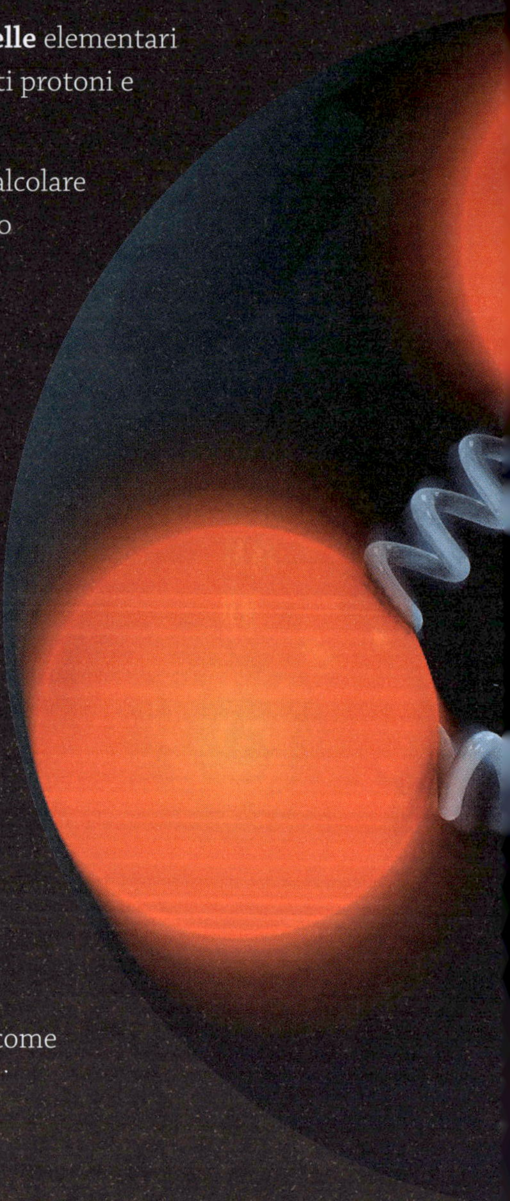

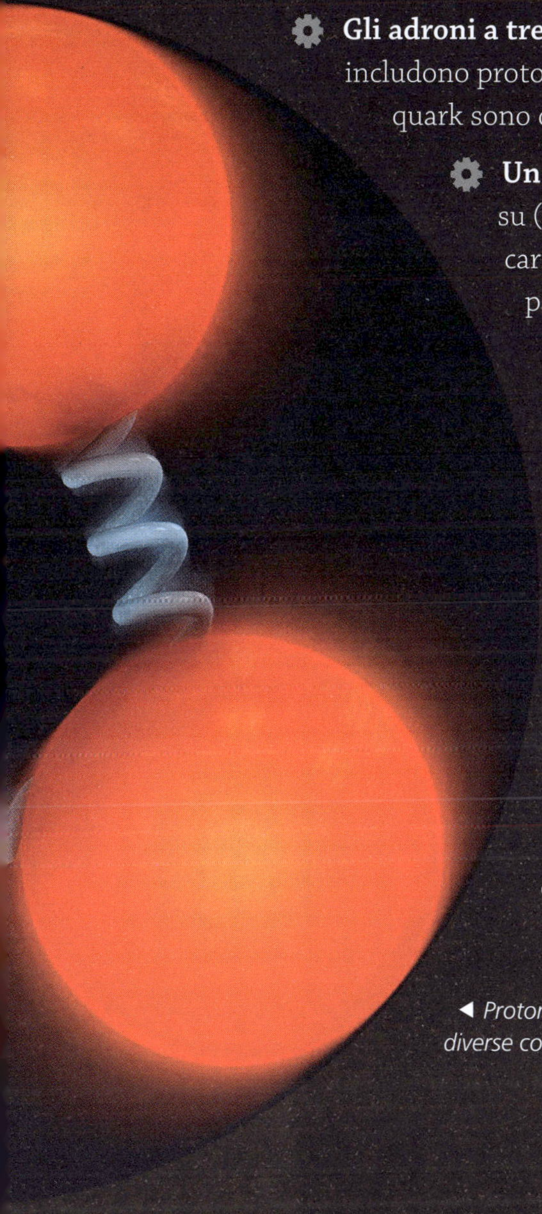

- **Gli adroni a tre quark** sono chiamati barioni e includono protoni e neutroni. I rari adroni a due quark sono detti mesoni.
- **Un protone è composto da due quark** su (due parti positive, due terzi di una carica ciascuno) e un quark giù (una parte negativa, un terzo di una carica), quindi ha una carica positiva di 1.
- **Un neutrone** è composto da due quark giù (due parti negative, un terzo di una carica ciascuno) e un quark su (una parte positiva, due terzi di una carica). Le cariche si annullano a vicenda, quindi un neutrone non ha carica.
- **La teoria dei quark** fu proposta per la prima volta dai fisici americani Murray Gell-Mann e George Zweig nel 1964.

◄ *Protoni e neutroni sono entrambi composti da diverse combinazioni di tre quark.*

Fisica delle particelle

▶ *Gli acceleratori di particelle nel laboratorio di ricerca Fermilab, non lontano da Chicago (Stati Uniti), e al CERN, in Svizzera, accelerano le particelle fino alla velocità della luce.*

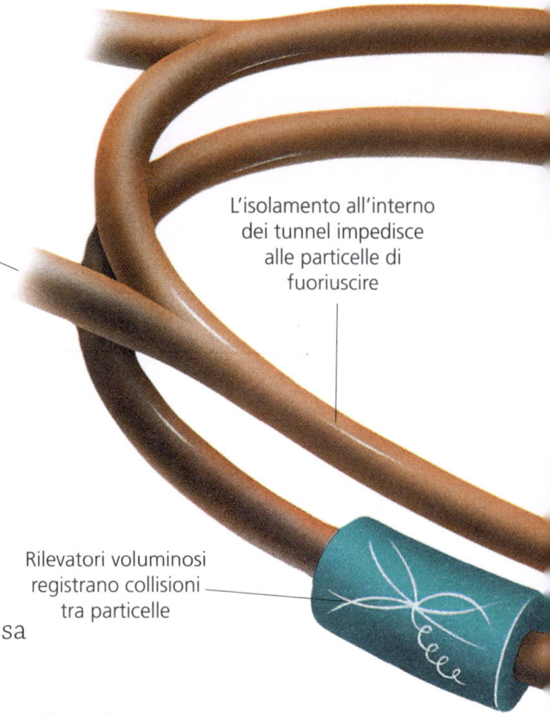

Esistono tre particelle subatomiche di base stabili (elettroni, protoni e neutroni), ma gli scienziati hanno trovato più di 200 altre particelle. La maggior parte di queste ha anche delle antiparticelle, con la stessa massa ma carica elettrica opposta.

I raggi cosmici contengono particelle di breve durata che includono i muoni, un tipo di particella che esiste per alcuni microsecondi appena prima che i raggi cosmici raggiungano il suolo.

Far scontrare gli atomi all'interno degli acceleratori di particelle crea particelle di breve durata e ad alta energia, come tauoni, pioni e tre tipi di quark: incanto, basso e alto.

Gli acceleratori di particelle sono macchine enormi collocate all'interno di gallerie. Usano potenti magneti per accelerare le particelle attraverso un tubo fino ad arrivare a velocità altissime e poi farle scontrare.

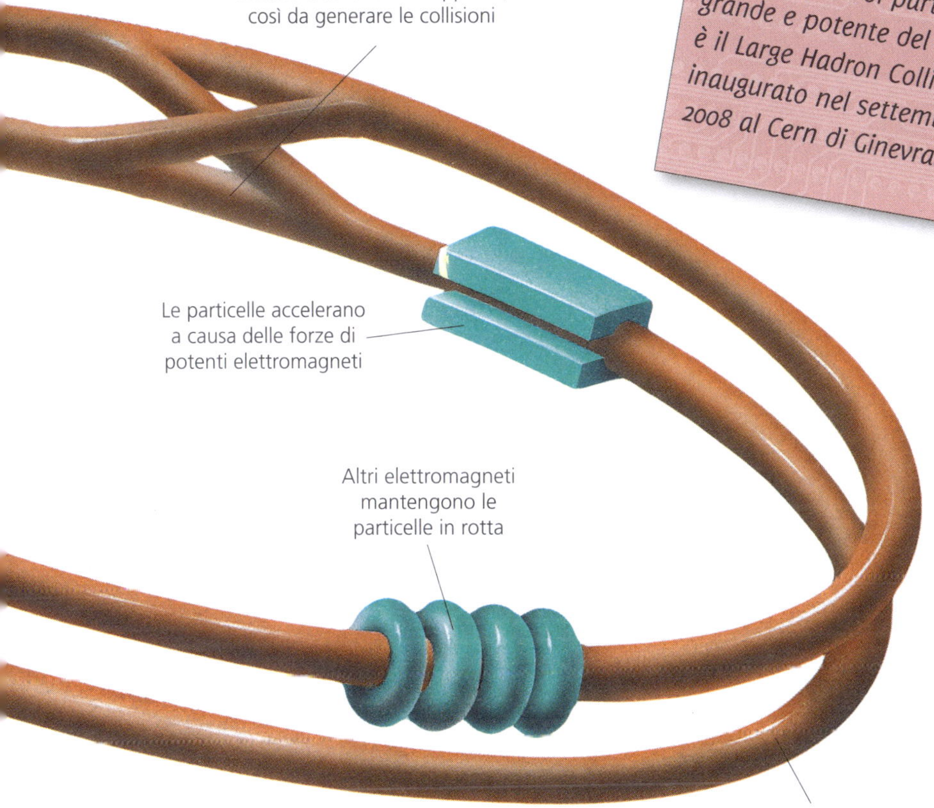

LO SAPEVI?

L'acceleratore di particelle più grande e potente del mondo è il Large Hadron Collider, inaugurato nel settembre del 2008 al Cern di Ginevra.

- **Gli scienziati classificano le particelle** usando una struttura chiamata Modello Standard, in cui vengono divise in particelle elementari e composite.
- **Le particelle elementari** sono particelle di base che non possono essere scomposte in nulla di più piccolo. Esistono tre gruppi di particelle elementari: quark, leptoni e bosoni.

Centrali nucleari

- **L'energia nucleare** sfrutta l'enorme quantità di energia che lega insieme il nucleo di ogni atomo nell'Universo. È una forma di energia incredibilmente concentrata.

- **L'energia nucleare è rilasciata** attraverso la fissione nucleare, processo nel quale i nuclei degli atomi vengono divisi.

> **LO SAPEVI?**
> *I reattori ad acqua pressurizzata (PWR) sono ora il tipo più comune di reattore nucleare. Costruiti in fabbrica, venivano originariamente utilizzati nei sottomarini.*

- **I reattori nucleari** non bruciano carburante per produrre energia. Utilizzano invece pellet o barre di un combustibile chiamato biossido di uranio, un isotopo dell'uranio.

- **Appena 3 kg di combustibile all'uranio** forniscono energia sufficiente per un giorno per una città di un milione di abitanti.

- **I primi reattori nucleari** furono progettati per produrre plutonio da utilizzare in armi nucleari. I reattori Magnox generano plutonio ed elettricità.

- **Come nelle centrali elettriche a carbone e a petrolio**, le centrali nucleari riscaldano l'acqua per produrre vapore, che aziona le turbine che generano elettricità. Nelle centrali nucleari, però, il calore proviene dalla scissione degli atomi di uranio nel combustibile, in una reazione nucleare lenta e controllata.

- **Ogni fase del processo nucleare** produce pericolose scorie radioattive che potrebbero richiedere 10.000 anni per diventare sicure. Alcuni rifiuti liquidi leggermente radioattivi vengono pompati in mare. I rifiuti gassosi si scaricano nell'aria, quelli solidi sono per lo più stoccati sottoterra.

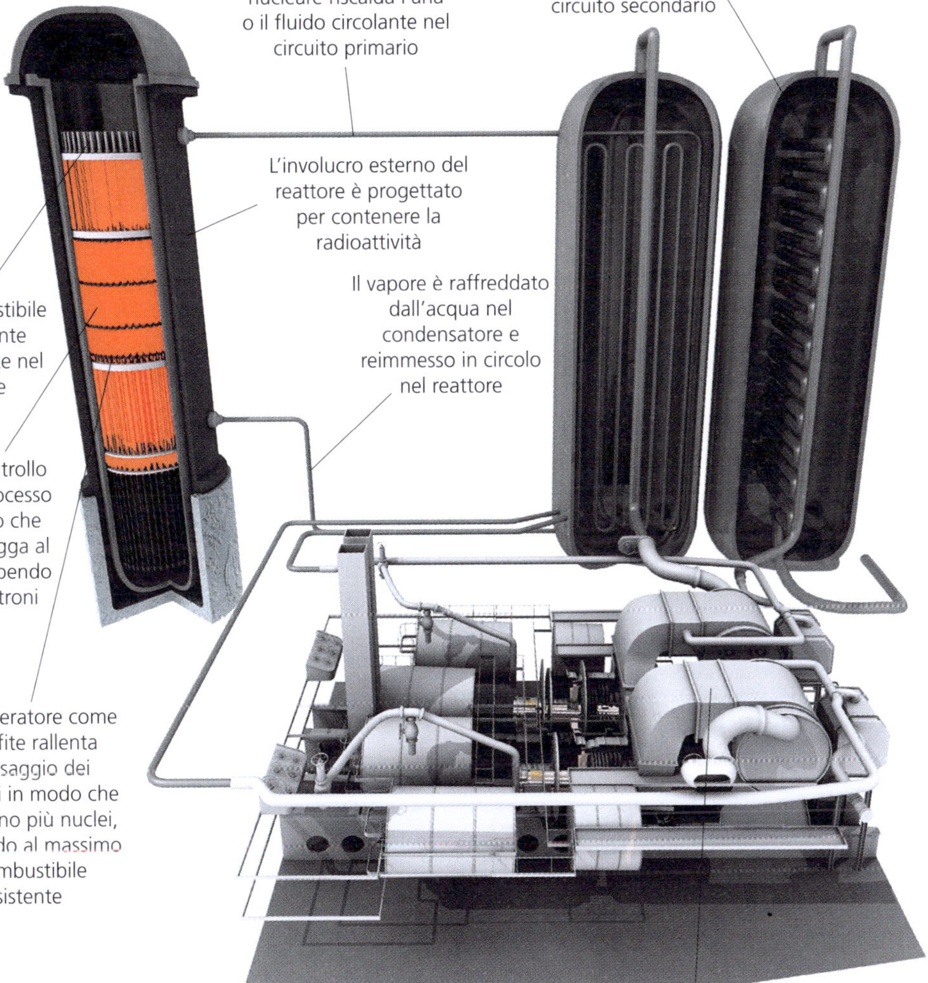

▲ *La disposizione planimetrica delle centrali nucleari può essere organizzata in diversi modi: di fatto si tratta di enormi caldaie progettate per utilizzare le reazioni nucleari riscaldando l'acqua e ottenendo così il vapore che aziona le turbine. Queste, a loro volta, generano elettricità.*

Ingegneria genetica

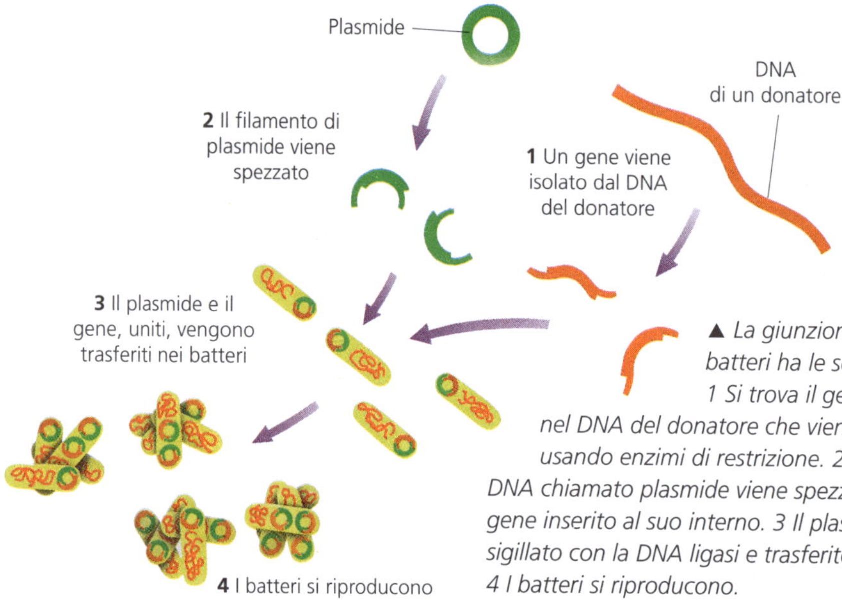

▲ La giunzione genica nei batteri ha le seguenti fasi: 1 Si trova il gene necessario nel DNA del donatore che viene isolato usando enzimi di restrizione. 2 Un anello di DNA chiamato plasmide viene spezzato e il nuovo gene inserito al suo interno. 3 Il plasmide viene sigillato con la DNA ligasi e trasferito nei batteri. 4 I batteri si riproducono.

- **La genetica è la scienza** che studia l'ereditarietà, che affronta cioè il modo in cui gli organismi trasmettono i tratti ai loro discendenti.
- **Un gene** è l'unità fondamentale dell'ereditarietà, che dice a un organismo come crescere e vivere. Si tratta di una breve sezione del codice chimico di molecole presenti in ogni cellula vivente, il DNA.
- **L'ingegneria genetica** comporta la manipolazione deliberata dei geni degli organismi per conferire loro caratteristiche diverse.
- **Gli scienziati alterano i geni** estraendoli dal DNA di un organismo e inserendoli nel DNA di un altro. Si chiama *splicing* (montaggio) genetico. Il DNA così modificato si chiama DNA ricombinante.
- **I geni vengono tagliati** dal DNA del donatore usando "forbici" biologiche chiamate enzimi di restrizione. Sono poi uniti nel DNA ricevente usando una "colla" biologica chiamata DNA ligasi.

- **Una volta che una cellula ha un DNA** modificato, ogni nuova cellula che produce avrà anch'essa un DNA modificato.

LO SAPEVI?

La colza è stata modificata geneticamente per resistere ai pesticidi: può quindi essere spruzzata con speciali prodotti chimici che distruggerebbero ogni altra pianta.

- **Alimenti geneticamente modificati** derivano da animali o piante con geni modificati. Per esempio una coltura può essere geneticamente modificata così da renderla resistente ai parassiti o al gelo.
- **La terapia genica** è una scienza sperimentale in cui i geni umani sono modificati per curare malattie ereditate dai genitori o causate da geni difettosi.
- **Clonare** significa riprodurre un organismo con esattamente gli stessi geni di un altro. In natura, gli organismi contengono una miscela dei geni dei due genitori. La clonazione prende il DNA da un singolo donatore e lo usa per far "crescere" una nuova vita, che avrà esattamente gli stessi geni del donatore. Sono stati clonati piante e animali, non esseri umani.

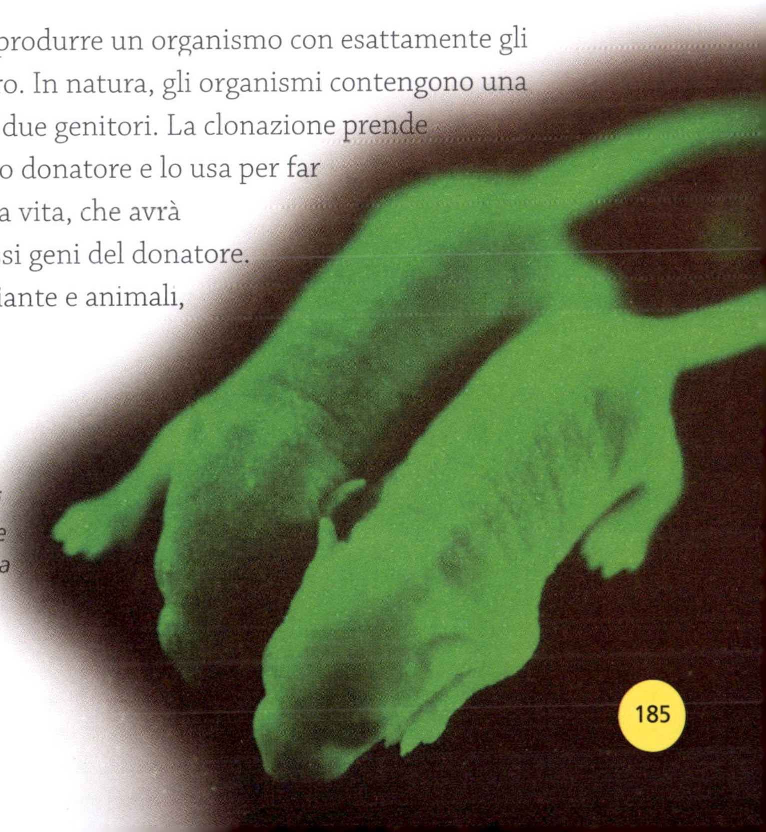

▶ *Gli ingegneri genetici hanno generato dei topi che emettono luce verde dando loro il gene di una medusa chiamato GFP (proteina fluorescente verde).*

L'ultima frontiera

- **Per molto tempo** si è ipotizzato che nell'Universo niente potesse viaggiare più veloce della luce e che questa velocità non potesse essere modificata. Invece nel 2001 la scienziata danese Lene Vestergaard Hau è diventata una delle donne più famose nel mondo della fisica per aver fermato un impulso di luce facendolo passare attraverso un condensato di Bose-Einstein.
- **Recentemente** gli scienziati sono riusciti a inviare impulsi laser a una velocità molto maggiore di quella della luce.
- **Nel 2000** Lijun Wang e colleghi del NEC Research Institute del New Jersey (Stati Uniti) hanno inviato impulsi di luce laser attraverso un contenitore di gas cesio a 310 volte la velocità della luce. Alcuni di questi impulsi viaggiavano così veloci da uscire dal contenitore prima ancora di esservi entrati!

▶ *Gli scienziati hanno condotto esperimenti con i raggi laser riuscendo a far viaggiare la luce a velocità superiori a quella della luce, ma anche a rallentarla al punto da fermarla.*

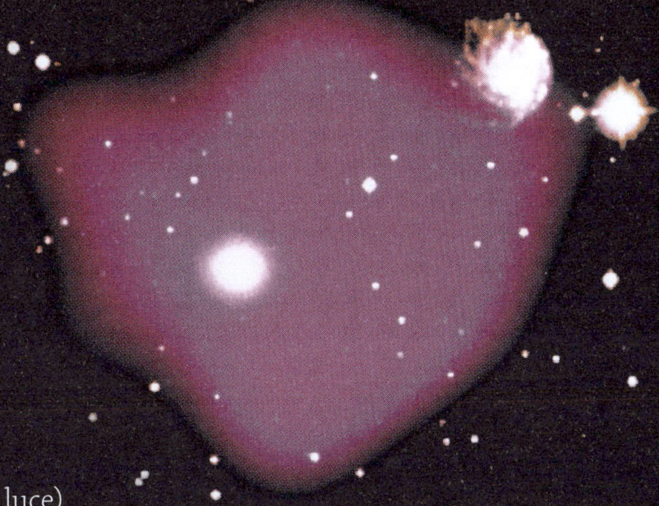

► *Il movimento delle galassie ha rivelato agli astronomi la presenza di una colossale quantità di "materia oscura" invisibile.*

Si pensa che questo sia il risultato di un fenomeno chiamato effetto tunnel quantistico, in cui i fotoni (particelle di luce) in realtà non viaggiano da un luogo all'altro, ma si spostano istantaneamente.

Il concetto di teletrasporto (far sparire qualcosa in un posto che riappare all'istante in un altro) una volta era considerato fantascienza, e invece nel 1997, a Roma, alcuni scienziati sono riusciti a teletrasportare i fotoni attraverso un laboratorio.

Il teletrasporto di particelle avviene attraverso "correlazione quantistica", in cui due particelle sono collegate tra loro. Quando le particelle vengono allontanate, un cambiamento in una genera immediatamente un cambiamento nella particella "correlata".

Si pensa che appena il 4 percento di tutta la materia nell'Universo sia formata da materia "ordinaria" visibile, come gli atomi. Gli scienziati ritengono che il 23 percento sia costituito da "materia oscura" invisibile, che fornirebbe la gravità necessaria per impedire alle galassie di andare alla deriva. Tuttavia si ipotizza anche l'esistenza di una forza nota come energia oscura che costituisce il rimanente 73 percento della materia e che sta, di fatto, causando l'allontanamento della materia nell'Universo.

Tecnologia

Energia elettrica

- **In una centrale elettrica** si produce elettricità per mezzo di un generatore: al suo interno, per indurre la corrente elettrica, bobine di filo vengono fatte girare tra due elettromagneti.
- **In molte grandi centrali elettriche**, i magneti nel generatore sono azionati da turbine. In altre, le pale della turbina sono invece mosse dal vapore ottenuto da combustibili fossili come carbone, da fissione nucleare, o da flusso di gas naturale. In altre ancora girano grazie al movimento dell'acqua (energia idroelettrica) o del vento.
- **Le dinamo semplici** generano una corrente continua (CC), una corrente elettrica che fluisce sempre nello stesso verso.
- **I generatori delle centrali elettriche** si chiamano alternatori. Questi producono una corrente alternata (CA), così chiamata perché il flusso delle cariche elettriche si inverte.
- **L'elettricità che viene dalle centrali elettriche** è distribuita sul territorio tramite un sistema di cavi elettrici noto come rete elettrica.
- **Le centrali elettriche** generano oltre 25.000 volt, un livello troppo alto per essere usato in sicurezza nelle case, ma troppo basso per essere trasmesso su lunghe distanze.
- **Per trasmettere elettricità** su lunghe distanze, la tensione elettrica è aumentata a 400.000 volt con dei trasformatori. Può quindi viaggiare nei cavi ad alta tensione. Vicino alla destinazione, torna a essere ridotta a un livello sicuro per l'uso nelle case.

LO SAPEVI?

La più grande centrale idroelettrica del mondo è la diga delle Tre Gole, sul fiume Yangtze, in Cina, con la quale si riescono a generare fino a 22.500 megawatt.

▼ *Alcuni trasformatori di centrali elettriche gestiscono mezzo milione di volt. I trasformatori step-up aumentano la tensione elettrica, quelli step-down la riducono per l'uso quotidiano.*

Computer

- **Le informazioni** (i dati) che i computer elaborano per funzionare sono archiviati nei microchip, minuscole strutture di componenti elettronici interconnessi e integrati in una base di silicio.
- **I microchip noti come ROM** (memoria a sola lettura) contengono le istruzioni operative di base del computer.

▼ *Il primo computer elettronico, chiamato ACE (Automated Computing Engine), fu progettato dallo scienziato inglese Alan Turing nel 1946. La versione migliorata del 1958 (qui sotto) era tre volte più veloce dell'originale, in grado di elaborare 30.000 numeri a 14 cifre al secondo.*

LO SAPEVI?
Il computer "Roadrunner" IBM messo a punto nel Los Alamos National Laboratory, in New Mexico (Stati Uniti), può effettuare più di un quadrilione (un milione di miliardi) di calcoli in un secondo!

- **I microchip noti come RAM** (memoria ad accesso casuale) ricevono nuovi dati e istruzioni ogni volta che si rende necessario.
- **Nel cuore di ogni computer** c'è un potente microchip chiamato CPU (Central Processing Unit, cioè unità centrale di elaborazione), che esegue l'elaborazione principale dei dati (informazioni) secondo le istruzioni dell'applicazione (programma).
- **I computer memorizzano** ed elaborano informazioni sotto forma di impulsi elettronici secondo un sistema binario *on/off* (uno/zero) denominato codice binario.
- **Un singolo elemento di codice binario** è noto come bit, e otto bit formano un byte. Un milione di byte è un megabyte (MB) e un miliardo di byte è un gigabyte (GB).
- **Un disco Blu-ray** (ad alta definizione) può contenere 50 GB di dati, dieci volte e mezzo rodi quelli di un normale DVD.

Robotica

- **I robot sono macchine** che possono essere programmate per eseguire compiti specifici e che sono automatiche. Una volta attivato, un robot non richiede infatti controllo umano.
- **Lo scienziato americano** William Grey Walter sviluppò negli anni 1948-1949, presso il Burden Neurological Institute (Regno Unito), alcuni tra i primi robot elettronici in grado di muoversi autonomamente. Chiamati Elmer ed Elsie, avevano la forma di tartarughe e reagivano a delle fonti di luce esterne tramite una cellula fotoelettrica.
- **Unimate, il primo robot programmabile**, è stato un robot industriale ideato negli anni Cinquanta. Era dotato di un braccio con cui poteva raccogliere degli oggetti.

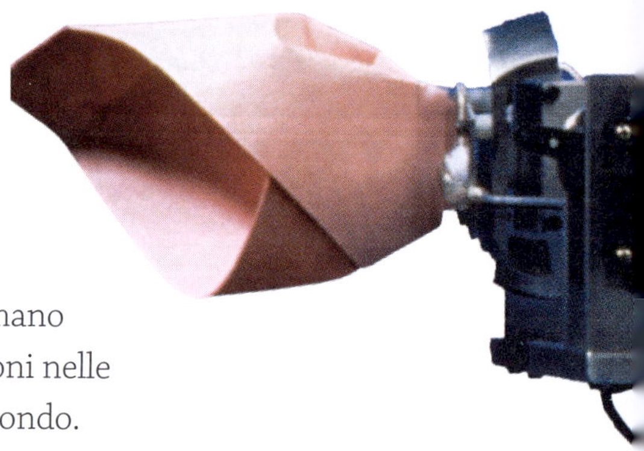

- **I robot meccanici** svolgono compiti specifici, ma non sono progettati per imitare l'aspetto umano o il movimento. Se ne usano milioni nelle fabbriche e nelle case di tutto il mondo.
- **I robot svolgono compiti** difficili, gravosi, ripetitivi o rischiosi per gli esseri umani. Per esempio, sottomarini robotici e veicoli spaziali possono andare in luoghi troppo pericolosi da esplorare per le persone.
- **Gli scienziati stanno sviluppando dei nanobot** (robot microscopici). Un giorno si potrà applicare la nanotecnologia per eseguire un intervento chirurgico dall'interno del corpo umano.

- **Gli agricoltori in Giappone** possono indossare tute robotiche che li supportano nei movimenti.
- **Alcuni scienziati** del MIT, il Massachusetts Institute of Technology (Stati Uniti), hanno sviluppato un robot in grado di reagire con mimica facciale ai compiti che eseguono. Conosciuto come Kismet, può esprimere rabbia, tristezza e felicità.

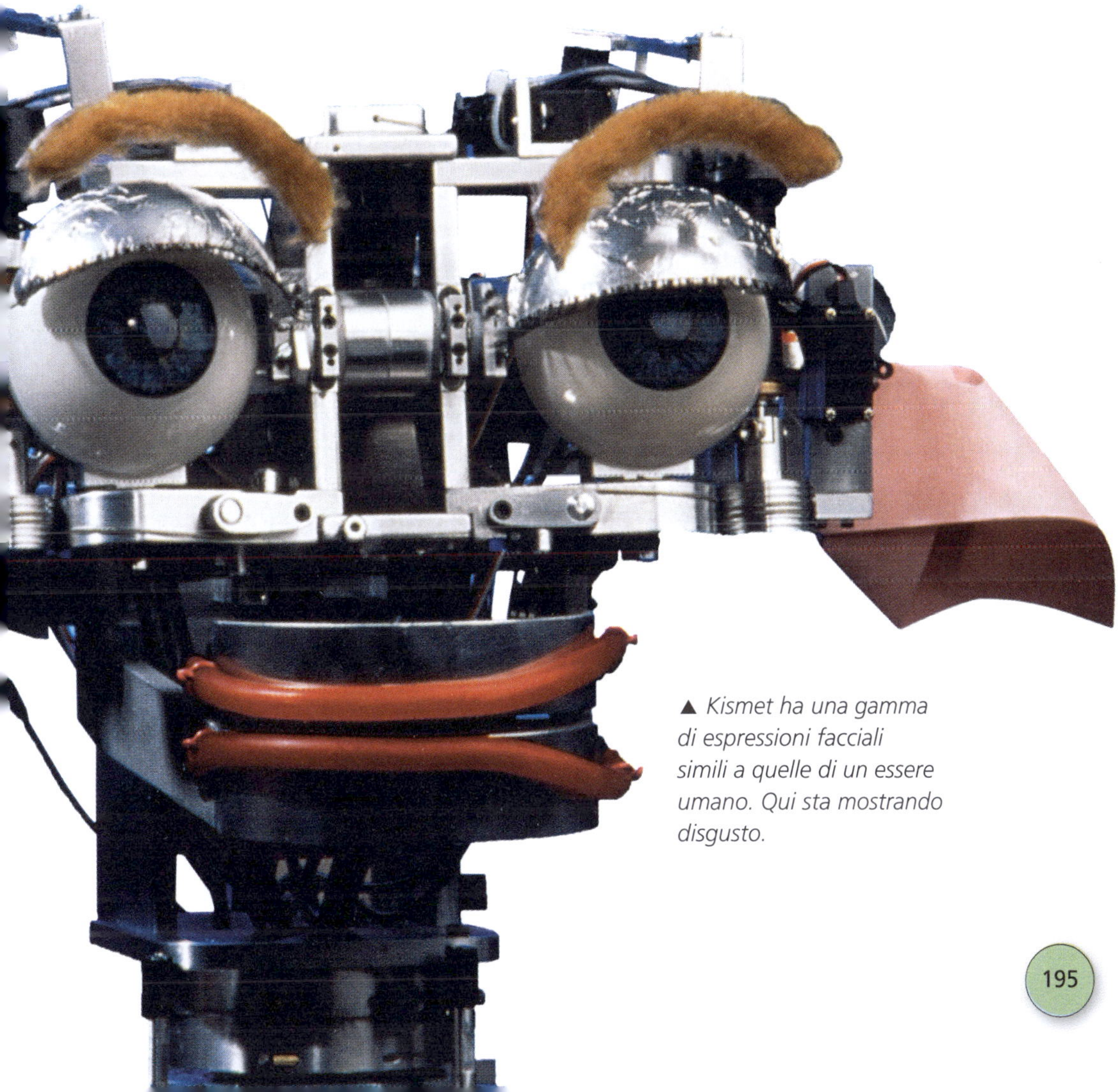

▲ *Kismet ha una gamma di espressioni facciali simili a quelle di un essere umano. Qui sta mostrando disgusto.*

Guardare il micromondo

- **I microscopi sono strumenti** utilizzati per guardare ciò che normalmente è troppo piccolo per essere visto dall'occhio umano.
- **Un microscopio ottico** usa una lente che piega la luce, aumentando le dimensioni dell'oggetto da osservare. I microscopi ottici più recenti riescono a rendere visibile una singola molecola.
- **I microscopi elettronici** sparano su un oggetto degli elettroni che, dall'oggetto, rimbalzano su uno schermo che li fa vedere.
- **Un microscopio elettronico** mette a fuoco un oggetto del diametro di 1 nanometro (un miliardesimo di metro) e lo ingrandisce cinque milioni di volte.
- **I microscopi elettronici a scansione** funzionano scansionando la superficie di un oggetto: ricostruiscono l'immagine fotografica ingrandendola fino a 100.000 volte. Sono talmente potenti da rendere visibili i singoli atomi.

◄ *Un microscopio ingrandisce oggetti e fenomeni troppo piccoli per essere visti dall'occhio umano.*

- **I microscopi elettronici a trasmissione** evidenziano su uno schermo fluorescente gli elettroni che passano attraverso una sottilissima sezione dell'oggetto da osservare, riuscendo così a ingrandirlo milioni di volte.
- **Il microscopio elettronico a trasmissione più potente** del mondo si chiama microscopio TEM 0,5. Può rendere visibili oggetti più piccoli di un atomo di idrogeno (il più piccolo di tutti gli atomi).
- **I microscopi acustici a scansione**, utilizzando le onde sonore, permettono di vedere all'interno di oggetti piccolissimi e opachi.

▼ *Una micrografia a scansione a effetto tunnel può rivelare la forma esatta di un frammento di DNA.*

Laser

- **Il laser** è un dispositivo che crea una luce artificiale brillante.
- **Un raggio di luce laser** è così potente da riuscire a forare l'acciaio e, considerate le sue dimensioni, è più intenso del Sole.
- **La parola "laser"** è l'acronimo dell'inglese Light Amplification by Stimulated Emission of Radiation, cioè: Amplificazione della luce mediante emissione stimolata di radiazione.
- **La luce laser** è l'unica fonte di luce "coerente": significa che le sue onde luminose hanno tutte la stessa frequenza (o lunghezza d'onda) e la stessa fase (i picchi e le depressioni delle onde sono allineati).

▼ *Il raggio di energia di un laser è così concentrato da riuscire a tagliare l'acciaio.*

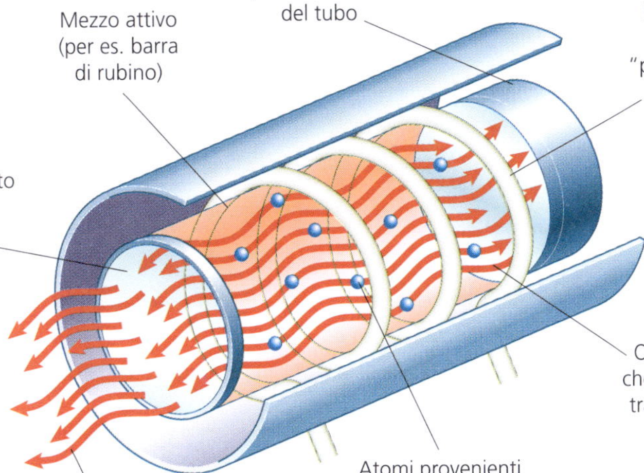

▲ *In un determinato tipo di laser, l'energia viene immessa nel mezzo attivo (una barra cilindrica di rubino), sotto forma di lampi di luce.*

- **All'interno di un laser** c'è un piccolo spazio riempito con un materiale che emette luce laser – per esempio un gas, come elio o neon, o un cristallo liquido o solido, tipo un rubino.
- **Una raffica di fotoni** (particelle di radiazione elettromagnetica) ad alta velocità fa muovere velocemente gli atomi nel materiale emittente. Questi, eccitati, emettono fotoni. Quando i fotoni colpiscono altri atomi, questi emettono altri fotoni, che per mezzo di specchi rimbalzano su e giù all'interno del cilindro del laser.
- **Il potente raggio laser** esce attraverso un foro in uno degli specchi.
- **I laser a gas** forniscono un raggio di potenza inferiore, adatto a lavori delicati come la chirurgia oculare, mentre i laser chimici producono fasci intensi, per uso militare.
- **Alcuni laser** emanano un raggio continuo, mentre quelli pulsati emettono un raggio ad alta potenza a intervalli regolari.

Fibre ottiche

- **Le fibre ottiche** sono fili di vetro trasparente. I fasci di questi fili, i cavi in fibra ottica, servono per trasmettere messaggi.
- **Per trasmettere** i dati usando la fibra ottica, questi devono essere trasformati in una forma digitale (una serie di segnali *on/off*).
- **Tali segnali** alimentano una sorgente luminosa all'estremità di una fibra che attiva e disattiva gli impulsi di luce. Il segnale luminoso, codificato, viaggia lungo le fibre ottiche fino a raggiungere la sua destinazione, dove i circuiti lo ritrasformano in segnale elettrico.
- **Un sottile involucro** (rivestimento) circonda ogni fibra per impedire la fuoriuscita della luce. Il rivestimento riflette tutta la luce all'interno della fibra, non importa quanto si attorcigli. Il fenomeno si chiama riflessione interna totale.
- **Le fibre monomodali** sono molto strette, quindi richiedono una sorgente precisa, come il laser, e sono usate per trasmissioni a lunga distanza. Le fibre multimodali sono invece più larghe, quindi non è necessario usare i laser come fonte di luce. Meno costose, non sono però adatte alle lunghe distanze.

◄ *Le fibre ottiche consentono di trasmettere alla velocità della luce enormi quantità di informazioni.*

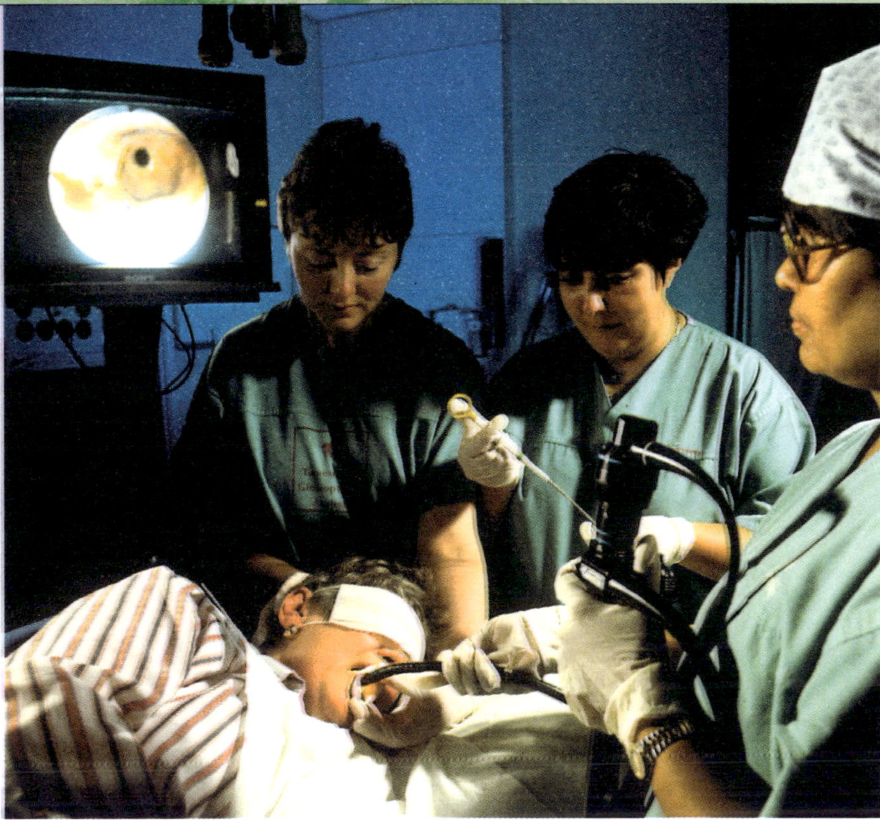

▲ *Un endoscopio è un tubo che può essere inserito in un corpo umano per esaminare gli organi interni. Da dentro, le immagini vengono inviate tramite fibre ottiche flessibili a uno schermo sul quale si possono visualizzare.*

- **I cavi che hanno sezione più grande** sono in grado di trasportare fino a centinaia di migliaia di telefonate o centinaia di canali televisivi.
- **I cavi in fibra ottica** sono stati posati sotto gli oceani Atlantico e Pacifico.
- **Le fibre ottiche trovano applicazione** anche in medicina. Un endoscopio è un tubo flessibile contenente fasci di fibre ottiche. Le lenti poste su ciascuna estremità consentono ai chirurghi di vedere all'interno del corpo del paziente.

Ologrammi

- **Gli ologrammi** sono immagini fotografiche tridimensionali realizzate con luci laser.
- **L'olografia fu inventata** dal fisico britannico di origine ungherese Dennis Gabor nel 1947, ma fino al 1960, fino a che non si poté usufruire del laser, ebbe un uso molto limitato.
- **I primi ologrammi** furono realizzati nel 1963 dallo scienziato americano Emmett Leith, dal suo socio Juris Upatnieks, anche lui ricercatore all'Università del Michigan, e dallo scienziato russo Yuri Denisyuk.
- **Gli ologrammi si ottengono** dividendo in due il raggio di luce di un laser. Una parte si riflette dall'oggetto da riprodurre su una lastra fotografica. L'altra (il raggio di riferimento) è indirizzata direttamente sulla lastra.
- **L'interferenza** tra le onde luminose nel raggio riflesso e quelle nel raggio che arriva dalla sorgente forma strisce microscopiche sulla piastra, dette frange di interferenza, che creano l'ologramma.

▶ *Essendo molto difficili da falsificare, gli ologrammi si usano sulle banconote per prevenire le contraffazioni.*

- **Alcuni ologrammi** appaiono solo quando sono attraversati da una luce laser, mentre altri, come quelli usati nelle carte di credito per evitarne la contraffazione, sono visibili anche alla luce normale.

- **Gli ologrammi si possono usare** per visualizzare cose troppo piccole per essere esaminate al microscopio: se un oggetto può essere raggiunto da una luce laser, significa che si può ottenere il suo ologramma e ricostruirne l'immagine.

- **Nel 2008** gli scienziati hanno scoperto materiali che potevano essere usati per creare ologrammi in pochi minuti (ologrammi dinamici). In futuro, questi potrebbero avere applicazioni in medicina, servizi di emergenza e altri campi.

Televisione

▲ *Gli schermi al plasma forniscono un'immagine piatta di ottima qualità, costruita da milioni di minuscole celle riempite di un gas che, attivato, diventa plasma.*

- **La televisione si basa sul fenomeno** detto effetto fotoelettrico, in cui una sostanza emette elettroni quando colpita da fotoni.
- **Le telecamere** che registrano le immagini TV hanno tre serie di tubi contenenti fotocellule: ognuna reagisce a uno specifico colore della luce – rossa, verde o blu – per convertire l'immagine in segnali elettrici. A questo punto tramite dei microfoni si aggiunge l'audio.
- **Le più vecchie trasmissioni televisive** (di tipo analogico) utilizzavano l'intensità variabile dei segnali radio per trasportare informazioni di immagini e suoni.
- **La trasmissione digitale** è in grado di trasportare informazioni sotto forma di milioni di segnali *on/off* al secondo.
- **Gli schermi piatti** dei nuovi televisori hanno sostituito i vecchi, grossi e pesanti schermi in vetro, i tubi a raggi catodici (CRT).
- **Uno schermo al plasma** ha milioni di minuscoli scomparti (celle) e due serie di elettrodi a filo posizionati ad angolo retto tra loro.
- **Ogni cella** può essere "attivata singolarmente" inviando impulsi elettrici lungo i due elettrodi che la attraversano.
- **Tali impulsi** scaldano il gas trasformandolo in plasma e così una sostanza colorata (fosforo) contenuta nella cella inizia a emettere un bagliore. Milioni di impulsi inviati insieme e con precisione ogni secondo a diverse celle su tutto lo schermo danno l'immagine complessiva.

LO SAPEVI?

I primi apparecchi televisivi elettronici senza meccanismi interni rotanti furono sviluppati tra gli anni Venti e gli anni Trenta.

Registrazione digitale

- **La registrazione digitale** è un processo in cui i suoni o le immagini vengono registrati sotto forma di una serie di cifre.
- **Le prime registrazioni di suoni e immagini** erano analogiche: i segnali si acquisivano continuativamente come corrispondenti cambiamenti fisici su un nastro o un disco. Per esempio, quando il suono era forte, significava che i cambiamenti erano grandi.
- **Durante le registrazioni analogiche** si registrano pure i rumori di sottofondo (interferenza). Per amplificare una registrazione troppo debole (aumentandone l'intensità), si devono amplificare anche i rumori.
- **Con i sistemi digitali** non viene aggiunto alcun rumore durante la riproduzione o l'amplificazione, perché il registratore invia al lettore – televisione, computer o sistema musicale – solo il codice digitale della registrazione. Il lettore ricrea così l'audio originale direttamente dal codice digitale, senza interferenze.

◄ *L'iPod impiegò poco più di un anno per svilupparsi, sotto l'occhio attento del CEO di Apple, Steve Jobs. Fu lanciato nel 2001 con lo slogan "1000 canzoni in tasca".*

▲ *Per modificare le immagini digitali sui computer, basta dare le giuste istruzioni sulla tastiera. Per esempio è possibile ottenere dal computer un cambio di colore di tutte o di alcune parti, passando da una certa tonalità di rosso a una di blu.*

- **Trasmissioni digitali radio e TV** possono essere molto nitide, perché il codice digitale è sempre lo stesso, non importa quanto forte o debole sia il segnale.
- **L'imaging digitale** consente di amplificare suoni e immagini deboli senza alcuna distorsione.
- **È possibile elaborare immagini digitali** tramite computer per accentuare alcune qualità e minimizzarne altre.
- **Gli astronomi hanno utilizzato** tecniche di imaging digitale per identificare stelle e galassie molto deboli e distanti.
- **Una registrazione digitale** ad alta risoluzione contiene moltissimi dati, ma può essere compressa con un algoritmo matematico e così venire trasmessa. Tra queste ci sono registrazioni audio mp3 e immagini TV ad alta definizione.

Scansione

- **Uno scanner è un dispositivo** elettronico che copia un'immagine e la ricostruisce linea per linea.
- **Gli scanner convertono immagini o testo** in un formato digitale che i computer sono in grado di leggere.
- **Una cella fotoelettrica** all'interno dello scanner misura la quantità di luce riflessa da ogni parte dell'immagine o del documento e la converte in un codice digitale.
- **In medicina ci si serve** di complessi dispositivi di scansione per riprodurre immagini di organi interni o parti del corpo. Questi includono scanner TC (TAC), PET e RM.

▼ *A differenza dei raggi X, uno scanner RM non emette radiazioni potenzialmente dannose.*

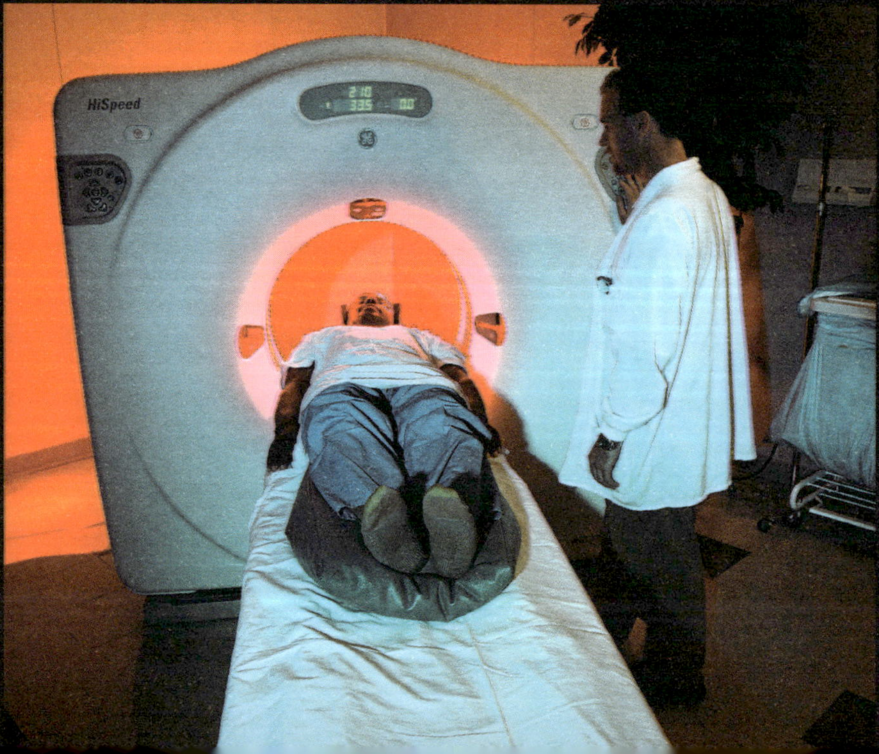

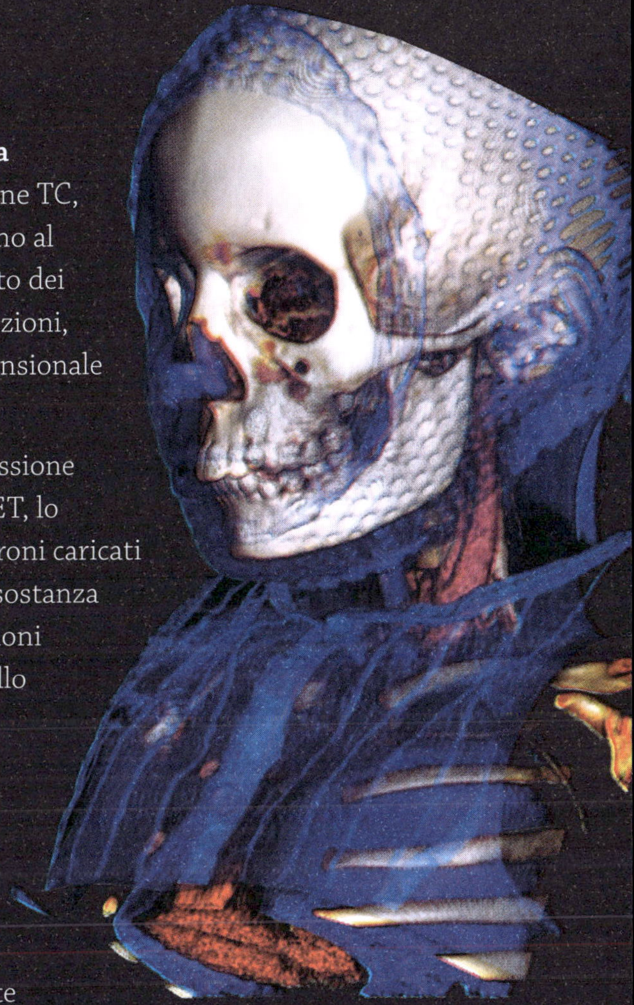

- **TC è l'acronimo di tomografia** computerizzata. In una scansione TC, un fascio di raggi X ruota intorno al paziente mentre sul lato opposto dei rilevatori effettuano delle proiezioni, fornendo un'immagine tridimensionale degli organi interni.
- **PET sta per tomografia** a emissione di positroni. Nella scansione PET, lo scanner rivela i positroni (elettroni caricati positivamente) emessi da una sostanza iniettata nel sangue. Tali scansioni permettono di vedere un cervello vivo e funzionante.
- **RM sta per risonanza** magnetica per immagini. Le scansioni RM lavorano con una procedura simile alle TAC, ma invece dei raggi X usano il magnetismo: il paziente è circondato da magneti che causano l'allineamento di tutti i protoni nel corpo.
- **La risonanza magnetica** inizia emettendo un impulso radio che disallinea per un istante i protoni. Lo scanner rileva poi i segnali radio emessi dai protoni mentre questi si riallineano.

▲ *Questa è la TAC della testa di un bambino, in cui l'immagine è stata riprodotta a colori su un computer.*

Internet

- **Internet** è una vasta rete (sistema organizzato) che collega milioni di computer in tutto il mondo.

> **LO SAPEVI?**
> Nel 2009 c'erano già quasi 1,5 miliardi di utenti di Internet in tutto il mondo, di cui oltre 250 milioni in Cina.

- **Ideato negli anni Sessanta** col nome di ARPAnet per collegare i computer dell'esercito americano, Internet viene adoperato oggi da tantissime persone per attività di ogni tipo, come acquistare i biglietti per il cinema, mantenere i contatti con gli amici e molto altro.
- **Per collegarsi a Internet** attraverso le linee telefoniche, il segnale in uscita di un computer di casa deve essere tradotto nella forma corretta con un modem o un router.
- **I computer** accedono a Internet tramite un telefono locale su un grande computer chiamato Internet Service Provider (ISP).
- **Ogni ISP** è collegato a un computer gigantesco, l'hub principale. Ci sono circa 100 hub principali in tutto il mondo.
- **Alcuni collegamenti tra hub** vengono effettuati per mezzo di linee telefoniche, mentre altri via satellite. I collegamenti tra hub sono chiamati connessioni ad alta velocità.

- **Il World Wide Web** è stato ideato nel 1989 dal programmatore inglese Tim Berners-Lee, dei laboratori svizzeri del CERN.
- **Il web crea collegamenti speciali** (collegamenti ipertestuali) tra le pagine web attraverso parole chiave. Le parole collegate ad altre pagine sono evidenziate in blu. Fare clic su un link (collegamento) consente di trovare la strada per i dati su altri siti.

▼ *I telefoni cellulari possono accedere a Internet captando i segnali radio inviati dai fornitori di servizi.*

Telecomunicazioni

- **Il termine telecomunicazioni** indica l'attività in cui i dati sono trasmessi quasi istantaneamente tramite strumenti elettronici.
- **Ogni sistema di comunicazione** richiede tre cose per funzionare: un trasmettitore, un collegamento per le comunicazioni e un ricevitore.
- **I trasmettitori convertono i dati** (testo, immagini o suoni) in un segnale elettrico e li inviano. Possono essere trasmettitori, per esempio, telefoni o computer.
- **I ricevitori raccolgono** il segnale elettrico e lo riconvertono nella forma originale.

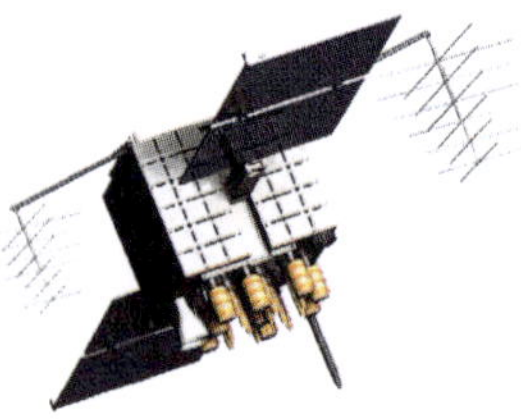

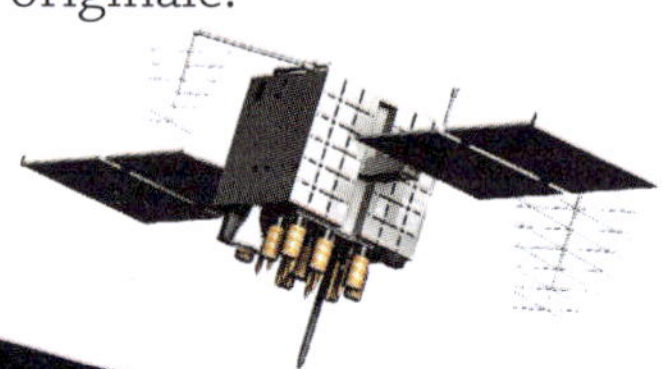

▼ *Utilizzando un ricevitore GPS (Global Positioning System), una nave può individuare la sua posizione e navigare da un posto all'altro. Il GPS è una rete composta da circa trenta satelliti, oltre alle apparecchiature che li controllano e coordinano.*

LO SAPEVI?

Per evitare ritardi, quando si telefona oltre oceano le chiamate vengono trasmesse via satellite in una direzione e via cavo sottomarino nell'altra.

- **Nelle telecomunicazioni** i collegamenti trasportano il segnale dal trasmettitore al ricevitore con due metodologie principali: le prime forniscono un collegamento diretto tramite linee telefoniche e altri cavi, le altre inviano il segnale con onde radio via aria per mezzo di collegamenti satellitari o microonde.
- **In passato**, le linee telefoniche erano composte principalmente da cavi elettrici che trasportavano il segnale sotto forma di impulsi elettrici. Oggi le linee telefoniche sono generalmente in fibra ottica, che trasporta i segnali come impulsi di luce codificati.
- **I satelliti per comunicazioni** sono in orbita nello spazio attorno alla Terra. Le telefonate vengono inviate via radio fino al satellite, che le reindirizza verso un'altra parte del mondo.
- **I collegamenti a microonde** utilizzano onde radio molto brevi per trasmettere segnali telefonici e altri segnali direttamente da una parabola all'altra in linea retta sulla superficie terrestre.
- **I telefoni cellulari** trasmettono e ricevono chiamate direttamente via onde radio. Le chiamate sono raccolte e inviate da un'antenna locale.

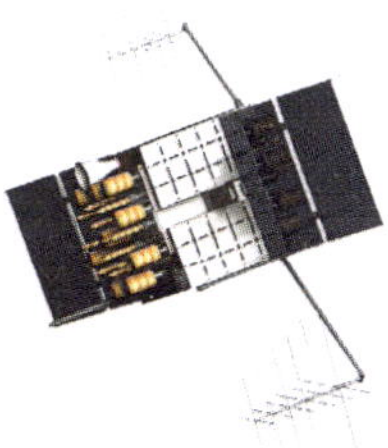

- **L'autostrada dell'informazione** è la rete di collegamenti ad alta velocità che possono essere raggiunti combinando sistemi telefonici, TV via cavo e reti di computer. Programmi TV, film, dati, collegamenti video diretti e Internet potrebbero entrare nelle case usando un'unica grande rete.

Pianeta Terra

Formazione ed età

- **La storia della Terra** ebbe inizio circa 4,6 miliardi di anni fa, quando i granelli di polvere che turbinavano intorno al Sole appena nato cominciarono ad aggregarsi in blocchi di roccia chiamati planetesìmi. Uniti per effetto della reciproca gravità, i planetesimi si raggrupparono fino a formare la Terra e altri pianeti.
- **All'inizio della sua formazione**, la Terra era poco più che una palla rovente di roccia fusa.
- **Circa 4,5 miliardi di anni fa**, un corpo delle dimensioni di Marte si schiantò sulla Terra, facendo volare via i materiali provenienti dalla collisione, che si raggrupparono formando la Luna.
- **L'impatto fu così forte** che tutti gli elementi che componevano la Terra si separarono e i metalli pesanti, ferro e nichel, sprofondarono nel centro: nacque così il nucleo.
- **La roccia fusa formò un mantello** spesso circa 3000 km attorno al nucleo metallico. Il calore del nucleo mantiene il mantello ribollente, simile a una zuppa che sobbolle sul fuoco.

◀ *La Luna venne colpita da rocce nello spazio, provocando enormi crateri e catene montuose alte anche 5000 m.*

◀ *Quando la Terra si formò dalla vorticosa nuvola di planetesimi, i pezzi si aggregarono tra loro con una tale forza da generare una palla infuocata, che lentamente iniziò a raffreddarsi, dando vita a continenti e oceani.*

Dopo circa 100 milioni di anni la superficie del mantello si raffreddò e si indurì formando una crosta sottile.

Sulla giovane Terra fecero la loro comparsa innumerevoli vulcani in eruzione e fumo. Flussi di lava (roccia fusa) trasformarono la superficie terrestre in oceani incandescenti.

Un'atmosfera contenente gas tossici quali metano, idrogeno e ammoniaca che si levavano dai vulcani sulla superficie avvolse ben presto il pianeta.

Dopo circa un miliardo di anni, l'aria cominciò a diradarsi quando il vapore acqueo che si era accumulato tra le nuvole cadde sotto forma di pioggia: fu così che si formarono così gli oceani.

LO SAPEVI?

La prima atmosfera della Terra sarebbe stata tossica per gli animali. Furono microscopiche piantine primordiali a convertire gradualmente l'anidride carbonica in ossigeno che gli animali potevano respirare.

Struttura interna

- **La Terra non è una palla solida**. La crosta terrestre poggia su uno strato di roccia calda in parte fusa, chiamata mantello, che a sua volta circonda due nuclei, uno dentro l'altro.
- **La crosta terrestre** è un guscio esterno duro e sottile di roccia spesso circa dodici chilometri, che in dimensioni è paragonabile, rispetto alla Terra, alla buccia di una mela.
- **La crosta oceanica** è quella che si trova in fondo agli oceani. È molto più sottile, in media solo 7 km. È anche giovane: laggiù non vi è nulla che abbia più di 200 milioni di anni.

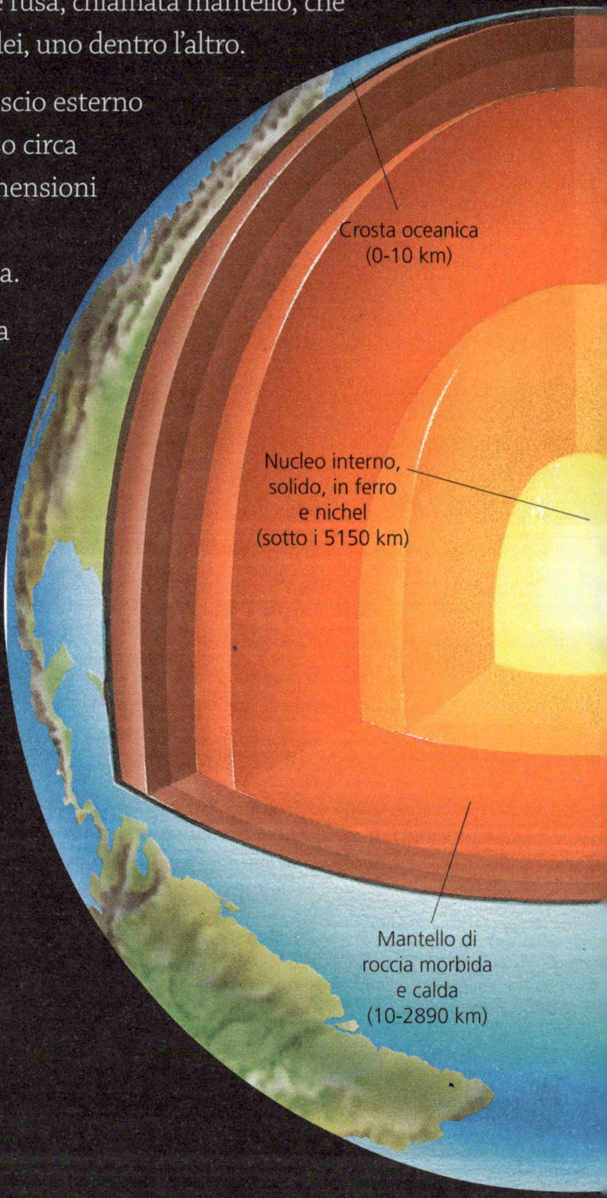

LO SAPEVI?

Nel 1983 degli scienziati in Russia perforarono la crosta terrestre per 12,261 m, lo scavo più profondo mai effettuato. La temperatura della roccia in fondo era di 210 °C.

- **La crosta continentale**, che si trova al di sotto dei continenti, ha uno spessore medio di 50 km ed è piuttosto antica.
- **Il mantello costituisce** la gran parte dell'interno della Terra. Le temperature salgono costantemente attraversando il mantello verso il centro: vicino al nucleo si arriva ai 4500 °C.
- **La roccia del mantello** è così calda che ribolle piano rimescolandosi di continuo come un melassa molto, ma molto densa sul fornello, per un fenomeno chiamato moto convettivo del mantello.
- **Sotto il mantello** c'è un nucleo costituito da ferro caldo e nichel. Il nucleo esterno è talmente caldo – passa da 4500 °C a 6000 °C – da essere perennemente fuso.
- **Il nucleo interno** è ancora più caldo (anche 7000 °C), ma è comunque solido perché la pressione è 6000 volte superiore a quella sulla superficie.
- **L'unica volta che** vediamo la roccia fusa calda del mantello è quando, durante un'eruzione vulcanica, esplode e attraversa la crosta.
- **Le nostre conoscenze** dell'interno della Terra derivano principalmente dallo studio di come le onde di un terremoto vibrano mentre la attraversano.

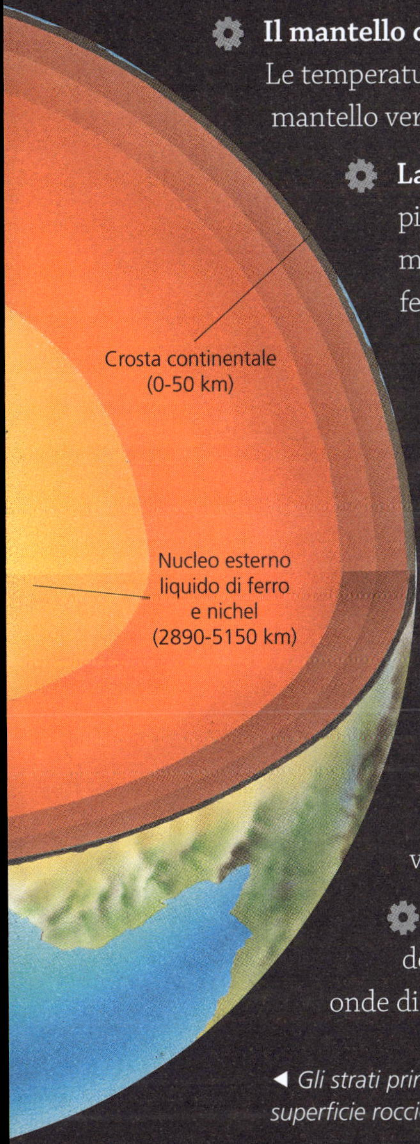

◄ *Gli strati principali all'interno della Terra, dal nucleo caldo alla superficie rocciosa.*

Placche mobili

- **La superficie della Terra si muove** molto piano sotto i nostri piedi. Il lento spostarsi dei continenti di tutto il mondo si chiama deriva dei continenti.
- **Non si muovono solo i continenti**, ma anche i fondali oceanici. Di fatto si muove l'intera superficie terrestre.
- **La crosta terrestre è costituita** di placche di roccia ricurve che fluttuano come pezzi di giganteschi puzzle sullo strato fuso di roccia calda del mantello.
- **Ci sono sette grandi placche** e una ventina di più piccole, che si muovono molto lentamente sulle correnti che circolano all'interno del mantello.

▼ *Lungo i confini delle placche che si uniscono o che scivolano le une sotto le altre si hanno terremoti e vulcani.*

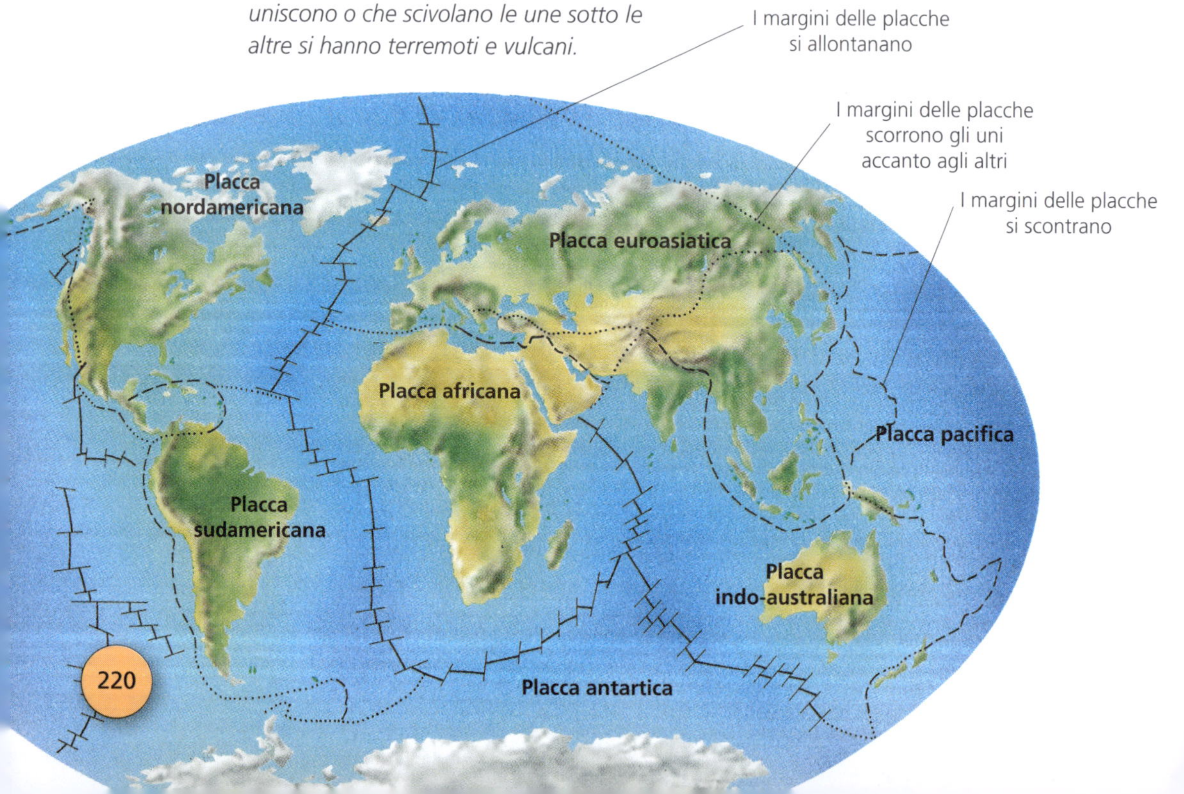

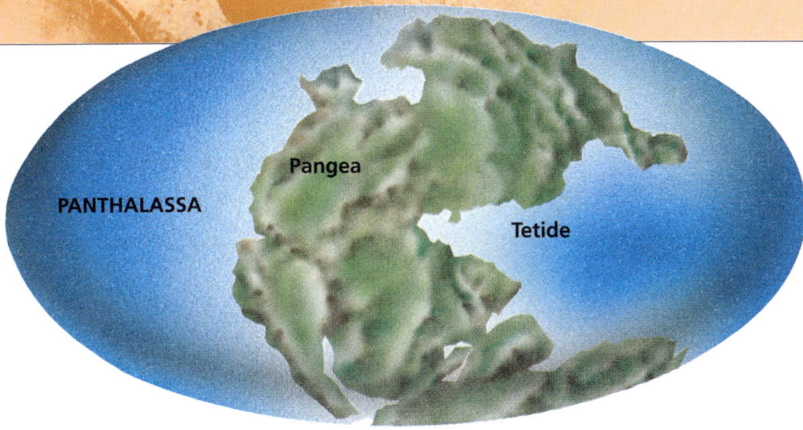

▲ *Circa 220 milioni di anni fa tutti i continenti del mondo si unirono in un'enorme massa terrestre che i geologi chiamano Pangea. La Pangea lentamente si separò, dando origine ai continenti che conosciamo oggi.*

- **L'andamento della deriva dei continenti** non è costante. L'America del Sud si allontana ogni anno dall'Africa di 20 cm. In media, i continenti si muovono circa alla velocità con cui cresce un'unghia.
- **Gli scienziati sanno** che un tempo i continenti erano uniti tra loro perché si sono trovati fossili di piante e rettili preistorici identici in Africa, India, America del Sud e Antartide.
- **Alcune placche tettoniche si sono spostate moltissimo**: hanno viaggiato per mezzo globo terrestre.
- **In alcuni punti, le placche tettoniche convergono**. Dove ciò accade, una delle placche – di solito quella che trasporta un continente – scorre sopra l'altra, spingendola giù con forza verso l'interno della Terra. Questo fenomeno si chiama subduzione.
- **Nella zona in cui una placca scorre sotto l'altra**, si forma spesso una profonda fossa sul fondale oceanico.
- **In alcune zone**, di solito al centro di un oceano, le placche tettoniche tendono a separarsi o ad allontanarsi. Quando accade, del magma fuso fuoriesce dall'interno della Terra e si solidifica: è così che i fondali marini si vanno man mano espandendo.

Montagne

Le montagne sembrano solide e immutabili, e invece continuano ad alzarsi, per essere poi erose dagli agenti atmosferici. L'Himalaya, per esempio, cresce senza sosta da 40 milioni di anni.

Tutte le grandi catene montuose del mondo, come le Ande e le Montagne Rocciose, si sono sviluppate dallo scontro degli strati di roccia mentre le placche tettoniche spingevano l'una contro l'altra. Tale processo è chiamato orogenesi.

Le catene montuose più antiche nel corso del tempo sono state erose o ridotte a colline, come i monti Adirondack nello Stato di New York, che ora hanno più di un miliardo di anni.

La catena himalayana in Asia comprende le 20 cime più alte del mondo, incluso il monte Everest, che raggiunge gli 8848 m.

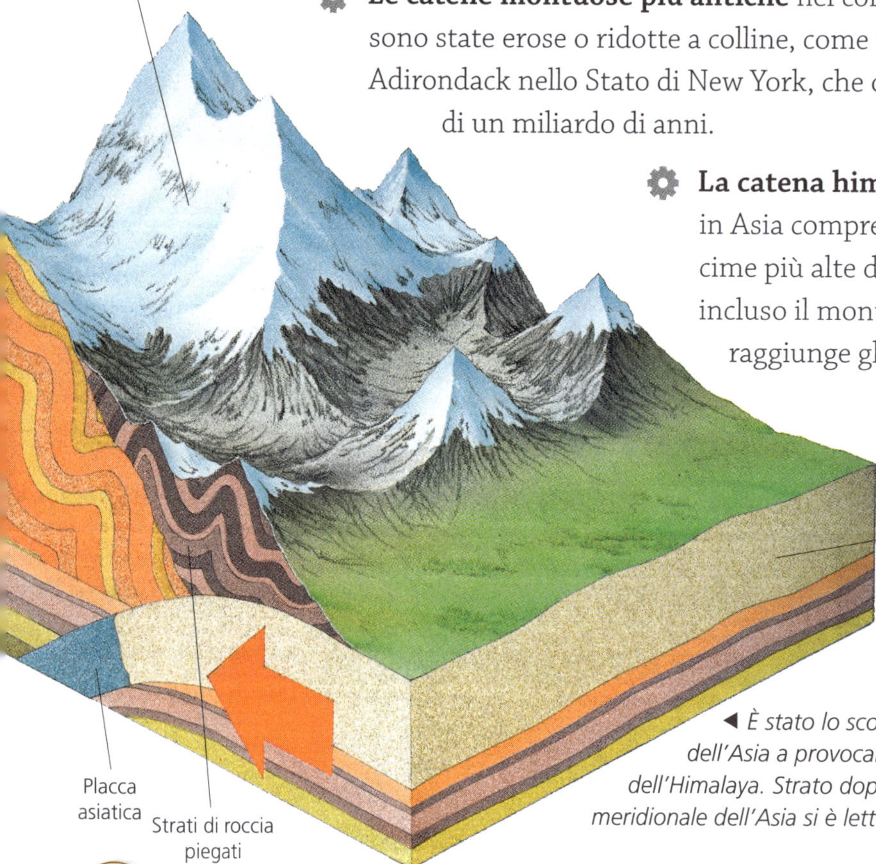

◄ *È stato lo scontro tra India e il resto dell'Asia a provocare l'innalzamento dell'Himalaya. Strato dopo strato, il margine meridionale dell'Asia si è letteralmente accartocciato.*

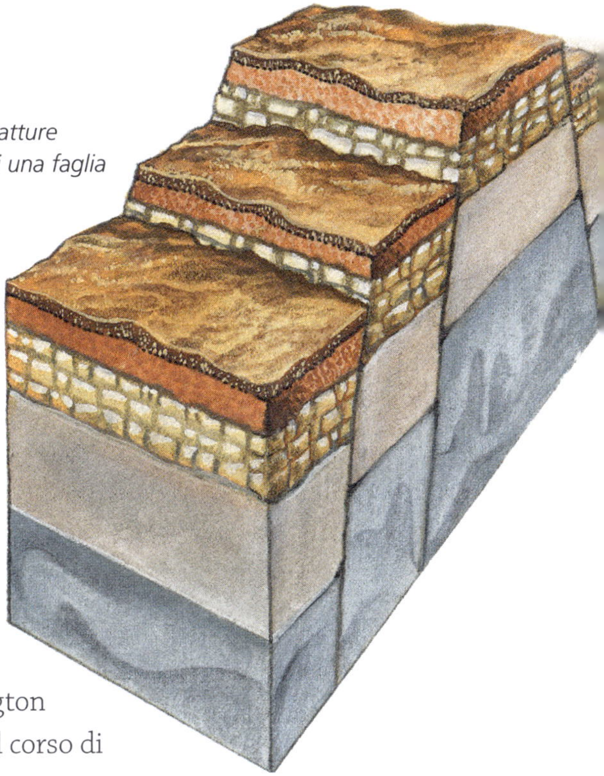

▶ *Con una scossa, lungo le faglie o le fratture della crosta terrestre a volte una parte di una faglia si inclina o si solleva dando origine a dei blocchi rocciosi.*

- **Le Ande sono la catena** montuosa più lunga del pianeta: si estende sul lato occidentale dell'America del Sud per 7240 km. La cima più alta è l'Aconcagua (Argentina), 6960 m.
- **Alcune montagne** sono vulcani, come il monte Sant'Elena nello Stato di Washington (Stati Uniti), alti coni cresciuti nel corso di eruzioni di lava e cenere.
- **La montagna più alta** è il Mauna Kea, nell'isola di Hawaii. Dalla sua base, che si trova sotto il livello del mare, alla punta si eleva per 10.205 m, ma solo 4205 m si ergono sopra l'acqua.
- **Un versante di una catena montuosa** è spesso umido. I venti arrivano e si sollevano, raffreddandosi e facendo cadere la pioggia dal lato in cui soffia il vento. Dall'altra parte piove molto poco.
- **Sulle montagne l'aria è più rarefatta** e quindi anche la pressione dell'aria diminuisce, per questo gli scalatori a volte hanno bisogno di maschere di ossigeno per respirare.
- **Le temperature scendono di 0,6 °C per ogni 100 m** di salita, per questo le vette sono spesso coperte di neve e fa molto freddo.

Vulcani

LO SAPEVI?
Il vulcano più attivo del mondo è il Kīlauea, nelle Hawaii (Oceano Pacifico). Erutta ininterrottamente dal 1983 e produce lava al ritmo di 5 metri cubi al secondo.

- **I vulcani sono luoghi** in cui la roccia fusa calda (magma) sale in superficie dalle viscere della Terra.
- **I vulcani attivi** eruttano spesso, i quiescenti solo occasionalmente e quelli estinti, cioè spenti, non erutteranno mai più.
- **Quando un vulcano erutta**, il magma fuso sale dal camino e fuoriesce dal cratere. Cenere e lava si riversano fuori e scendono lungo i fianchi. Gas, polvere e “bombe” di roccia vengono lanciati nel cielo.
- **Ci sono più di 800 vulcani attivi** nel mondo. Il Paese con il maggior numero è l’Indonesia, che ne conta circa 200.
- **Intorno al Pacifico c’è una serie di vulcani esplosivi** che prende il nome di “cintura di fuoco”. Include il monte Pinatubo nelle Filippine e il Sant’Elena nello Stato di Washington.
- **Una dopo l’altra le eruzioni** fanno sì che si accumuli un cono così grande di cenere e lava attorno al vulcano da diventare una montagna.
- **Le eruzioni iniziano** con un aumento di pressione nella camera magmatica all’interno del vulcano: nel magma si formano delle bolle di vapore e gas che si gonfiano rapidamente finché esplodono.
- **Mentre escono, il vapore e il gas** portano con sé nuvole di cenere e frammenti un po’ più grossi della spina (lava solida nel camino), chiamati bombe vulcaniche o tefra.

- **Senza più l'ingombro della spina vulcanica**, il magma sale, fuoriesce dal vulcano e cola giù prendendo il nome di lava.
- **A volte, se scende il livello di magma** nella camera magmatica, la parte superiore del cono cede. Crollando, il vulcano forma al suo interno un cratere gigante chiamato caldera.

▼ *Le maggiori eruzioni vulcaniche sono alimentate da una combinazione di vapore e anidride carbonica. Quando la spina del magma si rompe, la pressione si libera all'improvviso, provocando un'esplosione tale da sollevare in aria, per molte migliaia di metri, blocchi di roccia delle dimensioni di una casa.*

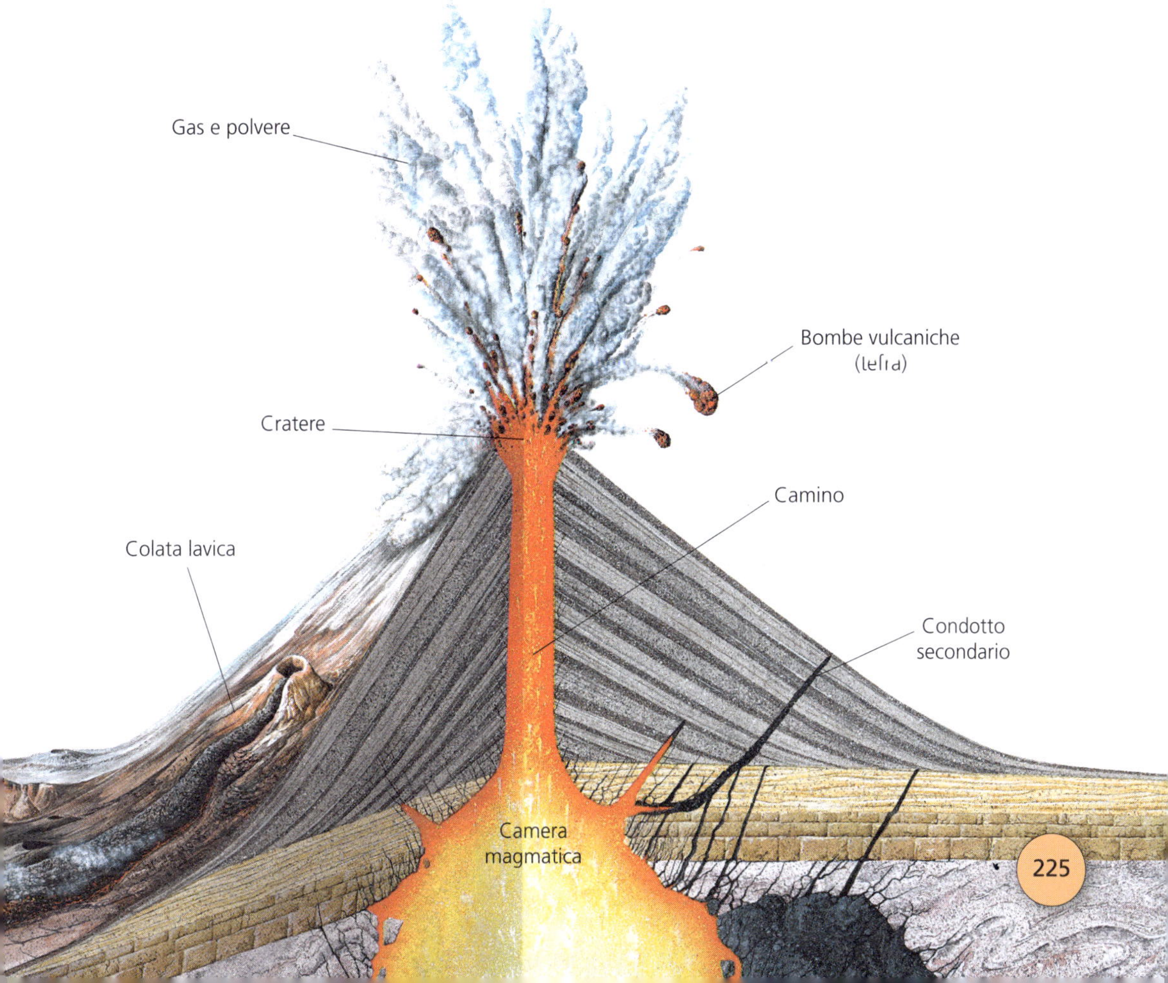

Terremoti

- **I terremoti scuotono il suolo**. Possono manifestarsi in lievi tremori che non si percepiscono quasi, ma a volte sono così violenti da buttare giù montagne o distruggere intere città.
- **Frane, vulcani, ma anche traffico** particolarmente intenso possono provocare lievi terremoti. Quelli di maggiore entità sono scatenati dallo sfregamento delle grandi placche tettoniche che compongono la superficie terrestre.
- **Di solito le placche tettoniche** scorrono una vicino all'altra per circa 4-5 cm all'anno. A volte però si spostano anche per più di 1 metro in pochi secondi, causando terremoti più forti.
- **In caso di terremoto**, le onde d'urto si propagano in cerchi dal punto in cui ha avuto origine, detto ipocentro o fuoco, verso l'esterno.

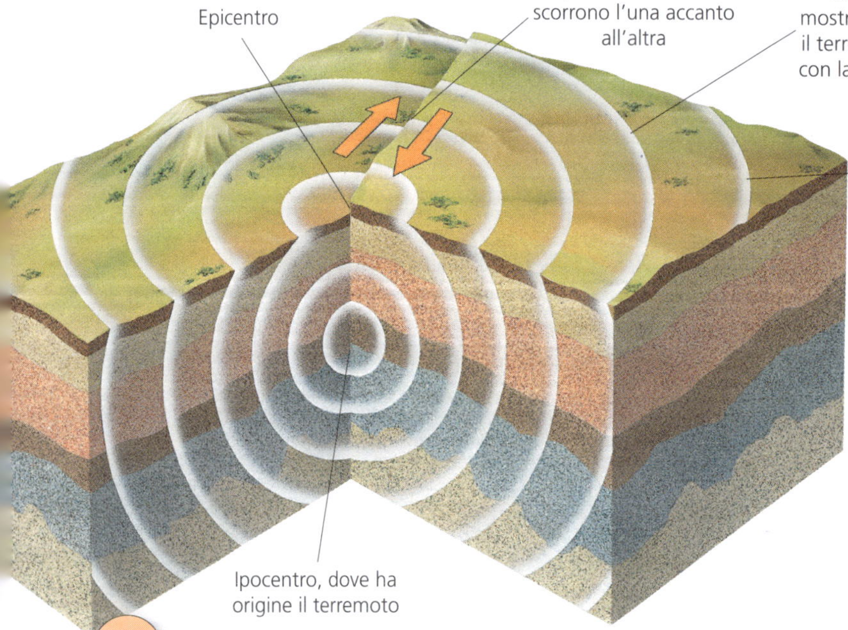

◀ *Quando due placche tettoniche si scontrano, emettono onde d'urto (sismiche) che dall'ipocentro del terremoto si propagano in cerchi verso l'esterno e verso l'alto.*

◄ *Un terremoto ha provocato il crollo del secondo piano di questo edificio su una strada di San Francisco, California (Stati Uniti).*

- **Il danno è maggiore nell'epicentro** – la zona sulla superficie situata direttamente sopra l'ipocentro – dove le onde sismiche sono più forti. Accade spesso di avvertirle pure a migliaia di chilometri di distanza.
- **Nella gran parte dei terremoti**, ad alcune scosse minori (scosse premonitrici) ne segue una molto intensa che dura uno o due minuti.
- **Nelle ore successive si verifica** una seconda serie di scosse di più lieve intensità (scosse di assestamento). Sono meno potenti della scossa principale, ma spesso aggravano l'entità dei danni.
- **I terremoti sottomarini** causano a volte delle onde chiamate tsunami, che possono raggiungere velocità di anche 800 km/h: in acque poco profonde, si trasformano in muri d'acqua giganteschi fino a 30 m, che quando si abbattono nell'entroterra distruggono ogni cosa al loro passaggio.
- **I sismologi** (gli scienziati che studiano i terremoti) misurano la forza delle onde sismiche con un dispositivo chiamato sismometro. Per stimare l'entità di un sisma, fanno riferimento alla scala Richter: da 1 (scossa lieve) a oltre 9 (terremoto devastante).
- **Ogni anno questi sensibili strumenti** rilevano all'incirca 800.000 terremoti in tutto il mondo, ma meno di 1000 provocano davvero dei danni.

Grotte

- **Le grotte sono cavità nel terreno** solitamente scavate dall'acqua piovana che penetra nel terreno e scioglie i minerali nelle rocce, per esempio il calcare.
- **Alcune cavità hanno la forma di passaggi** anche molto lunghi, altre invece si aprono in spazi enormi: sono le grotte (o caverne).
- **Esiste un gran numero di "pozzi"**, cioè passaggi profondi e stretti che a volte conducono alle grotte. Con delle torce per muoversi nel buio, gli esploratori li attraversano strisciando, o nuotando nelle parti allagate delle grotte.
- **Mammoth Cave, nel Kentucky (Stati Uniti)**, è il sistema di grotte più lungo della Terra: conta 560 km di grotte e corridoi. Fu esplorato per la prima volta nel 1799.
- **La Sarawak Chamber**, all'interno di un sistema di cavità in Sarawak (Malesia), è la grotta sotterranea più grande del mondo: lunga 700 m e alta circa 70 m, ha una larghezza media di 300 m.

▼ *Alcuni sistemi di grotte hanno caverne talmente grandi da consentire alle persone di stare in piedi. Altri invece sono angusti e stretti e possono essere visitati solo dagli speleologi.*

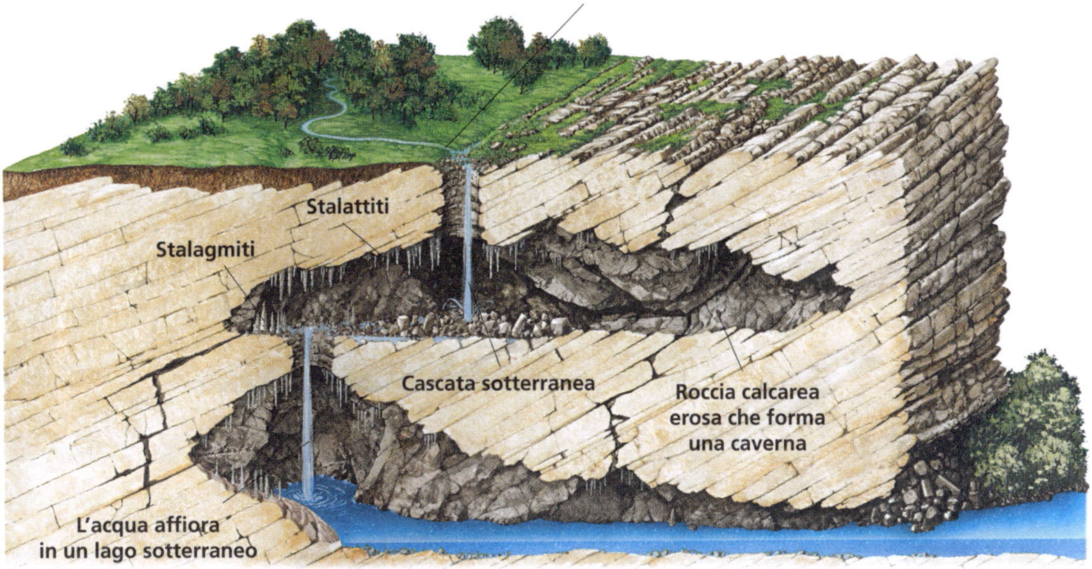

▲ *Le caverne calcaree e i sistemi di grotte vengono dissolti (consumati) dall'erosione chimica.*

- **Il sistema di grotte sottomarine** più lungo del mondo è il Cenote Nohoch Nah Chich (Messico). Squadre di immersioni in grotta hanno mappato oltre 51 km di passaggi sottomarini.
- **Le stalattiti pendono** come enormi ghiaccioli dalle volte. Si formano per il gocciolio continuo di acqua che deposita carbonato di calcio.
- **Le stalagmiti** crescono sui pavimenti delle grotte, con l'acqua che cade dall'alto accumulando man mano carbonato di calcio.
- **Una stalagmite alta più di 30 m** – più di una casa! – è stata trovata all'interno di una grotta in Slovacchia.
- **Nelle grotte vivono animali** come pipistrelli, uccelli e pesci. Molte specie sono cieche e si affidano all'olfatto, al tatto o all'ecolocalizzazione per orientarsi: si servono dell'eco dei suoni per stimare distanze e rilevare ostacoli nell'oscurità.

Deserti

- **I deserti, dove cadono meno di 250 mm di pioggia** all'anno, coprono quasi un ottavo della superficie terrestre. Molti sono caldi, eppure uno dei più grandi è l'Antartide.
- **Il posto più secco della Terra** è il deserto di Atacama, in Cile (America del Sud). Tra una precipitazione e l'altra può passare anche un secolo e in alcune zone non piove da più di 400 anni!
- **Dallol, in Etiopia**, è considerato il luogo più caldo del mondo, con una temperatura media di 34 °C. Ma la temperatura più alta mai registrata fu rilevata in Libia nel 1922: 58 °C all'ombra.
- **Le temperature nel deserto** possono essere torride di giorno ma di notte sono quasi gelide.
- **Il deserto più grande del mondo** è il Sahara, nell'Africa del Nord, che si estende da ovest a est per una lunghezza di 5000 km e da nord a sud per 2250 km.

▲ *Il vento solleva la sabbia e la accumula modellandola in onde chiamate dune.*

▲ *Deserti torridi e aridi si trovano in aree calde dove l'aria fresca affonda, riscalda e assorbe l'umidità dalla terra. Sulla cartina qui sopra sono segnati i più grandi deserti del mondo.*

- **Il Sahara ha le dune di sabbia** più grandi del pianeta: alcune superano i 400 m.
- **La più grande area di dune di sabbia della Terra** si estende nel deserto Arabico: è il Rub' al Khali, che in arabo significa "quarto vuoto".
- **Come onde d'acqua, la sabbia** viene soffiata al di sopra della cresta della duna per scendere poi dal lato più ripido. È così che si muovono le dune.
- **Solo circa il 20 percento dei deserti** della Terra è sabbioso. Gli altri sono rocciosi, pietrosi, ricoperti da macchia e cespugli, o da ghiaccio.
- **Un'oasi è un'"isola" verde nel deserto**, un paradiso per viaggiatori assetati. Le piante vi crescono attingendo acqua da un pozzo o da una sorgente sotterranea.

Ghiacciai e calotte glaciali

- **I ghiacciai sono fiumi di ghiaccio** che si muovono lentamente. Oggigiorno i ghiacciai si formano solo nelle montagne più alte e nelle zone polari, mentre una volta, nei periodi chiamati ere glaciali, i ghiacciai erano molto diffusi.
- **I ghiacciai nascono man mano** che neve nuova (neve granulare) cade sulla vecchia: il peso dei fiocchi appena caduti comprime la neve precedente trasformandola in firn, uno strato di neve più compatta.
- **Il firn, dove tutta l'aria** è stata "spremuta via", ricorda ghiaccio bianco. Mentre cade altra neve, il firn si fa più compatto e si trasforma in ghiaccio glaciale che, piano piano, si muove verso il basso.
- **I ghiacciai iniziano a formarsi** in piccole cavità nella montagna, circhi glaciali, oppure conche meno ripide. Mentre la discesa, raccolgono enormi cumuli di detriti rocciosi chiamati morene.
- **Il ghiacciaio Columbia in Alaska** (Stati Uniti) è quello che si muove con maggiore rapidità. Si sposta di 35 m al giorno, e negli ultimi 20 anni ha raddoppiato la sua velocità.
- **Quando un ghiacciaio supera una protuberanza** nella roccia sottostante o dietro un angolo, il ghiaccio spesso si rompe creando profonde crepe che prendono il nome di crepacci.
- **Gli iceberg sono grossi blocchi di ghiaccio** galleggianti caduti o staccatisi dall'estremità dei ghiacciai o dalle calotte polari.
- **Gli iceberg galleggiano in mare** e sono pericolosi per le imbarcazioni, dato che nove decimi rimangono nascosti sott'acqua.
- **Le ere glaciali** corrispondono a periodi della durata di milioni di anni in cui la Terra diventa talmente fredda che le calotte polari crescono a dismisura.

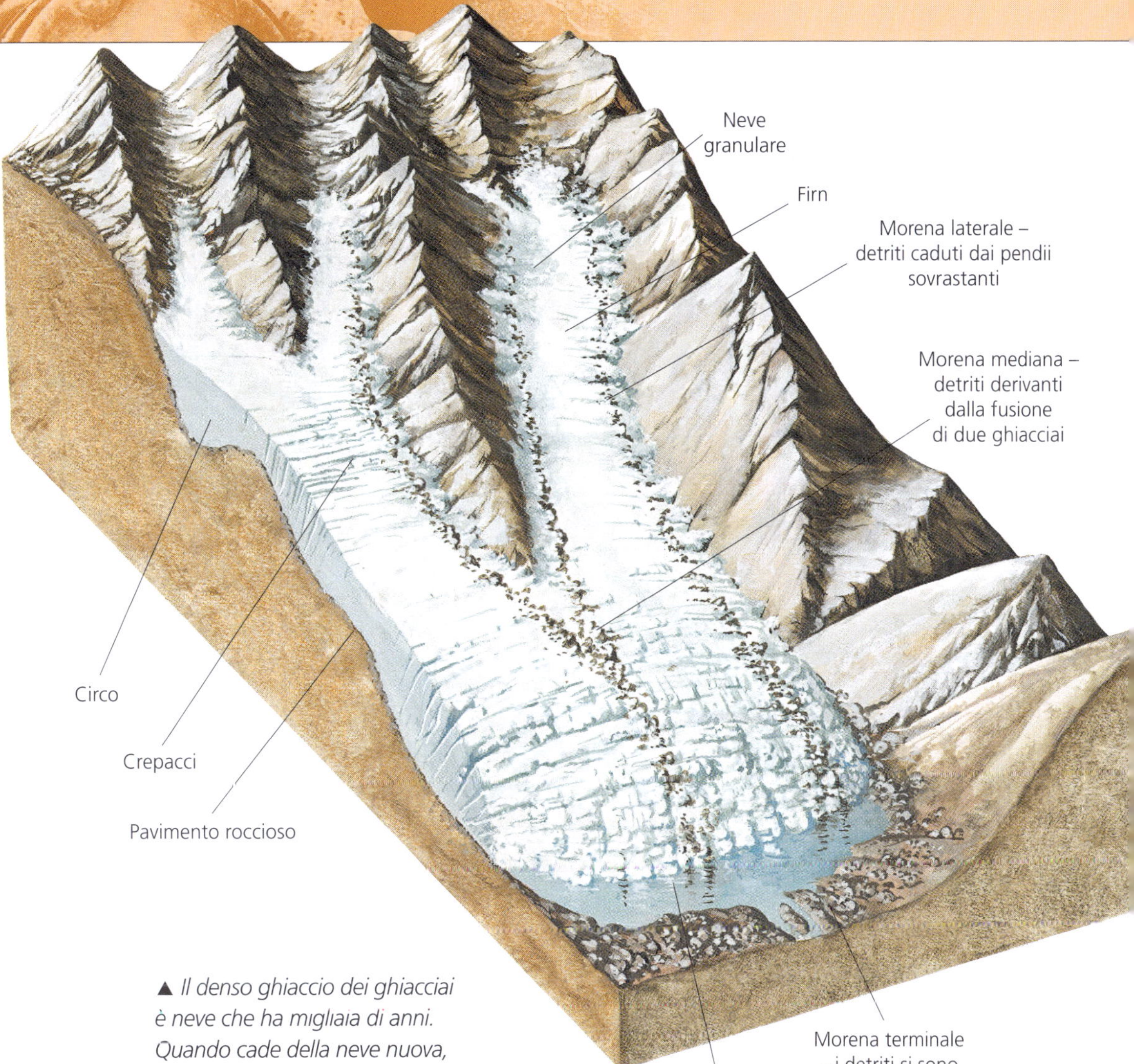

▲ *Il denso ghiaccio dei ghiacciai è neve che ha migliaia di anni. Quando cade della neve nuova, quella vecchia rimane sotto e viene compressa sempre più, in un processo denominato firnificazione.*

L'ultima era glaciale – detta del Pleistocene – iniziò circa 2 milioni di anni fa. Il ghiaccio copriva il 40 percento del mondo e i ghiacciai si estendevano in gran parte di Europa e America del Nord.

Fiumi

- **I fiumi si riempiono di acqua** derivante dalle precipitazioni, dallo scioglimento di neve o ghiaccio, oppure da una sorgente da cui sgorga quella che si è infiltrata nel terreno. Quando piove a sufficienza perché possano scorrere, o c'è abbastanza neve che si scioglie, i fiumi si dirigono verso il mare.
- **In cima alle montagne**, vicino a dove nascono (sorgente), sono solo piccoli corsi d'acqua, che poi superano salti di roccia in strette vallate scavate dai fiumi nel corso di migliaia di anni.
- **Tutti i fiumi di una stessa zona** fluiscono verso il basso e alla fine si congiungono, come i rami di un albero: sono gli affluenti, che più numerosi sono, più è probabile che il fiume sia grande.

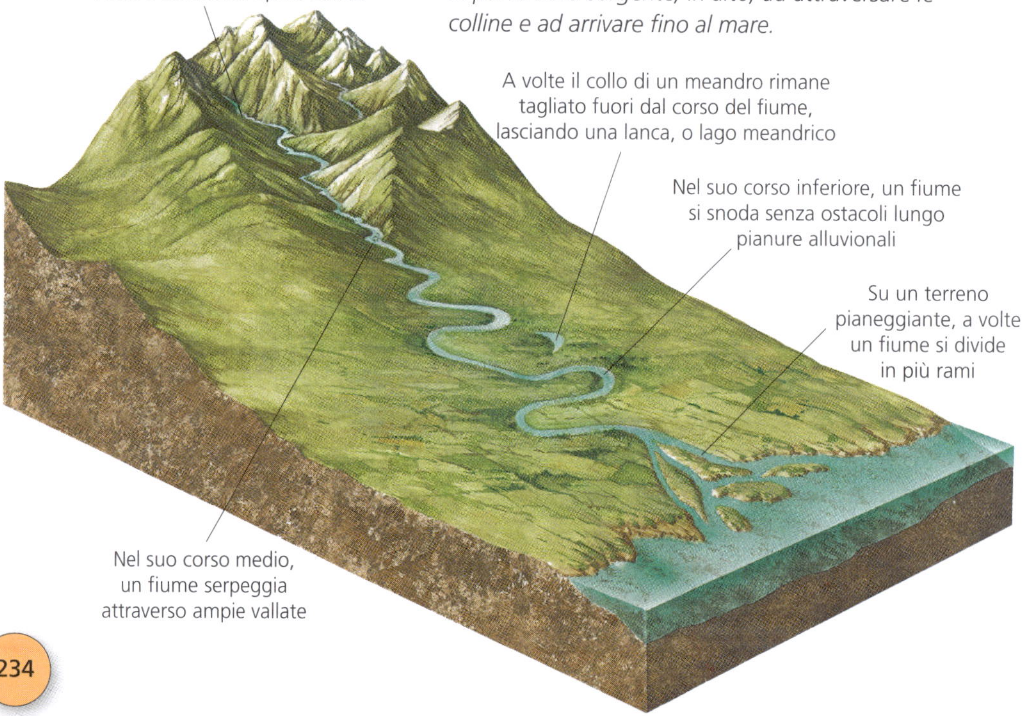

▼ *Un fiume cambia durante il suo percorso che lo porta dalla sorgente, in alto, ad attraversare le colline e ad arrivare fino al mare.*

▲ *Nei pressi della sua sorgente, il fiume precipita sulle rocce levigandole e modellandole: diventano, così, ciottoli lisci.*

- **I fiumi erodono sponde e letti** non solo con l'azione abrasiva di ghiaia e sabbia che li colpiscono ripetutamente, ma anche con la pura forza del continuo passaggio dell'acqua.
- **Le cascate si generano** quando un fiume scorre lungo una parte di roccia resistente all'erosione e passa poi su una meno resistente, che l'acqua consuma. La roccia dura in alto forma un salto dal quale il fiume precipita. La cascata più alta del mondo è Salto Angel, in Venezuela (America del Sud), con un dislivello di 979 m.
- **I laghi meandrici si formano** quando un fiume durante il suo percorso cambia direzione tagliando fuori pozze d'acqua.
- **Quando sfocia nel mare, un fiume rallenta**, quindi non può più trasportare il carico di limo raccolto lungo la strada. Spesso il limo si deposita formando una sorta di ventaglio, o delta.
- **I fiumi della Terra** portano ogni anno negli oceani circa 8000 milioni di tonnellate di sedimenti, minuscole particelle di roccia e detriti.
- **I fiumi del pianeta erodono** l'intera superficie terrestre con una media di 8 cm ogni 1000 anni.

Laghi

- **I laghi sono grandi distese d'acqua** circondate dalla terra. Alcuni sono così grandi da essere definiti mari interni. La loro acqua è prevalentemente dolce, ma ve ne sono alcuni dai quali ne evapora talmente tanta che quella che rimane è salata.
- **In genere i laghi hanno una vita media** di poche migliaia di anni prima di essere riempiti di limo o di scomparire gradualmente a causa dei cambiamenti che avvengono nel paesaggio.
- **La maggior parte dei grandi laghi** del mondo si trova in zone che un tempo erano ricoperte dai ghiacci. Sono stati i ghiacciai a scavare le profonde cavità nella roccia in cui poi si è raccolta l'acqua. I Grandi Laghi degli Stati Uniti e del Canada sono in parte di origine glaciale.
- **I laghi più profondi** sono spesso formati dalle faglie della crosta terrestre, come il lago Bajkal (Siberia) e il Tanganica (Africa orientale).
- **L'Aral, un grande lago** dell'Asia centrale, si sta rapidamente riducendo perché i fiumi che lo alimentano sono stati deviati per irrigare terreni agricoli. Dal 1960 il livello dell'acqua è diminuito di più di 12 m e la sua area si è ridotta di oltre un terzo.

◀ *Formazioni di cristalli di sale nel Mar Morto.*

► *Canada e Stati Uniti condividono i cinque Grandi Laghi, così chiamati perché costituiscono il più grande gruppo di laghi d'acqua dolce sul pianeta. Il lago Superiore è il più grande del mondo.*

- **Il lago Bajkal, in Siberia** (Russia), ha circa 25 milioni di anni. È profondo 1637 m e contiene più o meno un quinto di tutta l'acqua dolce del mondo. Riceve le acque di 336 immissari.

- **In cima alle Ande** del Perù, a cavallo del confine con la Bolivia, si trova il lago Titicaca, il più alto lago navigabile del mondo. Si trova a 3810 m sul livello del mare.

- **Alcuni laghi, detti laghi craterici**, si formano quando l'acqua si raccoglie nel cratere di un vecchio vulcano, per esempio il Crater, nello Stato dell'Oregon (Stati Uniti), che ha un diametro di 9 km.

- **Il Mar Morto**, che bagna Israele e Giordania, è molto conosciuto. Questo lago di acqua salata, situato a circa 400 m sotto il livello del mare, è il più basso della Terra. In estate, il caldo torrido provoca un'elevata evaporazione: l'acqua diventa talmente salata che una persona vi galleggia senza affondare.

- **Il più grande lago sotterraneo** del pianeta si trova in una grotta in Namibia e si chiama Dragon's Breath Cave (Respiro del Drago).

Oceani

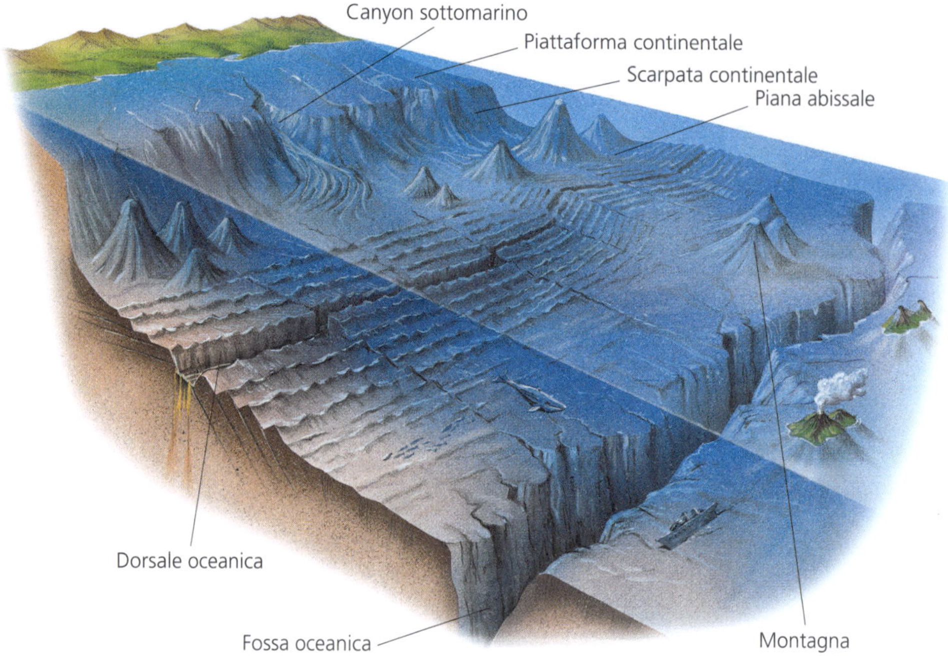

▲ *Le esplorazioni dei fondali oceanici hanno rivelato un paesaggio estremamente vario, con presenza di montagne elevate, ampie pianure e profonde vallate.*

Vista dallo spazio, la Terra sembra un pianeta di oceano blu: oltre il 70 percento è coperto dall'acqua. Circa il 97 percento di tutta l'acqua del mondo si trova negli oceani, che occupano più di 360 milioni di chilometri quadrati del globo terrestre.

Ci sono cinque oceani, tutti collegati tra loro, che formano un'enorme distesa d'acqua. I tre più grandi sono il Pacifico, l'Atlantico e l'Indiano, che si incontrano nell'Oceano Antartico. Il Pacifico e l'Atlantico si ritrovano invece nel più piccolo Mar Glaciale Artico.

Il Pacifico è il più grande oceano del mondo. È due volte più esteso dell'Atlantico (il secondo più grande) e copre un'area di 181 milioni di km^2, un terzo del mondo.

LO SAPEVI?
Nelle profondità oceaniche, dove la luce del Sole non arriva mai, si trovano i cosiddetti "fumatori neri", sorgenti d'acqua riscaldate da rocce vulcaniche in cui vivono bizzarri vermi tubo e granchi ciechi.

- **Pochi mari, come il Baltico**, sono bacini chiusi di acqua salata, ma i restanti sono tutti uniti a un oceano, basti pensare al Mediterraneo, che si collega all'Oceano Atlantico attraverso lo Stretto di Gibilterra.
- **Lungo i bordi di un oceano** vi è una zona di acque poco profonde chiamata piattaforma continentale.
- **Ai margini della piattaforma**, il suolo dell'oceano si tuffa ripido nel profondo fondale oceanico, la "piana abissale".
- **La piana è vasta**, ma non piatta del tutto. Soprattutto nel Pacifico è costellata da alti monti, le montagne sottomarine.
- **Gran parte del Mar Glaciale Artico** è perennemente ricoperta da uno spesso strato di ghiaccio marino galleggiante. Le temperature sono basse tutto l'anno, in inverno si aggirano tra i -30 e i -70 °C.
- **Ovunque nel mondo**, il mare si alza e si abbassa di un po' due volte al giorno per effetto delle maree, causate dall'attrazione gravitazionale della Luna sulle acque degli oceani mentre la Terra gira.
- **Le maree sigiziali** si verificano due volte al mese, quando Luna e Sole si allineano tra loro e uniscono la loro forza gravitazionale.

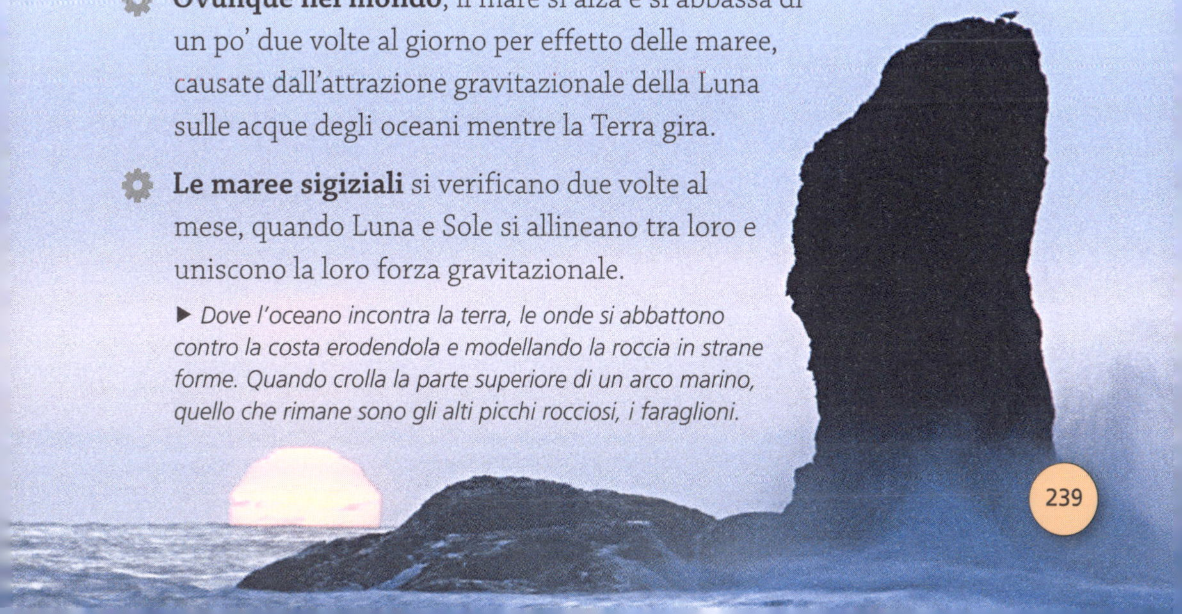

▶ *Dove l'oceano incontra la terra, le onde si abbattono contro la costa erodendola e modellando la roccia in strane forme. Quando crolla la parte superiore di un arco marino, quello che rimane sono gli alti picchi rocciosi, i faraglioni.*

Atmosfera

- **Un involucro gassoso** circonda la Terra: è l'atmosfera, mantenuta in posizione dalla gravità terrestre che trattiene vicino al suolo quasi tutti i gas presenti nell'atmosfera.

- **L'atmosfera contiene ossigeno**, azoto e minuscole quantità di altri gas come argon, anidride carbonica, monossido di carbonio, idrogeno, ozono, metano, elio, neon, kripton, xeno.

- **L'ossigeno è il gas più importante** nell'atmosfera perché persone e animali ne hanno bisogno per respirare. Quando inspiriamo, assumiamo ossigeno, quando espiriamo emettiamo anidride carbonica. Le piante verdi, come gli alberi, durante il loro processo di produzione alimentare (fotosintesi) assorbono anidride carbonica e rilasciano ossigeno.

- **L'atmosfera può essere suddivisa** in cinque strati principali: troposfera (lo strato più basso), stratosfera, mesosfera, termosfera ed esosfera.

◄ *L'atmosfera assorbe il calore del Sole, ma protegge la Terra dai suoi raggi più dannosi. Ci dona acqua fresca e pulita e fornisce l'aria di cui abbiamo bisogno per respirare.*

- **Lo strato più basso, la troposfera**, ha uno spessore di soli 10 km, contiene però oltre il 70 percento della massa gassosa dell'atmosfera. È in questo strato dell'atmosfera che si verifica qualsiasi fenomeno meteorologico terrestre, anche le nuvole.
- **Nei livelli superiori dell'atmosfera** è presente uno strato di ozono (una forma di ossigeno), che ci protegge bloccando gli effetti nocivi dei raggi ultravioletti del Sole.
- **Strato dopo strato, i gas** si fanno man mano sempre più rarefatti fino a quando, da circa 800 km in poi, lo sono così tanto che è difficile dire dove finisce l'atmosfera e dove inizia lo spazio vuoto.
- **L'atmosfera protegge la Terra** dai frammenti di roccia e dalla polvere che vi entrano, per un totale di circa 100 tonnellate al giorno, ma bruciano quasi del tutto nell'istante in cui colpiscono l'atmosfera ad alta velocità.
- **Il cielo sembra blu** perché la luce del Sole è diffusa nell'aria da minuscole particelle di polvere e umidità. Sono queste che spezzano la luce solare nei colori dell'arcobaleno, e dato che i raggi blu si disperdono di più, il cielo sembra blu.
- **L'aurora polare, o boreale,** accende il cielo notturno di luce verde, dorata, rossa o viola. L'effetto è causato dal vento solare – radiazione del Sole – che colpisce l'atmosfera terrestre.

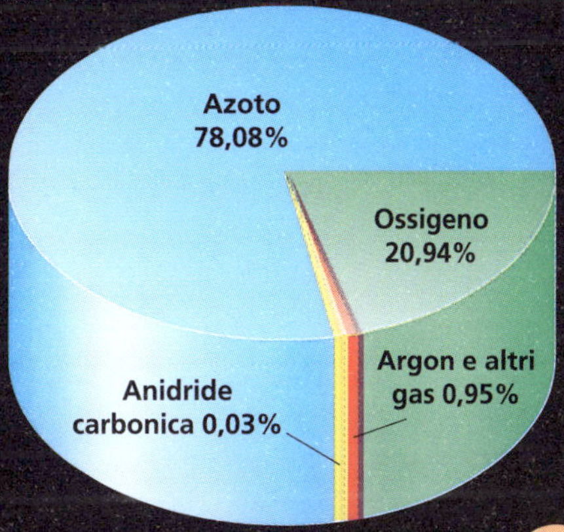

▶ *L'azoto e l'ossigeno costituiscono, insieme, circa il 99 percento dell'atmosfera terrestre.*

Clima

Tanto più è vicino all'Equatore, tanto più il clima di un luogo è caldo. Si è cercato di suddividere la Terra in tre ampie fasce climatiche da entrambi i lati dell'Equatore: i caldi Tropici, le fredde regioni polari e, nel mezzo, una moderata zona "temperata".

LO SAPEVI?
Uno dei luoghi in cui il clima è tra i più gradevoli al mondo è Quito (Ecuador) dove la temperatura scende di rado sotto gli 8 °C di notte e di giorno non supera i 22 °C. Durante la stagione delle piogge cadono 100 mm di pioggia al mese.

Il clima è più caldo vicino all'Equatore, dove i raggi del Sole cadono a picco. I climi tropicali sono caldi nelle zone tropicali a nord e a sud dell'Equatore. Le temperature si aggirano in media sui 27 °C.

I climi temperati sono miti nelle zone temperate comprese fra i Tropici e le regioni polari. Le temperature si attestano attorno a una media di 23 °C d'estate e di 12 °C d'inverno.

Vicino ai Poli, dove il Sole non sale mai alto nel cielo, il clima è freddo. Le temperature sono sui -30 °C.

L'Antartide ha il clima più rigido in assoluto. Fa così freddo che non vi cresce quasi nulla e nessuno ci abita.

Il clima oceanico si fa più umido avvicinandosi agli oceani, con estati fresche e inverni caldi.

Il clima continentale tende a essere più secco nel centro dei continenti, con estati calde e inverni freddi.

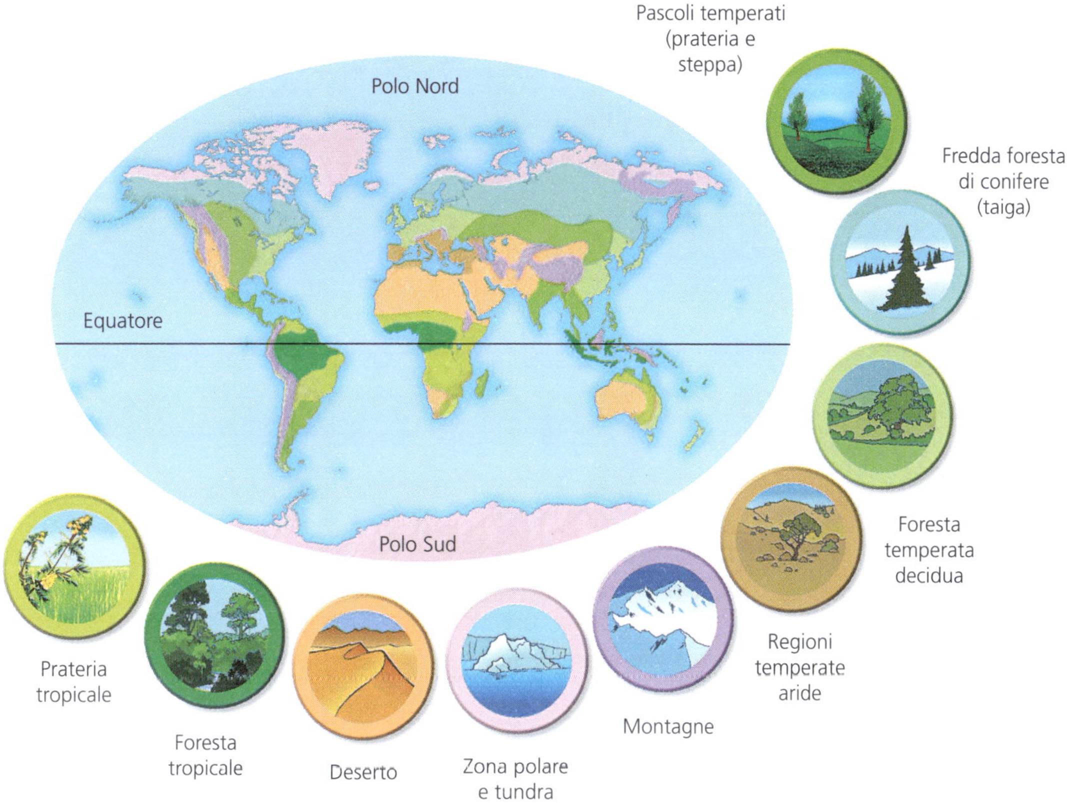

▲ *Il calore del clima di una regione dipende da quanto questa è più o meno vicina all'Equatore. Ma anche la presenza di oceani e di catene montuose può avere una certa influenza, quindi è difficile dare una definizione assoluta: il clima subisce infatti notevoli variazioni a livello locale.*

Quello monsonico è un clima con una stagione molto umida e un'altra molto secca. L'aria calda che si alza dal suolo attira i venti caldi e umidi provenienti dal mare, portando forti piogge. Poi i venti cambiano, si raffreddano e soffiano aria fredda dalle montagne.

Le eruzioni vulcaniche alzano a volte così tanta polvere nell'atmosfera da modificare per un breve periodo il clima del mondo. Dopo l'eruzione nel 1991 del monte Pinatubo (Filippine), nel 1992 molte zone del pianeta hanno avuto un clima più fresco.

Tempo atmosferico

- **In un fronte caldo** l'aria calda sale sopra la fredda e provoca piogge. In un fronte freddo, l'aria fredda sale e spinge su l'aria calda scatenando intensi rovesci.
- **Più energia solare c'è nell'aria**, più la zona è ventosa, ecco perché ai Tropici, dove fa caldo, soffiano venti molto forti.
- **Quando i raggi del Sole** attraversano le gocce di pioggia, vediamo l'arcobaleno. L'acqua si comporta come un prisma di vetro, scompone la luce nei sette colori dell'arcobaleno: rosso, arancione, giallo, verde, blu, indaco e viola (dall'alto verso il basso) formano la luce bianca.

▲ *Scattata dal satellite, la foto mostra un grande uragano che si avvicina alla Florida (Stati Uniti). L'occhio giallo è il centro della tempesta.*

- **La siccità è un periodo prolungato** in cui piove poco o niente, durante il quale il suolo si inaridisce, i fiumi cessano di fluire, le falde acquifere si abbassano e le piante muoiono. La siccità danneggia talmente il terreno da restringerlo e creparlo.
- **Il clima d'inverno è freddo** perché i giorni sono troppo brevi per riuscire a diffondere calore. I raggi solari colpiscono il suolo con una maggiore inclinazione rispetto all'orizzonte, disperdendone il calore.
- **La neve fresca contiene** fino al 90 percento di aria, per questo motivo può di fatto isolare il terreno, mantenendolo caldo e proteggendo le piante.
- **La brina è lo spesso strato** di granellini di ghiaccio che si forma sulle superfici quando il vapore acqueo presente nell'atmosfera si raffredda, scendendo al di sotto di 0 °C, prima di congelarsi.
- **Alcuni chicchi di grandine** hanno le dimensioni di un melone. Questi pezzi di ghiaccio precipitano dalle nuvole temporalesche. I più grandi si dice siano caduti nel 1986 a Gopaljang, in Bangladesh, e pesavano 1 kg ciascuno.

LO SAPEVI?

Ci sono molte testimonianze di rane che "piovono" dal cielo. Questo fenomeno è probabilmente causato da una tromba d'aria che risucchia rane da fiumi e ruscelli e poi le fa cadere dalle nuvole come fossero pioggia.

◀ *Una tromba d'aria nasce all'interno di un cumulonembo: una colonna di aria calda sale con forza e rotea vorticosamente, spinta da venti impetuosi che soffiano dalla base della nuvola. Quando l'aria viene risucchiata in questa colonna, scende a terra muovendosi a spirale.*

Cambiamento climatico

- **Il riscaldamento globale** è l'aumento in generale delle temperature medie di tutto il mondo. Negli ultimi 100 anni sono salite tra 0,3 e 0,8 °C.
- **Secondo molti scienziati** il riscaldamento globale è causato dalle attività umane, che hanno portato a un aumento dell'effetto serra naturale della Terra. Gli uomini hanno aggiunto anidride carbonica all'aria bruciando carbone, petrolio e gas a un ritmo crescente per rispondere alla domanda di elettricità e di spostamenti in auto.
- **Quando il calore del Sole** raggiunge la Terra, una parte penetra nell'atmosfera e arriva al suolo. Molto di questo calore torna poi a riflettersi nuovamente nello spazio.
- **L'effetto serra è il fenomeno** per il quale alcuni gas nell'aria – in particolare l'anidride carbonica – intrappolano parte del calore del Sole, come le pareti e il tetto in vetro di una serra.

▼ *L'effetto serra imprigiona il calore e mantiene calda la Terra.*

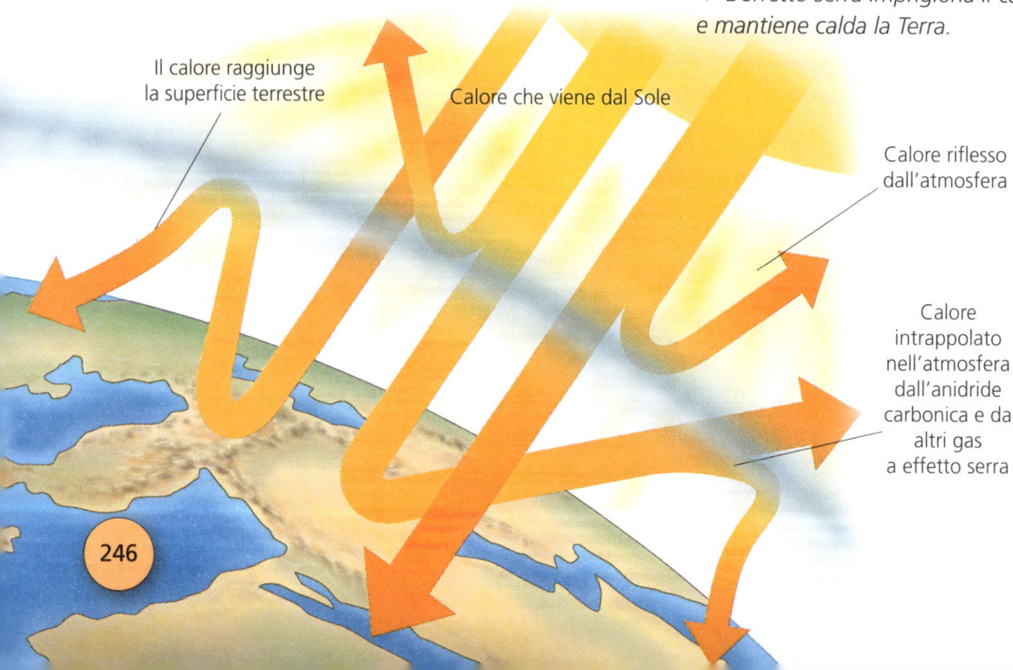

▲ *La vegetazione lussureggiante delle foreste pluviali del mondo assorbe l'anidride carbonica dell'atmosfera. Quando una foresta viene abbattuta e bruciata, non solo smette di assorbire anidride carbonica, ma la combustione ne rilascia grandi quantità, contribuendo al riscaldamento globale.*

- **Grazie all'effetto serra**, sulla Terra ci sono temperature gradevoli. Senza, avremmo in media 33 °C in meno e il pianeta sarebbe ricoperto dai ghiacci.
- **I gas che fabbriche e automobili pompano** nell'aria con la combustione di carbone e petrolio aumentano il calore imprigionato per l'effetto serra. Gli scienziati ritengono che ciò sia la causa del riscaldamento globale, che in futuro potrebbe avere effetti devastanti.
- **Molti esperti prevedono** che nei prossimi 100 anni ci sarà in media un aumento delle temperature di 4 °C.
- **Intrappolando nell'atmosfera** una maggiore quantità di energia, il riscaldamento globale determina un clima più tempestoso.
- **Il riscaldamento globale** rischia di sciogliere parte delle calotte polari e territori bassi come il Bangladesh finiranno sott'acqua.
- **Molti Paesi hanno accettato** di provare a ridurre il riscaldamento globale limitando le emissioni di anidride carbonica prodotte da fabbriche e automobili.

Vita sulla Terra

- **La vita sulla Terra** ebbe inizio molto tempo fa. I primi fossili (resti) che si sono rinvenuti sono di semplici batteri monocellulari, che hanno circa 3,8 miliardi di anni. Si pensa che tali microscopici organismi siano i lontani antenati di ogni forma di vita.
- **Gli scienziati non sono tutti concordi** su come abbia avuto origine la vita sulla Terra. Alcuni ritengono che una fonte di energia, come un fulmine, abbia generato una miscela di sostanze chimiche. Altri sono convinti che la vita sia arrivata sul nostro pianeta dallo spazio, viaggiando per esempio su una cometa.
- **In qualunque modo la vita abbia avuto origine**, sembra che le prime forme di vita fossero molto semplici, e tali rimasero a lungo. Le prime creature multicellulari, come spugne e meduse, apparvero solo circa 700 milioni di anni fa.
- **Più o meno 600 milioni di anni fa**, la vita sulla Terra conobbe una crescita straordinaria e nell'arco di un tempo relativamente breve comparvero molte nuove specie di animali e piante diversi.
- **Dall'enorme aumento di specie viventi**, la vita di animali e piante ha continuato a svilupparsi e cambiare (evolvere), portando all'incredibile varietà di vita che c'è oggi sul nostro pianeta.
- **Finora gli studiosi** sono riusciti a identificare quasi due milioni di tipi, o specie, di animali. La scienza che studia la classificazione degli esseri viventi viene chiamata tassonomia.
- **Per dare un ordine** alle diverse specie di animali e piante sulla Terra, gli scienziati hanno deciso di suddividerle in categorie. Per farlo, osservano le caratteristiche fisiche di qualsiasi creatura e quelle che sono simili vengono inserite nella stessa categoria.

- **Le forme di vita** sono classificate in gruppi o regni, che a loro volta sono suddivisi in gruppi più piccoli.
- **A ogni specie viene assegnato** un nome latino, usato dagli scienziati di tutto il mondo indipendentemente dalla loro lingua. Gli esseri umani appartengono alla specie *Homo sapiens*, che significa uomo saggio.
- **Forme di vita** facenti parte di uno stesso gruppo non condividono solo caratteristiche fisiche simili, per esempio l'aspetto, ma è probabile che si siano evolute da antenati comuni e siano strettamente imparentate tra loro.

▶ *Il nome scientifico della raganella dagli occhi rossi* è Agalychnis callidryas.

Piante

Regno vegetale

- **Il regno vegetale** comprende oltre 400.000 diverse specie di piante.
- **Il gruppo delle piante da fiore** include più di 250.000 specie differenti, tra cui fiori, piante erbacee, erbe, ortaggi e alberi (tranne le conifere). Le piante da fiore sono note anche come angiosperme.
- **Gli alberi di conifera** hanno foglie a forma di ago che producono i loro semi sui coni anziché nei fiori. Coniferofite, cicadofite e gingkofite sono dette gimnosperme.
- **Le felci si trovano** in tutto il mondo, in luoghi umidi e ombrosi. Sono un gruppo di piante antiche, infatti si sono rinvenuti fossili di felce in rocce di 400 milioni di anni fa. Il carbone è composto in gran parte da felci, equiseti e licopodi fossili.

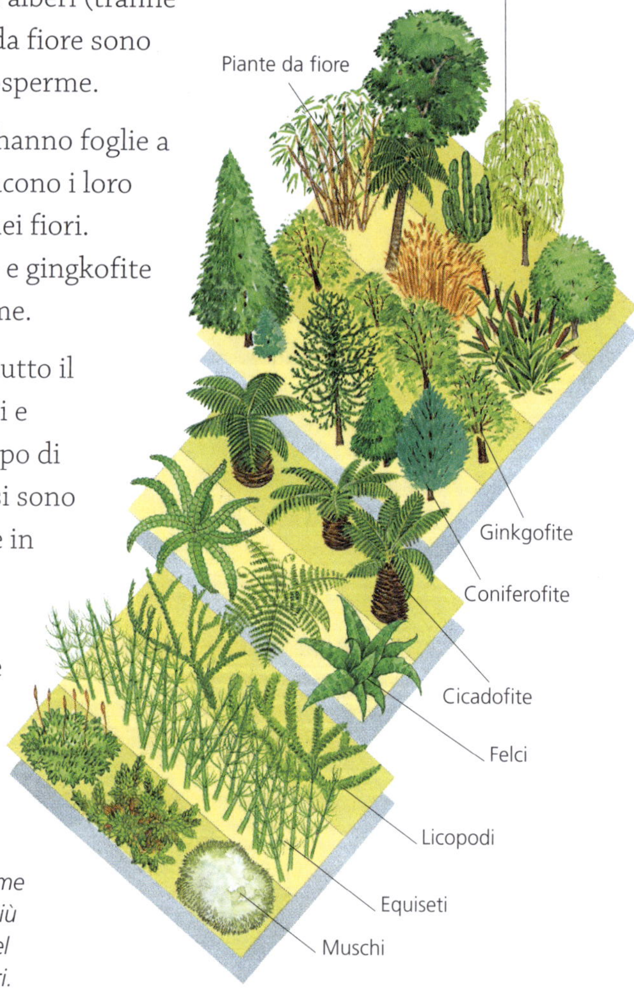

▶ *Le piante spaziano dagli enormi alberi di conifere (come la sequoia gigante, che è il più grande organismo vivente del mondo) alle alghe unicellulari.*

- **Gli equiseti** sono tra le piante più antiche del mondo ed erano diffuse ai tempi dei dinosauri. Una volta crescevano alti quanto gli alberi, hanno comunque cicli vitali più assimilabili a muschi e felci.
- **Le cicadofite** hanno l'aspetto di palme, sono per lo più basse e con fusti tozzi. Alcune possono avere migliaia di anni. Le loro foglie, che crescono a raggiera attorno all'apice del fusto, somigliano a quelle delle felci. Ogni anno ne spuntano di nuove e durano diversi anni.
- **I muschi crescono** in luoghi umidi e ombrosi. Non producono semi e non hanno tessuto vascolare per il trasporto dell'acqua. Possono sopravvivere settimane senza acqua, ma quando piove la assorbono come spugne.
- **Le alghe sono organismi semplici** che popolano oceani, laghi, fiumi e fango umido. Spaziano da microscopici organismi unicellulari a fronde enormi (alghe brune) che possono superare i 60 m di lunghezza.
- **I licheni sopravvivono** in posti in cui altre piante morirebbero: nelle regioni artiche, sulle cime delle montagne e nei deserti. Ci sono licheni artici che hanno più di 4000 anni.
- **Minuscole piante**, come le diatomee, galleggiano nell'acqua: è il fitoplancton.

▶ *Conosciuti anche come alberi di capelvenere, i ginkgo sono una specie di pianta antichissima, con foglie a forma di ventaglio e gialli semi carnosi.*

Le parti di una pianta

- **Radici, fusto, foglie e fiori** sono le quattro parti principali di una pianta da fiore. Radici, fusto e foglie tengono in vita la pianta, mentre i fiori producono i semi da cui nasceranno nuove piante.
- **Le radici** sono le parti della pianta che crescono nel suolo o nell'acqua. Servono per tenerla ancorata al terreno e per assorbire l'acqua e i minerali di cui la pianta ha bisogno per crescere.
- **I piccoli peli** lungo la parte esterna della radice aiutano la pianta ad assorbire acqua e minerali dal terreno.
- **Il fusto** sostiene foglie e fiori, e inoltre trasporta acqua, sali minerali e nutrimento dalle radici alle foglie.
- **Gli alberi hanno un fusto** alto, spesso e legnoso chiamato tronco, che deve avere uno spessore di almeno 10 cm per far sì che l'albero riesca a rimanere in piedi.
- **Le foglie** non solo permettono alle piante di "respirare", ma assorbono anche la luce del Sole, che fornisce alla pianta l'energia necessaria per produrre il suo nutrimento.

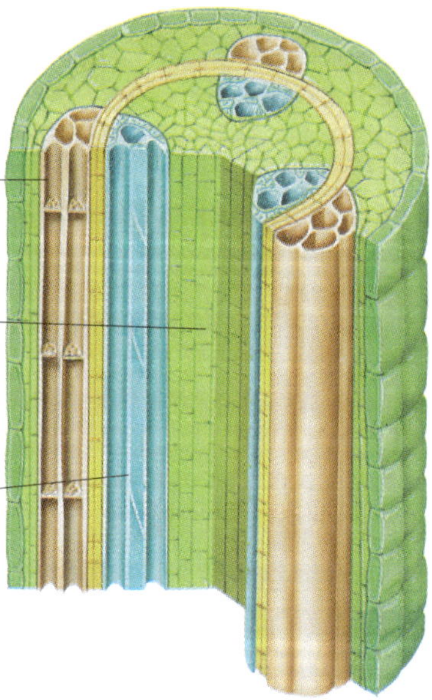

◄ *Se si spezza un gambo di sedano, si vedono delle fibre sporgere all'estremità: vengono da fasci conduttori detti vasi xilematici, adibiti al trasporto dell'acqua attraverso la pianta.*

▶ *Ciascuna parte di una pianta da fiore è perfettamente adatta al lavoro che svolge.*

- **I fiori contengono** gli organi riproduttivi di una pianta. Affinché i semi si sviluppino, il fiore deve essere impollinato.
- **Nelle gimnosperme** (coniferofite, cicadofite e ginkgofite), i fiori sono spesso piccoli e nascosti, mentre nelle angiosperme (piante da fiore) sono di solito molto più evidenti.
- **I frutti sono strutture protettive** che si formano attorno ai semi dopo l'impollinazione.
- **Le radici, i bulbi, le infiorescenze e le foglie** di alcune piante sono commestibili. Le carote e le pastinache sono radici. Le cipolle sono piante bulbose. Cavolfiore e broccoli sono le infiorescenze (teste) delle piante che fanno parte della famiglia dei cavoli.

Fabbrica di cibo

Le piante sono in grado di produrre il proprio cibo. Quelle verdi sono una straordinaria fabbrica chimica: usano l'energia del Sole per trasformare in zucchero (glucosio) l'acqua e l'anidride carbonica assorbita dall'aria. Questo processo si chiama fotosintesi.

Minuscoli blocchi di materia vivente chiamati cellule compongono le piante. Sulla superficie delle foglie, cellule piatte e trasparenti consentono alla luce solare di filtrare.

La fotosintesi si verifica in parti speciali delle foglie chiamate cloroplasti. Questi contengono clorofilla, un pigmento verde che assorbe energia dalla luce solare.

Questa energia alimenta una reazione chimica tra l'acqua e l'anidride carbonica.

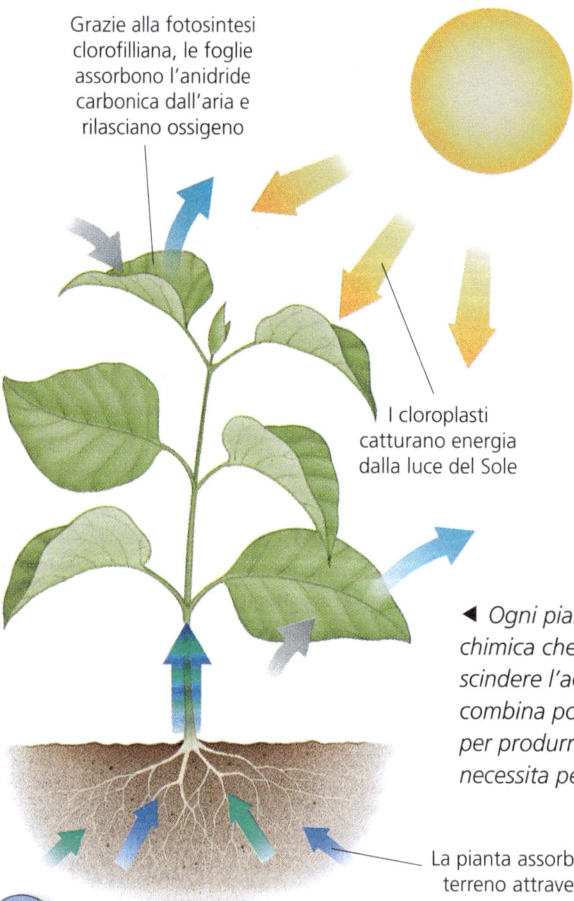

◀ *Ogni pianta verde è una straordinaria fabbrica chimica che prende energia dal Sole e la usa per scindere l'acqua in idrogeno e ossigeno. La pianta combina poi l'idrogeno con l'anidride carbonica per produrre zucchero, che è il carburante di cui necessita per crescere.*

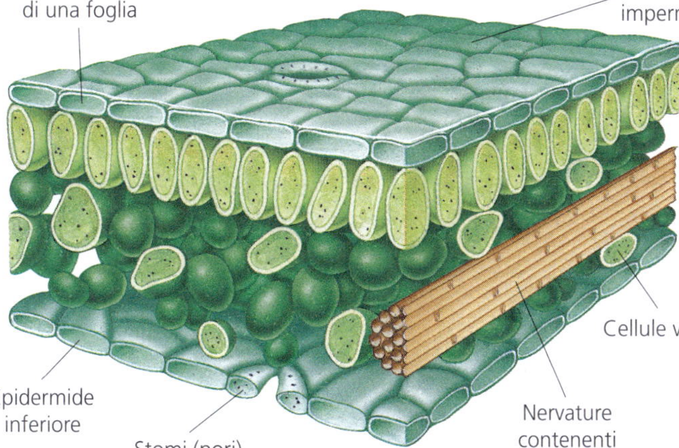

▲ *Sezione ingigantita di una foglia con evidenziati i vari strati. Le foglie sono piatte e sottili, così riescono a catturare la massima quantità di luce del Sole.*

- **L'anidride carbonica** viene dall'aria che i pori (stomi) presenti sul lato inferiore della foglia assorbono. L'acqua dal terreno è invece succhiata dalle radici.
- **La reazione chimica produce il glucosio**, che viene trasportato in tutte le parti della pianta che ne hanno bisogno. L'ossigeno non è altro che lo scarto della fotosintesi e viene rilasciato nell'atmosfera.
- **Parte del glucosio prodotto** dalla fotosintesi viene subito bruciato, liberando energia e producendo anidride carbonica e acqua. È il processo della respirazione cellulare.
- **Il resto del glucosio** si combina in molecole più grandi, gli amidi, che per la pianta sono facili da immagazzinare. La pianta scinde questi amidi in zuccheri ogni volta che ha bisogno di nuova energia.
- **Con la fotosintesi** tutte le piante del mondo messe assieme producono ogni anno complessivamente circa 150 miliardi di tonnellate di zucchero.

Come cresce una pianta?

All'interno di un seme c'è una minuscola pianta, o embrione, che aspetta di svilupparsi. Il seme depositato nel terreno assorbe l'acqua, si gonfia e si rompe, così la nuova pianta può crescere. Questo processo è noto come germinazione o germogliazione.

Un seme non sempre germoglia subito. Se è dormiente, potrebbe passare un po' di tempo prima della germinazione.

L'embrione all'interno di un seme contiene una riserva alimentare (cotiledone) che è protetta dal duro involucro esterno (tegumento). Non appena la pianta cresce e le dimensioni aumentano, il tegumento si apre.

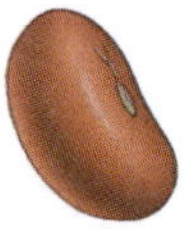

1 Il seme sviluppa in basso una radice e in alto un germoglio

2 Il germoglio cresce verso l'alto e spuntano i cotiledoni (foglioline embrionali)

◄ *Durante la germinazione di un seme, una radice (radichetta) si sviluppa verso il basso, mentre un germoglio verde (plumula) cresce verso l'alto. Le prime foglie che spuntano, una o due, sono quelle embrionali (cotiledoni), una vera e propria riserva alimentare.*

3 Lo stelo e le radici si allungano e poco dopo iniziano a crescere nuove foglie

LO SAPEVI?
I chicchi di riso sono semi di piante erbacee.
Il riso è una fonte di cibo molto diffusa: ogni secondo ne vengono consumate in tutto il mondo oltre 6000 tonnellate.

- **La radice** è la prima a spuntare e cresce verso il basso. Subito dopo compare il germoglio, che si sviluppa verso l'alto.
- **Il germoglio cresce** verso la luce: le prime foglie possono così produrre subito nutrimento con la fotosintesi.
- **Solo alcune parti di una pianta**, i cosiddetti meristemi, crescono, di solito le punte dei germogli e le radici.
- **All'inizio crescono le punte** – germogli e radici – e le piante tendono ad allungarsi, non a ingrossarsi (crescita primaria). Successivamente la pianta si irrobustisce o ramifica (crescita secondaria).
- **Le spore sono cellule** da cui nascono nuovi organismi. Nelle piante da seme, le spore crescono nei semi. Altre piante, invece, come felci e muschi, sono dette gametofite e sviluppano direttamente le nuove piantine.

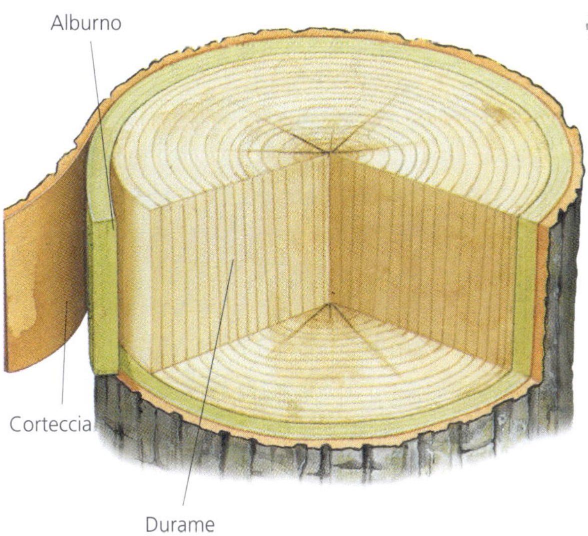

- **Gli alberi si alzano** verso l'alto, in cerca di spazio e luce. I rami si estendono in modo che le foglie abbiano luce solare sufficiente per la fotosintesi.

◀ *Gli anelli di accrescimento annuale di un albero mostrano quanto l'albero cresce; quelli nuovi si formano vicino alla corteccia, i più vecchi sono al centro del tronco. Basta contare gli anelli per conoscere l'età di un albero.*

Foglie

- **Le foglie sono la centrale elettrica** di una pianta: sfruttano la luce del Sole per produrre zucchero, il carburante della pianta. Molte foglie sono larghe e piatte, così possono catturare la massima quantità di luce. Forme e dimensioni diverse servono per immagazzinare l'acqua in modi diversi, o aiutano le piante ad ancorarsi alle superfici.
- **Le foglie hanno varie forme e dimensioni,** ma ci sono due tipi principali: aghiformi e larghe.
- **Le foglie larghe** crescono su alcuni alberi e su alcune piante legnose nel gruppo delle piante da fiore. Una foglia larga può essere una foglia singola, per esempio di quercia, o composta da un gruppo di foglioline, come quelle di frassino.
- **Le conifere**, come i pini, hanno foglie aghiformi.
- **Le foglie** sono unite al gambo da uno stelo chiamato picciolo.
- **La parte piatta della foglia** è chiamata lamina o lembo, che è come un sandwich: composta da due strati di cellule contenenti un denso riempimento di cellule verdi.
- **Per ridurre la perdita d'acqua** dove ce n'è poca, le foglie possono essere arrotolate, lunghe e simili ad aghi, oppure ricoperte di peli o di cera.

Foglia tripartita

Cordata

Composta

Semplice

Spinosa

▶ *Le piante hanno sviluppato varie forme di foglie per adattarsi alle diverse condizioni di un ambiente.*

▲ *Appena prima di cadere, le foglie di alcuni alberi si tingono di giallo, oro, arancione e rosso. In realtà le foglie perdono la clorofilla (colorazione verde), e ciò fa sì che emergano gli altri colori.*

- **Nelle piante rampicanti**, come i piselli, le foglioline terminali crescono trasformandosi in fusti detti cirri, che permettono alla pianta di aggrapparsi a sostegni verticali.
- **Alcune foglie** di piante hanno nervature parallele, altre possiedono una rete ramificata di vene di diverse dimensioni.
- **Le palme** hanno alcune grandi foglie chiamate fronde, che crescono direttamente dal capitello nella parte superiore del fusto (stipite) alto e sottile. Se il capitello nella parte superiore del tronco si danneggia, l'albero smetterà di crescere e morirà.

Piante da fiore

- **Esistono più di 250.000 specie di piante da fiore**, tra cui fiori, verdure, erbe, alberi e piante erbacee, divise in due gruppi principali: quello delle monocotiledoni, come erbe e bulbi, e quello molto più grande delle dicotiledoni.
- **Un cotiledone è una foglia embrionale** carnosa. Le dicotiledoni sono piante dai cui semi germogliano due foglioline. Dal seme delle monocotiledoni cresce un solo cotiledone.
- **Ci sono approssimativamente 50.000 specie** di piante monocotiledoni – più o meno un quarto di tutte le piante da fiore.
- **Esistono all'incirca** 175.000 specie di dicotiledoni, più o meno tre quarti delle piante da fiore del mondo.

◄ *La disposizione dei fiori segue uno schema simile per tutti: il cerchio esterno, composto di sepali, contiene un secondo cerchio, quello dei petali.*

1 Perfettamente formato, il fiore è chiuso nel proprio bocciolo. Le foglie verdi più esterne, i sepali, lo avvolgono bene

2 Non appena fa più caldo, il bocciolo inizia a schiudersi: i sepali si ripiegano all'indietro e spuntano i petali colorati

3 I sepali si aprono ancora e i petali crescono verso l'esterno e all'indietro, fino a formare la splendida corolla del fiore

4 Il fiore si apre del tutto mostrando le vistose antere cariche di polline

▲ *Al momento giusto dell'anno, i boccioli iniziano a schiudersi e compaiono i fiori. Ora può avere inizio la fase riproduttiva. Alcuni fiori vivono appena un giorno o due, altri fioriscono per mesi prima che gli ovuli vengano fecondati e si trasformino in semi.*

- **Le dicotiledoni** crescono lentamente. Circa la metà ha fusti legnosi.

- **I fusti delle monocotiledoni** crescono dall'interno. Le dicotiledoni hanno un cambium (un sottile strato di cellule in grado di crescere) vicino alla parte esterna del fusto, che nelle monocotiledoni è raramente presente.

- **La parti florali** delle monocotiledoni, come i petali, si presentano in genere in numero di tre o multipli di tre. I fiori delle dicotiledoni tendono ad avere invece quattro o cinque petali o multipli.

- **Le foglie delle dicotiledoni** hanno di solito un reticolato di nervature, mentre nelle monocotiledoni queste sono parallele.

- **La *Puya raimondii* (titanca)**, una pianta della Bolivia, produce la più grande infiorescenza del mondo: può raggiungere la larghezza di 2,5 m, con 8000 fiori.

- **Le piante del deserto** paiono morte fino a che non piove, allora crescono e sbocciano veloci. Per poco il deserto ha una fioritura.

Piante senza fiori

È difficile immaginare cosa possano avere in comune i piccoli muschi e le felci con conifere giganti come le sequoie dell'America del Nord. E invece c'è una somiglianza fondamentale: né i muschi né le felci, né le sequoie si riproducono per mezzo dei fiori.

Le conifere sono alberi con foglie aghiformi, tipicamente sempreverdi, che sviluppano il seme in coni (pigne), non nei fiori.

Con le ginkgofite e le cicadospide, le coniferofite formano il gruppo di piante dette gimnosperme, che generano i semi in coni.

Appena formati, tutti i coni sono verdi e abbastanza morbidi, poi man mano che maturano diventano marroni e duri. Appena i semi sono maturi, il cono si apre e li rilascia.

▼ *I muschi si riproducono in due fasi. Nella prima, le cellule sessuali maschili – prodotte in stami che terminano a forma di sacca (anteridio) – migrano e si uniscono agli ovuli nell'archegonio, che ha forma di fiasco. A questo punto, dagli ovuli cresce un filamento, lo sporofito, sulla cui sommità c'è una capsula contenente migliaia di spore. La capsula si apre e le sparpaglia. Se le spore atterrano in luoghi in cui le condizioni sono idonee, cresceranno nuove piantine (anteridi maschili e archegoni femminili).*

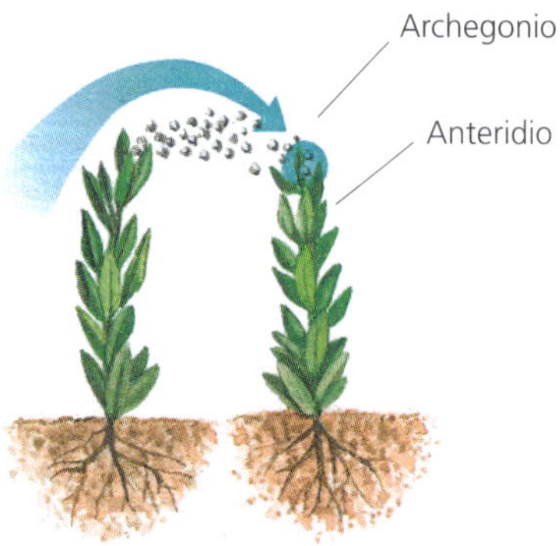

1 Gli spermatozoidi (gameti maschili) migrano e raggiungono la cellula uovo (gameti femminili)

2 Una cellula spermatica si unisce alla cellula uovo

3 L'ovulo fecondato diventa uno sporofito

▲ *Gli equiseti sono un gruppo di piante alte simili alle felci, che comparvero sulla Terra milioni di anni fa. Hanno foglie aghiformi che si dispongono a raggiera, e parti riproduttive a forma di cono che rilasciano le spore.*

Una delle differenze principali tra le piante primitive – tra cui felci, muschi, epatiche ed equiseti – e le piante più evolute, è il modo in cui si riproducono. Le piante primitive producono spore anziché semi.

Esistono circa 10.000 diverse specie di felci. Una felce comune ha radici piccole, un fusto sotterraneo (rizoma) e un ciuffo di fronde (foglie) a forma di corona che cresce dal terreno. Il fusto si sviluppa orizzontalmente sotto la superficie del suolo.

Le spore delle felci si trovano in speciali sacche chiamate sporangi, macchie marroni sulla parte inferiore della fronda. Le spore si diffondono da lì e alcune si depositano in luoghi adatti a crescere.

Muschi ed epatiche sono piante a crescita lenta, tipiche delle zone umide. Non hanno strato esterno impermeabile che le protegga dalla perdita d'acqua e sono prive di un sistema di vasi che trasporta l'acqua alle varie parti della pianta.

4 La capsula contenente le spore si apre

5 Il ciclo ricomincia

I muschi crescono vicino all'acqua perché le cellule del muschio maschio, quando si trova in parte sott'acqua, per fecondare le cellule femminili devono nuotare.

Impollinazione

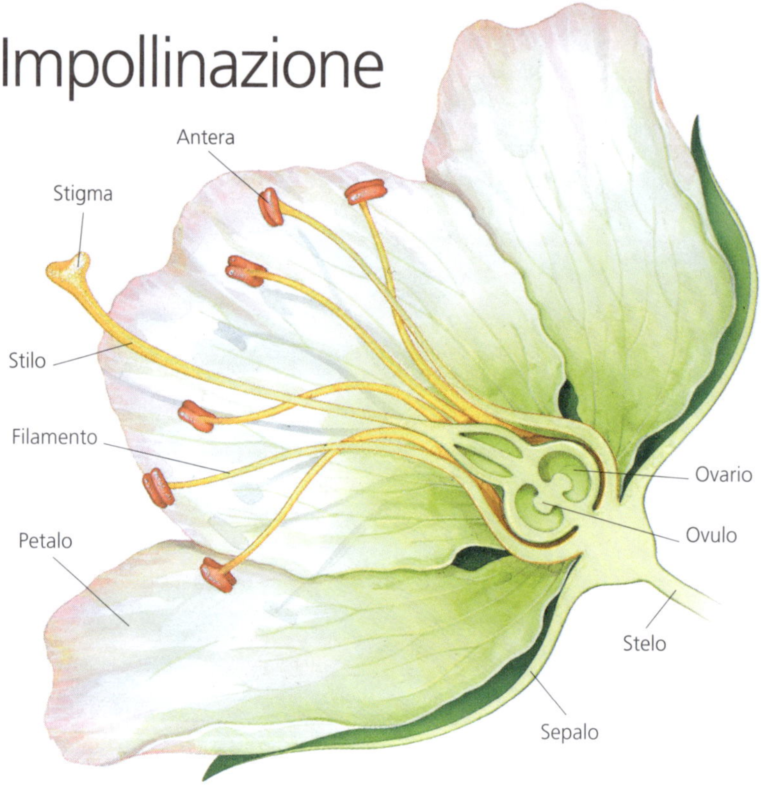

▲ *In un fiore ci sono le parti maschili, gli stami. Ciascuno ha un peduncolo (filamento) sormontato dall'antera, che contiene le cellule riproduttive maschili. Al centro del fiore si trovano le parti femminili, il carpello, che ha una sorta di cuscinetto vischioso (stigma) all'estremità di un lungo peduncolo (stilo), che alla base si allarga in un ovario: all'interno ci sono le cellule riproduttive femminili.*

- **Prima che un fiore** sia in grado di produrre semi, il polline maschile deve arrivare allo stigma: questo processo si chiama impollinazione. Il polline può essere trasportato da un fiore all'altro dagli insetti o da altri animali, dal vento o dall'acqua.
- **Alcuni fiori sono autofertili**: significa che il polline si sposta dall'antera allo stigma sulla stessa pianta.
- **Nei fiori** a impollinazione incrociata, il polline passa dall'antera di un fiore allo stigma del fiore di una pianta diversa ma della stessa specie.

LO SAPEVI?
Il polline dei fiori può causare una reazione allergica chiamata febbre da fieno.

- **Molti fiori contengono** sia gli organi riproduttivi maschili (stami) sia quelli femminili (carpello), ma ci sono piante che hanno solo gli uni o gli altri.
- **Un fiore** può usare soltanto il polline della stessa specie di pianta.
- **I granuli di polline** hanno una parete cellulare piuttosto elaborata, che è in grado di impedire al polline di seccarsi: è diversa, però, da specie a specie.
- **I fiori impollinati dal vento**, come le graminacee, non hanno bisogno di colori brillanti o profumi, infatti sono poco vistosi e inodori. Gli stami si allungano fuori dal fiore, così il vento soffia via il polline con facilità.
- **I fiori impollinati dagli animali** producono una piccola quantità di polline munita di punte, che si attaccano al pelo degli animali al loro passaggio.
- **Molti fiori hanno** delle "guide per il miele", una sorta di segnale che attira le api verso di loro. Per lo più invisibili all'uomo, si notano solo alla luce ultravioletta, che api e alcuni insetti sono in grado di a vedere.

▲ *Per attirare i maschi delle api (fuchi), l'interno della cosiddetta orchidea ape somiglia moltissimo a un'ape femmina, e ha anche lo stesso odore.*

Semi

Dai semi, piccole capsule dure, si sviluppano quasi tutte le nuove piante. I semi, a loro volta, derivano dall'ovulo fecondato dal polline.

Tutte le 250.000 piante da fiore sulla Terra producono semi chiusi, cioè semi che crescono all'interno dell'ovario: questi poi si trasformano in un frutto che circonda il seme.

Le circa 800 specie tra coniferofite, cicadofite e ginkgofite producono semi nudi, il che significa che intorno a loro non cresce alcun frutto.

◄▼ **1** *Quando un granulo pollinico atterra sullo stigma di un fiore, il tubulo pollinico inizia a crescere nello stilo e arriva all'ovario.* **2** *La punta del tubulo si apre e rilascia un nucleo generativo (gamete maschile) che si fonde con l'ovulo.* **3** *Questa "unione" si chiama fecondazione e la nuova cellula che si forma genera il seme.*

1

2

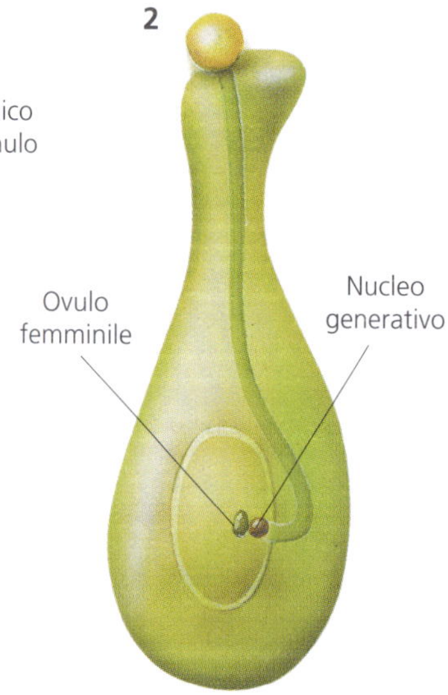

3

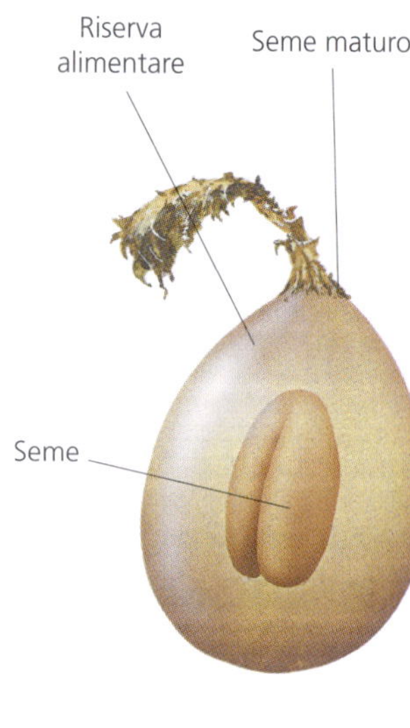

▲ *Gli scoiattoli mangiano i semi, oppure li seppelliscono per assicurarsi cibo per l'inverno. A volte tali riserve alimentari nascoste vengono dimenticate e i semi germogliano trasformandosi in piante.*

- **Gli scienziati** definiscono "frutto" l'ovario di una pianta dopo che gli ovuli sono stati impollinati e sono cresciuti diventando semi. I frutti carnosi come le arance hanno una polpa morbida e succosa, mentre in nocciole e mandorle la polpa muta in un guscio duro e asciutto.
- **Ci sono semi così leggeri** che il vento li porta con sé. I tegumenti seminali di alcune piante, dotati di appendici simili a piume, volano per diversi chilometri.
- **Gli animali si nutrono volentieri di frutti**. I semi poi, espulsi sotto forma di rifiuti corporali, si sparpagliano.
- **Ci sono semi che si attaccano** alla pelliccia degli animali con piccole appendici (spine o uncini), o grazie al loro rivestimento appiccicoso. Frutti come gerani e lupini esplodono, lanciando semi in ogni direzione.
- **I frutti dell'olmo**, del frassino, degli aceri e del carpino sono dotati di "ali" che consentono loro di percorrere lunghe distanze.
- **Il seme più grande del mondo** è quello della *Lodoicea malvidica* (coco de mer), che cresce solo sulle isole Seychelles (Oceano Indiano). Un seme pesa anche 20 kg.

LO SAPEVI?
Alcuni semi di loto sono germogliati dopo essere stati a riposo (dormienti) per 400 anni.

Piante di terraferma

Erba rossa
Savana africana

- **Le praterie sono diffuse** nelle zone dove non c'è abbastanza pioggia perché vi crescano degli alberi. Sono caratterizzate da una lunga stagione secca e una breve stagione umida.

- **Durante la breve stagione umida**, le erbe e le piante erbacee crescono in fretta. La terra ritorna verde e fiori sgargianti tappezzano il suolo. I fiori producono semi in tempi rapidi, ma si seccano e muoiono appena le piogge cessano.

- **Le praterie coprono** quasi un quarto delle terre emerse. Quelle temperate includono i pascoli dell'America del Nord, le pampas dell'America del Sud e le steppe dell'Eurasia. La prateria tropicale dell'Africa è conosciuta come savana.

Panico brasiliano
Pampa sudamericana

- **La savana africana** ospita vaste mandrie di animali al pascolo che mangiano erba. Anche l'erba ne trae beneficio, dal momento che gli animali producono enormi quantità di escrementi che arricchiscono il suolo di sostanze nutritive.

- **Nelle praterie della savana africana**, la cosiddetta erba degli elefanti cresce, in altezza, anche 4 m.

Bouteloua gracilis
Praterie nordamericane

◄ *Molte erbe si riproducono sviluppando fusti sotterranei o lunghi germogli da cui nasce una nuova pianta. Se la parte superiore dell'erba viene tagliata, mangiata o bruciata, dai germogli sotterranei cresce nuova erba.*

- **Quando le praterie** vengono distrutte dall'agricoltura, la terra è spazzata dal vento. È questo che ha trasformato la regione delle Grandi Pianure dell'America del Nord in una conca polverosa attorno agli anni Trenta.
- **Le piante del deserto hanno adottato alcuni espedienti** per impedire all'acqua di evaporare dalle foglie: queste, in genere, sono dure, resistenti e piccole, così la superficie della parte esposta alla calda luce solare, che provoca l'evaporazione, è ridotta.
- **Alcune piante da fiore** del deserto si vedono solo per pochi giorni. I semi giacciono dormienti (inattivi) nel terreno anche per anni, fino all'arrivo delle piogge, quando le piante germinano e fioriscono all'improvviso. Sono i fiori a crescita veloce delle cosiddette piante effimere.
- **Gli enormi saguari** che crescono in Arizona, California (Stati Uniti), e anche in Messico, possono vivere per oltre 200 anni. Di solito non ci sono ramificazioni fino a quando non hanno 75 anni.
- **Le pieghe del corpo** si espandono come una concertina quando il saguaro assorbe l'acqua. Il suo peso deriva fino al 90 percento dall'acqua immagazzinata nel fusto carnoso.

▶ *Le piante più grandi nei deserti sono le piante grasse. I fusti spessi e carnosi, come anche le foglie, immagazzinano acqua, così la pianta sopravvive nei periodi di siccità.*

Piante acquatiche

LO SAPEVI?
I giacinti d'acqua si riproducono con tale rapidità che ogni dieci giorni il loro numero può addirittura raddoppiare.

- **Le piante contengono** oltre il 90 percento di acqua, quindi non è strano che si adattino così bene alla vita acquatica, a condizione che ci sia abbastanza luce solare. Alcune galleggiano sulla superficie, altre affondano le radici sul fondo di stagni o fiumi.
- **Molte piante erbacee** vivono in acqua, per esempio canne, macis, iris e giunchi come le tife.
- **Le canne sono erbe alte** con fusti rotondi, foglie piatte e fiori violacei. Sono diffuse in fitte macchie in acque libere.

▼ *I cipressi delle paludi, o cipressi calvi, crescono in zone paludose dell'America del Nord. I tronchi sono più grossi alla base, il che li aiuta a rimanere in piedi se il fango si muove. Alcune ramificazioni a forma di cono salgono dalle radici al di sopra del livello dell'acqua: assorbono così l'aria, dato che il fango impregnato d'acqua non contiene praticamente ossigeno.*

▲ *I giacinti d'acqua sono fiori acquatici viola americani. Crescono rapidamente e possono ostruire le correnti lente.*

- **Molti uccelli selvatici**, compresi gli svassi maggiori, trascorrono l'inverno nei canneti. In varie parti del mondo le canne sono tagliate e utilizzate come materiali di copertura.
- **Il papiro è un'alta pianta acquatica**, una specie erbacea che cresce nel fiume Nilo (Africa). Gli antichi Egizi tagliavano lo stelo e ne ricavavano striscioline su cui scrivevano. *Paper*, "carta" in inglese, deriva da papiro.
- **Le piante galleggianti** che fluttuano libere, come la lenticchia d'acqua e la *Limnobium laevigatum*, sono tipiche delle paludi. Nei fiumi verrebbero spazzate via.
- **Le alghe sono rosse, verdi o marroni**. Quelle rosse crescono a 30-60 m di profondità nei mari tropicali, le brune, come i kelp giganti, fino a 20 m, soprattutto in acque fredde. Le alghe verdi si trovano in pozze d'acqua tra le rocce e su scogli costieri nelle regioni temperate e tropicali.
- **Le alghe crescono** per lo più su coste rocciose o sott'acqua nei pressi della costa. Per non essere trascinate via, si aggrappano saldamente alla roccia con piccoli ramponi simili a delle radici.
- **Le alghe hanno fronde** (foglie) resistenti e coriacee che sopportano i colpi delle onde. I loro corpi flessibili si muovono nelle correnti d'acqua senza spezzarsi.
- **Alcune alghe**, come la quercia marina, hanno piccole vescicole piene di aria che aiutano le fronde a galleggiare.

Foresta di conifere

- **Le foreste di conifere sempreverdi** delle fresche regioni che confinano con il Circolo Polare Artico – come il nord dell'Asia e dell'Europa e l'America del Nord – sono chiamate foreste boreali. La parola boreale significa nordico.

- **Per nove mesi all'anno** le foreste boreali sono fredde e buie, ma si risvegliano gli altri tre mesi, nel breve periodo in cui fa un po' più caldo.

- **In Russia e Siberia**, la foresta boreale si chiama taiga, che è una parola russa che significa, appunto, "foresta di conifere".

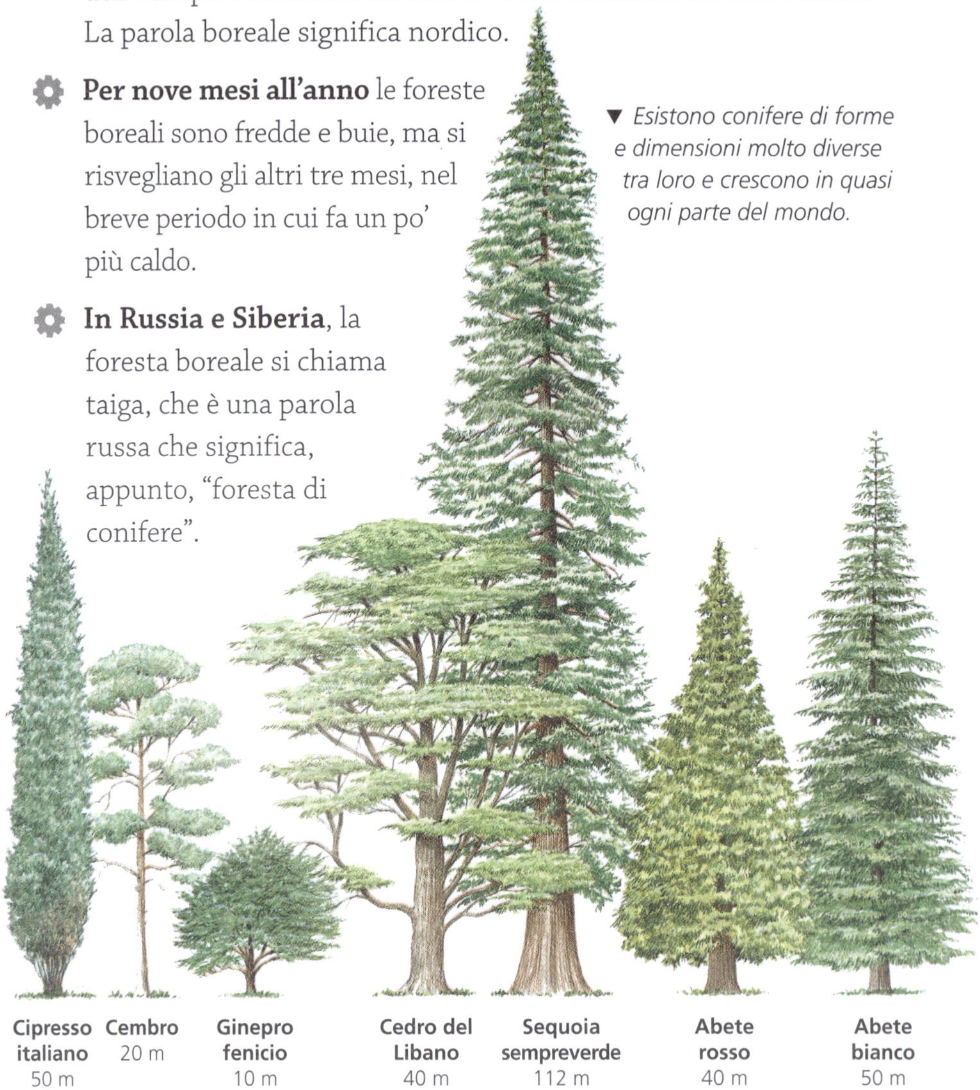

▼ *Esistono conifere di forme e dimensioni molto diverse tra loro e crescono in quasi ogni parte del mondo.*

LO SAPEVI?

Le foreste boreali si estendono più o meno per 1,5 miliardi di ettari, circa l'11 percento della superficie terrestre.

- **Molte conifere** hanno una forma conica, il che le aiuta a liberare i rami dalla neve durante l'inverno.
- **La forma ad ago** e la sostanza cerosa delle sue foglie permette all'albero di non disperdere l'acqua.
- **Gli alberi di Natale** di solito sono abeti. La moderna tradizione dell'albero di Natale è nata in Germania, ma l'uso dei sempreverdi come simbolo della vita eterna esisteva già tra Egizi, cinesi ed ebrei.
- **Visto che gli alberi nelle foreste di conifere** crescono molto vicini l'uno all'altro e conservano le foglie tutto l'anno, al suolo arriva poca luce: qui riescono quindi a crescere solo muschi, licheni e altre piante piccole.
- **Gli alberi delle foreste boreali** sono incredibili nel riprendersi dopo un incendio. I coni dei pini e del peccio nero, infatti, si aprono per rilasciare i semi soltanto dopo che il fuoco si è spento.
- **Il cosiddetto legno tenero** deriva da alberi come il pino, il larice, l'abete e l'abete rosso. Tra il 75 e l'80 percento delle foreste naturali dell'Asia settentrionale, dell'Europa e degli Stati Uniti è costituito da alberi di conifere.
- **I pini crescono** veloci e diritti, raggiungendo la loro altezza massima in meno di 20 anni. È questo il motivo per cui forniscono il 75 percento del legname mondiale.

Foresta di latifoglie

Campanula

- **Gli alberi decidui** delle foreste di latifoglie crescono nelle regioni temperate come l'America del Nord, l'Europa occidentale e l'Asia orientale, dove le estati sono calde e umide e gli inverni freddi.
- **Pochissime foreste** in Europa sono del tutto spontanee; molte sono dette "secondarie", originariamente tagliate per scopi agricoli e ricresciute.
- **Nell'umida Europa occidentale**, i faggi dominano le foreste che hanno terreni ben drenati, poco profondi e calcarei; le querce preferiscono il profondo suolo argilloso, mentre gli ontani i luoghi impregnati d'acqua.
- **Nell'Europa orientale**, più asciutta, i faggi sono sostituiti da roveri e carpini, in Russia dai tigli.
- **Nelle foreste dell'America del Nord**, i faggi e i tigli sono più rari che in Europa: qui sono più diffusi querce, noci americani e aceri.
- **Tra gli alberi decidui** filtra parecchia luce, per questo molte specie di cespugli e di fiori che crescono in una foresta spesso fioriscono in primavera, prima che sugli alberi spuntino le foglie.
- **Una vasta gamma di arbusti** cresce sotto gli alberi delle foreste di latifoglie, tra cui il corniolo, l'agrifoglio e la magnolia, oltre ai fiori di bosco.

- **Perdere le foglie in autunno** aiuta gli alberi a trattenere l'acqua quando "chiudono" il loro sistema di raccolta dei nutrienti in vista dell'inverno. I tubi alimentari nei rami vengono sigillati e le foglie, private delle loro scorte di cibo, muoiono.
- **La produzione di clorofilla**, che mantiene verdi le foglie, si riduce e le foglie diventano rosse, gialle e marroni prima di cadere a terra. Nell'albero si conserva nutrimento sufficiente per garantire che i germogli possano tornare a crescere in primavera.
- **Lo sciroppo d'acero** si ottiene da diversi aceri nordamericani, tra cui l'acero da zucchero e l'acero nero. Lo sciroppo è linfa, "acqua dolce". È diverso dalla linfa ordinaria: esce da dei fori praticati nella corteccia durante il disgelo, quando non c'è crescita.

▶ *La farnia cresce in altezza fino a 35 m. Le ghiande hanno lunghi gambi. Il legno di questa quercia è molto resistente ed è uno dei più durevoli, per questo è stato per secoli il principale legno da costruzione.*

Foresta pluviale

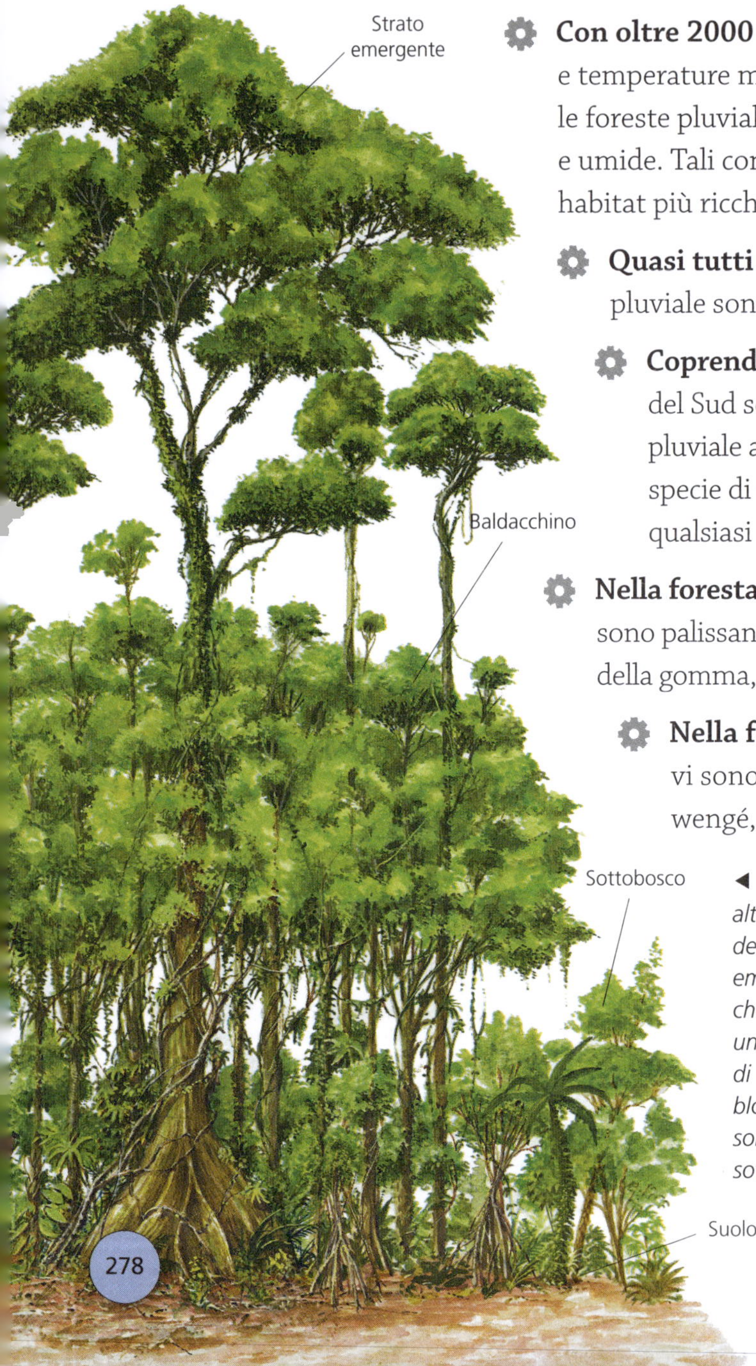

- **Con oltre 2000 mm di pioggia** all'anno e temperature medie superiori ai 20 °C, le foreste pluviali tropicali sono calde e umide. Tali condizioni le rendono gli habitat più ricchi del mondo per le piante.
- **Quasi tutti gli alberi** della foresta pluviale sono latifoglie e sempreverdi.
- **Coprendo gran parte** dell'America del Sud settentrionale, la foresta pluviale amazzonica ospita più specie di piante e animali rispetto a qualsiasi altro luogo della Terra.
- **Nella foresta pluviale amazzonica** ci sono palissandri, noci del Brasile, alberi della gomma, mirto, alloro e palme.
- **Nella foresta pluviale africana** vi sono alberi di mogano, ebano, wengé, agba, iroko e sapelli.

◀ *Le foglie degli alberi più alti formano il livello superiore della foresta pluviale: lo strato emergente. La luce del Sole che filtra da lassù consente a uno strato più basso e più fitto di crescere, il baldacchino, che blocca gran parte della luce solare rimanente, per questo il sottobosco ha poche piante.*

- **Alcune foreste tropicali** ricoprono i fianchi delle montagne. Qui gli alberi sono più bassi e crescono varie piante al suolo o poco sopra.
- **Le foreste pluviali** più alte della montagna sono dette "nuvolose" per la frequente copertura di nuvole basse, che fornisce l'umidità che diffonde muschi, felci e piante erbacee.
- **Per attirare uccelli e insetti** nell'oscurità, molte piante della foresta pluviale hanno fiori grandi e colorati. I fiori che sono impollinati dagli uccelli sono spesso rossi, quelli dalle falene bianchi o rosa, e quelli dagli insetti diurni volanti gialli o arancioni.
- **Molte piante** della foresta pluviale hanno bisogno di semi grandi per immagazzinare nutrimento sufficiente per crescere. Gli animali, attratti dai loro frutti profumati, li mangiano e diffondono i semi con gli escrementi. Le volpi volanti per esempio sono ghiotte di manghi.
- **Nella foresta pluviale sono numerose** sono le piante parassite, che si nutrono cioè di altre piante. Tra queste, vischio e rafflesia.

► *Gli alberi della foresta pluviale sono ricoperti da varie specie di epifite, piante con radici che non raggiungono il suolo ma assorbono acqua e minerali dalla pioggia e dai detriti vegetali che cadono su di loro.*

LO SAPEVI?

La metà della foresta pluviale rimasta al mondo scomparirà presto se continuerà a essere distrutta alla velocità di oggi.

Cereali

▲*L'infiorescenza di una pianta di mais è la pannocchia, ricoperta di semi (o chicchi) gialli o bianchi, vicinissimi uno all'altro. I chicchi sono la parte della pianta che si mangia.*

- **Cereali** come grano, mais, riso, orzo, sorgo, avena, segale e miglio sono le principali fonti di cibo in tutto il mondo. I cereali sono piante erbacee di cui noi mangiamo i semi (o chicchi). Trasformiamo i cereali anche in alimenti come farina, oli e sciroppi.
- **Nei Paesi sviluppati**, cioè aree come l'America del Nord e l'Europa, il grano è la coltura alimentare più importante.
- **Per metà della popolazione mondiale**, inclusi quasi tutti i cinesi e gli abitanti del sud-est asiatico, il riso è l'alimento base.
- **Il mais, o granoturco**, è la coltura principale degli Stati Uniti e la seconda più importante al mondo dopo il grano. Il riso è la terza.
- **Il grano** compare tra le primissime coltivazioni dell'uomo, almeno 10.000 anni fa.
- **La pasta è fatta** con grano duro. Gli italiani la introdussero nella loro cucina fin dal XIII secolo, ora però i piatti a base di pasta sono apprezzati in tutto il mondo.

LO SAPEVI?

Il mondo coltiva così tanto grano in un anno da riempire una fila di camion che coprirebbe un quarto della distanza tra la Terra e la Luna.

- **Quando il grano è maturo**, si taglia la spiga dal fusto (culmo): è la mietitura. Una volta finito, si passa alla trebbiatura, cioè a separare i chicchi di grano dalla paglia e dalla pula (scarto). Alla fine il grano deve essere ripulito della paglia e della pula rimasta (spulatura).
- **Si coltiva il riso** fin dal 3000 a.C. circa. I semi sono prima piantati in un terreno asciutto, ma quando le giovani piante hanno più o meno due mesi, vengono trapiantate in risaie allagate con acqua alta fino a 10 cm.
- **Il riso integrale** è costituito da chicchi cui è stata tolta solo la buccia più esterna. Per ottenere il riso bianco, invece, si elimina anche la crusca, per cui il chicco risulta molto meno nutriente.
- **Gran parte del grano viene dato al bestiame**, mentre il 95 percento del riso totale è mangiato dalle persone. Fornisce oltre il 20 percento delle calorie consumate dall'uomo.

▶ *Una mietitrebbiatrice è una macchina agricola che raccoglie il grano, lo trebbia, lo pulisce e poi lo versa in sacchi o in serbatoi.*

Frutta e verdura

- **Le verdure** sono praticamente qualsiasi parte di una pianta (esclusa la frutta), che può essere mangiata cotta o cruda. Le persone consumano pure una grande varietà di frutta, e una dieta sana include almeno cinque tipi diversi di frutta e verdura ogni giorno.
- **Le verdure verdi** sono le parti verdi commestibili di alcune piante, comprese le foglie, come quelle dei cavoli e delle lattughe.
- **Le foglie delle verdure verdi** sono ricche di molte vitamine fondamentali, tra cui la A, la E e l'acido folico.
- **La vitamina C** (acido ascorbico) si trova in molti frutti e verdure freschi, in particolare negli agrumi, e svolge un ruolo importante nella crescita di ossa, denti e vasi sanguigni. Favorisce inoltre la cicatrizzazione delle ferite.
- **Gli agrumi**, un gruppo di frutti succosi e morbidi, hanno una buccia spessa, cerosa, uniformemente colorata di giallo, arancione o verde. Gli agrumi includono limoni, lime, arance e pompelmi.
- **I frutti principali delle zone temperate** sono mele, pere, prugne, albicocche, pesche, uva e ciliegie.
- **I frutti tropicali più noti** sono banane e ananas, ma anche guaiave, litchi, meloni, manghi e i frutti dell'albero del pane.
- **Le bacche** sono frutti carnosi contenenti un gran numero di semi. Molte piante producono bacche, tra cui i pomodori, le viti e i banani.
- **Fragole, lamponi e more** non sono vere bacche. Vengono chiamati frutti aggregati perché costituiti da gruppi di piccoli frutti, ciascuno contenente un seme.
- **L'uva è diffusa** in tutto il mondo, in luoghi in cui le estati sono calde e gli inverni miti.

◄ *Gli acini d'uva sono bacche succose e dalla pelle liscia che crescono in stretti grappoli su piante legnose chiamate viti.*

▲ *Un baccello si forma dall'ovario di una pianta di pisello. Solo gli ovuli di pisello fecondati possono crescere come semi. Il baccello aperto può contenere alcuni semi che non sono riusciti a svilupparsi.*

► *La lattuga è un'insalata verde molto diffusa.*

◄ *Gli ortaggi da radice sono parti di piante che crescono sottoterra, per esempio le carote, ricche di vitamina A.*

► *Il pomodoro non è una verdura, ma un frutto.*

◄ *Il pompelmo è un tipico agrume. Il succo di agrumi contiene quantità elevate di acido citrico, che gli conferisce un sapore aspro e acidulo.*

Funghi e licheni

- **I funghi non sono piante**, essendo privi di clorofilla, necessaria per produrre il nutrimento di una pianta. Per questo gli scienziati li hanno raggruppati in un regno a sé stante. I licheni sono una straordinaria associazione composta dall'unione di alghe e funghi.
- **Un gruppo enorme che comprende 50.000 specie**, i funghi includono champignon, funghi a cappello, muffe, lieviti.
- **Un tempo si pensava che i funghi** fossero semplici piante senza foglie. Ora si sa che ci sono parecchie differenze tra i funghi e le piante, innanzitutto legate ai tipi di sostanze chimiche di cui sono composti i funghi, diversi anche da quelli delle piante più semplici.

◄ *I funghi si riproducono rilasciando milioni di minuscole spore. Il primo stadio di un nuovo fungo è fatto da un intreccio di strutture tubulari e filiformi (le ife) chiamato micelio, che sviluppa un corpo fruttifero (sporoforo) in grado di produrre altre spore.*

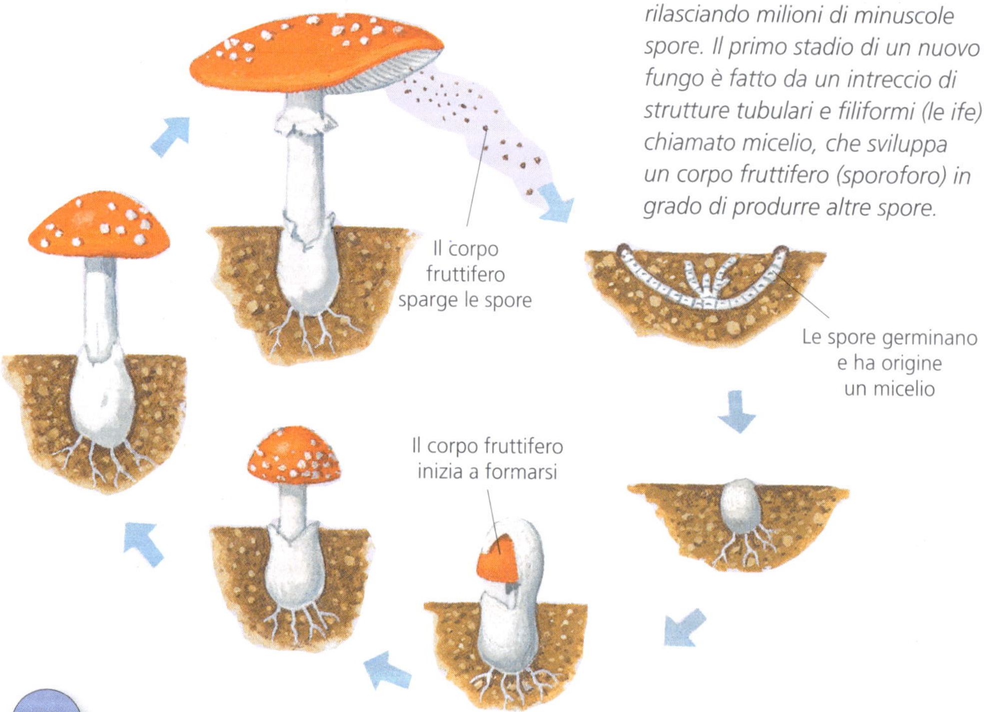

LO SAPEVI?
Un fungo a cappello produce per diversi giorni fino a un milione di spore al minuto.

- **Visto che i funghi** non possono prodursi il cibo da sé, dipendono da altre piante e animali (i loro "ospiti"), a volte in simbiosi, altre volte invece come parassiti.
- **I funghi si cibano** rilasciando delle sostanze chimiche chiamate enzimi con cui scompongono le sostanze chimiche presenti nel loro ospite: è assorbendo queste che traggono il loro nutrimento.
- **I funghi parassiti** si nutrono di organismi viventi; quelli che vivono di piante e animali morti sono chiamati saprofiti.
- **Il *Penicillium*** è un genere di fungo comune che cresce con formazione di muffa su frutti marci. Una specie, il *Penicillium notatum*, produce una sostanza chimica che uccide i batteri, da cui si ottiene la penicillina, un farmaco antibiotico contro le infezioni batteriche.
- **I licheni sopravvivono** in ambienti estremi – terreni poveri, rocce, nelle regioni più fredde della Terra (Artide e Antartide) e in alta montagna.
- **Ci sono 20.000 specie di licheni.** Alcuni crescono sul terreno, ma gran parte si sviluppa sulle rocce o sulla corteccia degli alberi.
- **Alcuni licheni** si sono adattati a vivere in ambienti salati, infatti spesso crescono sulle rocce in riva al mare.

▼ *Le alghe nei licheni sono minuscole palline verdi che producono cibo e luce solare per nutrire i funghi. I funghi formano uno strato protettivo attorno alle alghe e trattengono l'acqua.*

Animali

Regno animale

- **Sono milioni le specie diverse di animali**, che si differenziano per le dimensioni: dalle microscopiche creature monocellulari ai giganti che fanno sembrare minuscolo un uomo. Il regno animale è diviso in gruppi, assegnati a seconda delle caratteristiche che condividono.
- **In ordine decrescente** di numeri all'interno di ciascun gruppo, le suddivisioni sono: *phylum* (plurale *phyla*), *subphylum*, classe, ordine, famiglia, genere, specie. Non sempre si utilizzano tutte le sottodivisioni nelle classificazioni all'interno del regno animale.
- **Gli esseri umani**, per esempio, fanno parte della specie *Homo sapiens* – *phylum*: *chordata*; *subphylum*: vertebrati; classe: mammiferi; ordine: primati; famiglia: ominidi; genere: *homo*.
- **La divisione principale nel regno animale** è costituita da vertebrati, che hanno colonna vertebrale, e invertebrati, che non ce l'hanno. I vertebrati comprendono mammiferi, uccelli, rettili, anfibi e pesci. Tutti gli altri animali sono invertebrati.
- **La suddivisione** con il maggior numero di specie è di gran lunga quella degli artropodi, un *phylum* che include tutti gli invertebrati con zampe articolate. I principali sottogruppi di artropodi comprendono insetti, chilopodi e diplopodi (scolopendre e millepiedi), aracnidi (ragni e scorpioni) e crostacei (granchi e gamberi).
- **Per gli scienziati gli artropodi** costituiscono almeno il 90 percento di tutte le specie animali. Si conosce oltre un milione di specie di insetti.
- **I corpi degli animali** sono diversissimi tra loro: i vertebrati hanno uno scheletro interno, gli artropodi, di solito, un esoscheletro (scheletro esterno), i vermi usano la pressione dei fluidi interni per mantenere la forma dei loro corpi.

Gli animali hanno anche cicli di vita molto diversi. Alcuni, come mammiferi e uccelli, nascono come versioni in miniatura dell'adulto. Quasi tutti gli insetti e molti altri invertebrati attraversano uno stadio larvale intermedio prima di diventare adulti.

▼ *La scienza che si occupa della classificazione degli animali si chiama tassonomia. È importante da molti punti di vista, per esempio quando si deve decidere quali creature siano oggi più strettamente imparentate con i dinosauri, estinti da tempo.*

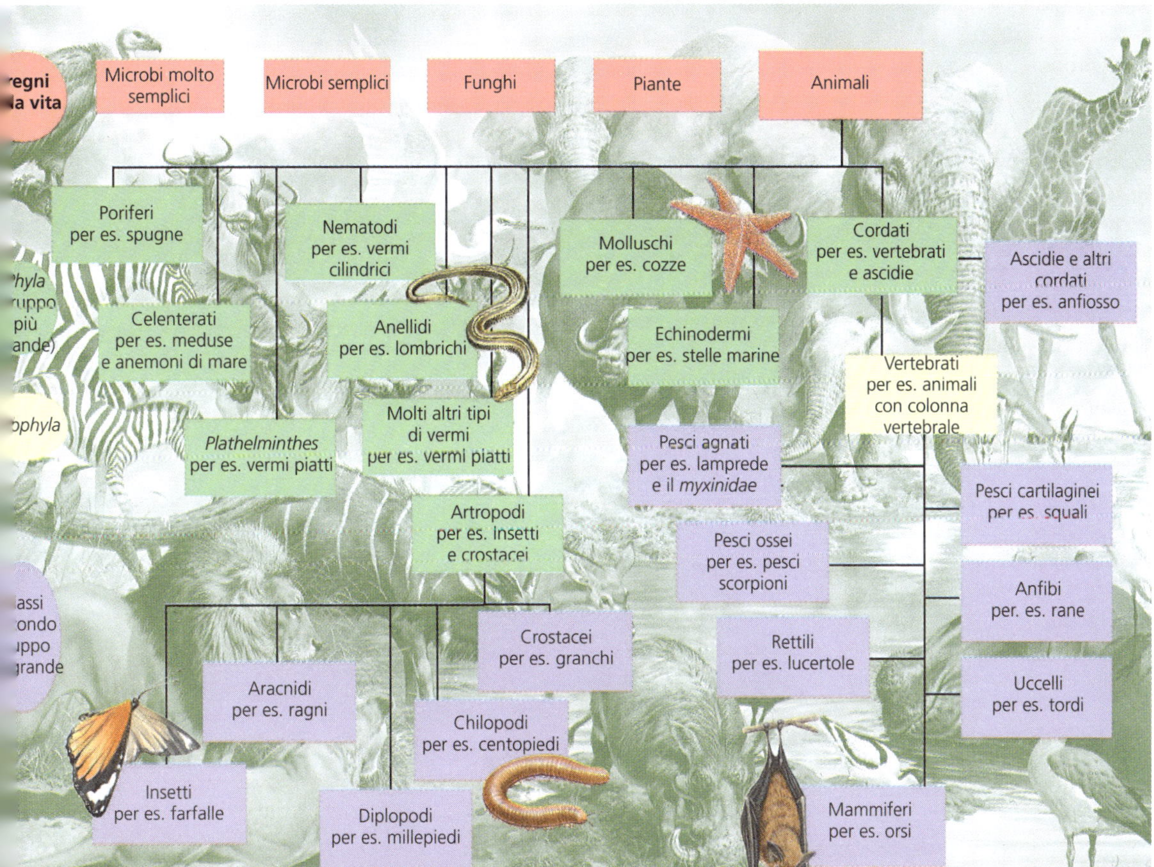

Come mangiano gli animali

- **I carnivori** sono animali che mangiano principalmente altri animali. Alcuni sono predatori attivi che cacciano prede, altri hanno un approccio furtivo o tendono agguati. Più di tre quarti degli animali del mondo sono erbivori (si nutrono di vegetali).
- **In qualsiasi habitat**, il numero degli erbivori supera quello dei carnivori, poiché i secondi devono nutrirsi dei primi. Gli erbivori spaziano dagli elefanti e dagli ippopotami a vari tipi di insetti come scarafaggi, falene e bruchi.
- **I cervi, molte gazzelle, le giraffe e il rinoceronte nero** sono brucatori: si nutrono di foglie di alberi e arbusti. Zebre, bovini e rinoceronti bianchi sono pascolatori, mangiano cioè piante erbacee.
- **Cavalli selvaggi e pony** possono pascolare erba, fiori, frutti e bacche per anche sedici ore al giorno.

▼ *Il leopardo ha un'alimentazione varia che include scarabei stercorari ma anche grandi mammiferi, per esempio gazzelle, come quella raffigurata. I leopardi trascinano le loro prede sugli alberi, fuori dalla portata di altri predatori affamati e saprofagi.*

▶ *Per cibarsi, la giraffa usa la sua lunghissima lingua, dura e nera, con cui strappa i ramoscelli degli alberi che poi infila in bocca.*

- **Cibi come carne, sangue e uova** contengono maggiori quantità di nutrimento ed energia delle sostanze vegetali, per questo i carnivori passano molto meno tempo a mangiare rispetto agli erbivori.
- **I carnivori comprendono** orche e squali nei mari, grandi felini e cani selvatici sulla terraferma, aquile e falchi in aria, ma anche animali molto più piccoli come toporagni, pipistrelli, rane, libellule, ragni e persino anemoni di mare.
- **Alcuni animali che non sembrano carnivori** in realtà lo sono. Tra le prede preferite delle stelle marine ci sono, per esempio, i crostacei aggrappati alle rocce: le stelle marine impiegano gran parte del giorno tra aprire i gusci e mangiare la carne.
- **I roditori**, come ratti, topi e scoiattoli, si servono dei lunghi denti incisivi, che ricrescono di continuo, per aprire anche le noci più dure.
- **Al calare dell'oscurità**, gli uccelli rapaci come i falchi riposano, mentre i gufi, cacciatori notturni, escono dalle cavità degli alberi, da fessure di scogliere o da edifici abbandonati e vanno in cerca di una serie di prede: coleotteri, topi, cuccioli di conigli, scoiattoli.
- **Negli oceani vivono** miliardi di microscopici animali e piante, il plancton, di cui si cibano balene e pesci, ma anche animali molto piccoli come i copepodi, a loro volta mangiati da animali più grandi.

Come si muovono gli animali

- **Molti animali** di terra, dagli insetti agli orsi, usano le zampe per muoversi. Altri volano, strisciano, si contraggono, oscillano, saltano, nuotano oppure scivolano.

- **I muscoli si accorciano** o si contraggono tirando le parti del corpo che servono per muoversi. Nei vertebrati lo scheletro è composto dai muscoli e dalle ossa cui sono attaccati.

▲ *Per muoversi, il lombrico si contrae. I peli duri (setole) lungo il corpo lo aiutano ad aggrapparsi ai lati della tana: in questo modo riesce a spingere in avanti l'estremità anteriore e a procedere.*

- **I ghepardi sono gli animali terrestri** più veloci del mondo, che dallo scatto di partenza raggiungono i 75 km/h nel giro di due secondi. La loro velocità massima si aggira sui 105 km/h.

- **L'animale più veloce in assoluto** è il falco pellegrino, che è stato cronometrato a una velocità di 270 km/h nel momento in cui si lancia in picchiata per catturare una preda.

- **Le scimmie si spostano** tra gli alberi dondolando per le braccia, che in un gibbone sono lunghe il doppio rispetto alle zampe posteriori: usa le dita delle mani come un gancio con cui appendersi ai rami.

- **Per succhiare il nettare**, colibrì e pipistrelli si librano sbattendo molto velocemente, almeno 100 volte al secondo, le ali corte e larghe.

- **L'uma** sembra compiere una danza sulla sabbia calda del deserto in cui vive mentre cerca di tenere fresche le zampe.

> **LO SAPEVI?**
> Gli orsi sono tra i pochi animali a camminare appoggiando tutta la pianta dei piedi.

- **L'acqua è densa**, quindi la forma aerodinamica consente a pesci, delfini, foche e altre creature marine di muoversi con facilità in acqua.
- **Tra i più abili a muoversi** ce n'è uno che non ha proprio arti, il serpente volante, che è in grado di scivolare, nuotare, scavare, arrampicarsi sugli alberi e persino di lanciarsi da un ramo: appiattendo il corpo, plana per parecchi metri.
- **Le meduse galleggiano** libere, ma per muoversi spingono fuori con forza l'acqua dal basso. Quando smettono, vanno a fondo.

▶ *La colonna vertebrale di un ghepardo è così flessibile da permettergli, mentre corre, di portare le zampe posteriori tra quelle anteriori.*

Comunicazione animale

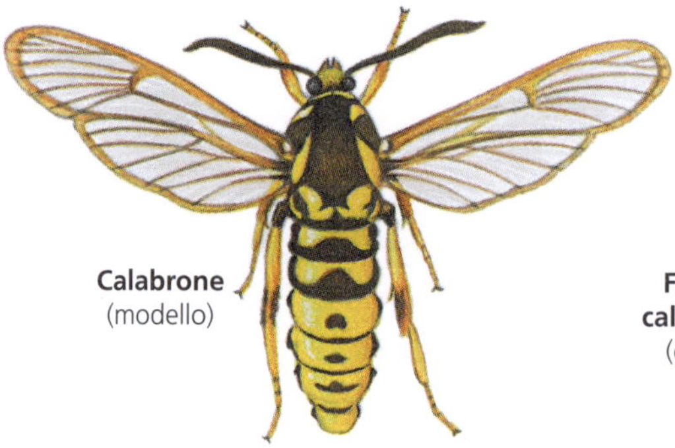

▲ *Poche creature osano sfidare o mangiare un calabrone, la cui puntura è dolorosa. La falena calabrone, innocua, lo imita, infatti molti animali la evitano.*

- **Comunicazione significa** trasmettere messaggi e informazioni. Gli animali usano versi, segnali visivi e movimenti per comunicare, oltre a sfruttare odori, gusto, tatto e l'emissione di segnali elettrici.
- **Alcuni messaggi** vengono capiti solo da animali della stessa specie, mentre altri possono essere compresi da una grande varietà di creature: spesso si tratta di questioni di vita o di morte.
- **Le femmine dei vermi luminosi** comunicano con i maschi emettendo una serie di lampi.
- **La combinazione di giallo e nero** è un'indicazione di avvertimento molto comune. Fa capire ai predatori se un animale è velenoso o ha un sapore disgustoso. Ragni, vespe, rane e serpenti usano tutti questo codice.
- **Per allertare gli altri del gruppo** di un pericolo improvviso c'è bisogno di un messaggio breve. I conigli battono il terreno, molti uccelli emettono un cinguettio o un ticchettio, i suricati un grido acuto. Il primo castoro che nota un predatore batte forte la coda sull'acqua.

- **I lemuri avvertono** i membri della loro truppa sfruttando richiami diversi a seconda che il pericolo venga dall'alto, da terra, o se l'insidia si nasconde nel sottobosco.
- **I lupi sono animali** intelligenti che comunicano tra loro con il linguaggio del corpo, usando per esempio espressioni facciali o ululati. Gli ululati di un branco di lupi a caccia si possono sentire anche a una distanza di oltre 10 km. Spesso servono per mettere in guardia altri lupi di tenersi a distanza.
- **Le api indicano** "ballando" il luogo di una ricca fonte di cibo come fiori carichi di nettare. Mostrano alle compagne la direzione per raggiungerlo disegnando un otto e scuotendo il corpo.
- **Molti insetti comunicano** grazie all'odore di particolari sostanze chimiche, i feromoni, prodotte da ghiandole speciali. La formica che vive nelle cavità degli alberi tropicali si serve di dieci feromoni diversi, combinati con particolari movimenti, per inviare 50 messaggi differenti.
- **I corvi hanno una varietà** di almeno 300 versi per comunicare tra loro, ma corvi di zone diverse non riescono a capirsi.

▶ *Uno dei metodi di comunicazione è quello di sollevarsi o gonfiarsi per apparire più grandi. Davanti a questo comportamento minaccioso gli altri animali ci pensano bene prima di attaccare. I cobra alzano la testa, allargano il cappuccio e sibilano contro chi li attacca.*

Cos'è un mammifero?

- **I mammiferi hanno scheletri** ossei, di solito sono ricoperti di pelo o capelli e nutrono i piccoli con il latte. Capaci di adattarsi, vivono in habitat molto diversi, dai deserti alle zone artiche. Animali a sangue caldo, mantengono una temperatura corporea costante.
- **Esistono circa 4500 specie di mammiferi**, le cui dimensioni variano dall'enorme balena blu ai piccoli toporagni e pipistrelli.
- **In tanti mammiferi** i sensi di vista, olfatto e udito, che li aiutano a trovare cibo e a scoprire i predatori, sono molto sviluppati.
- **Tutti i mammiferi hanno tre piccole ossa** nelle orecchie, detti ossicini, che trasmettono il suono dal timpano all'orecchio interno, da dove poi i nervi trasportano i segnali al cervello.
- **I mammiferi** sono prevalentemente notturni, cioè più attivi di notte, e hanno una visione al buio incredibilmente sviluppata.
- **Gran parte dei mammiferi** si muove su quattro zampe, ma non tutti: i mammiferi marini hanno corpi aerodinamici adatti a spostarsi nell'acqua. I pipistrelli sono gli unici mammiferi volanti.
- **Pelliccia e grasso proteggono** i mammiferi dal freddo. Quando la temperatura corporea scende, si rannicchiano su se stessi, cercano riparo, oppure producono brividi.
- **Durante l'inverno alcuni mammiferi** risparmiano energia rallentando le attività o andando in letargo. I mammiferi abbassano la temperatura corporea sudando, ansimando o riposando.
- **Mammiferi grandi** come gli elefanti hanno un solo cucciolo, che curano per diversi anni. I mammiferi piccoli ne hanno anche più di dieci, che crescono rapidamente e diventano ben presto indipendenti.

▶ *Come tutti i mammiferi, i maialini nelle prime settimane di vita si nutrono esclusivamente del latte materno.*

LO SAPEVI?

Il mammifero più veloce nell'acqua è l'orca, che raggiunge i 55 km/h, a volte in gruppi di 30 esemplari o anche più.

Roditori e conigli

- **Esistono più di 1700 specie di roditori** e tra i mammiferi costituiscono il gruppo più grande.
- **I roditori in genere** sono piccole creature a quattro zampe con lunghe code e sensi ben sviluppati. Hanno quattro lunghi denti incisivi che continuano a crescere per tutta la vita dell'animale. I roditori sono spesso intelligenti, agili e adattabili, infatti sono diffusi in ogni parte del mondo, in quasi ogni tipo di habitat.
- **Il capibara è il più grande roditore** vivente: misura circa 1,3 m di lunghezza. Vive intorno a stagni, laghi e fiumi in America del Sud.
- **Le arvicole sono roditori** simili ai topi. Di solito mangiano vegetali di ogni tipo e popolano prati e terreni agricoli.

◀ *I cani della prateria sono tra i migliori scavatori nel mondo dei mammiferi. Nonostante il nome, non sono cani ma appartengono alla famiglia degli scoiattoli terricoli. Le famiglie vivono insieme in gruppi (colonie) e i loro labirinti sotterranei si estendono anche per centinaia di chilometri.*

▶ *Gli scoiattoli volanti non volano davvero, ma planano grazie a una membrana pelosa tra le quattro zampe, che usano come un paracadute. Per indirizzare il volo si servono della coda quasi fosse un timone.*

- **Ratti e topi** sono spesso considerati animali infestanti, visto che molti vivono con o vicino agli umani. Se ne hanno l'opportunità, mangiano le scorte di cereali e invadono credenze e cucine.

- **Conigli, lepri e pica** appartengono a un gruppo di mammiferi chiamato dei lagomorfi. Sono simili ai roditori e, come loro, hanno grandi denti incisivi che non smettono mai di crescere. Hanno udito e vista molto sviluppati e sono dotati di zampe forti e muscolose grazie alle quali si muovono a grande velocità.

- **Originario della Spagna e dell'Africa del Nord**, il coniglio comune si è diffuso in molti Paesi, ma mangiando quantità enormi di piante locali ha scacciato dai loro habitat alcune specie endemiche.

LO SAPEVI?

Esistono più di 270 diversi tipi di scoiattoli.

- **I conigli scavano gallerie**, le lepri no. I cunicoli possono collegarsi tra loro formando un enorme labirinto sotterraneo, ognuno largo abbastanza perché ci passi un coniglio alla volta, e può terminare in una "stanza" dove le femmine partoriscono.

Piccoli carnivori

- **Toporagni, ricci, talpe** e animali simili sono noti come insettivori, che significa "mangiatori di insetti". Molti di questi piccoli mammiferi, però, perennemente occupati, attivi e veloci, si nutrono anche di piccole prede tra cui vermi, lumache, chiocciole e ragni. Esistono circa 345 specie di insettivori in tutto il mondo.
- **La maggior parte degli insettivori** ha musetti allungati e baffuti, occhi e orecchie piccoli e denti davvero affilati. Sono attivi soprattutto di notte e sfruttano i loro sensi molto sviluppati dell'olfatto e del tatto – più che la vista – per catturare le prede.
- **I toporagni pigmei** sono i mammiferi terrestri più piccoli: pesano solo 2 g e arrivano ad appena 6 cm di lunghezza, compresa la coda. Si affidano ai loro movimenti rapidi per cacciare e catturare prede più grandi di loro, inclusi coleotteri e cavallette.
- **Una talpa** trascorre molto tempo nella sua grande rete di tane sotterranee nutrendosi di vermi, larve e di altre creature che trova nel sottosuolo. Le talpe, praticamente cieche, usano le zampe anteriori come delle pale per spingere da parte la terra. Sopra le sue gallerie, lunghe anche 150 m, la talpa solleva dei piccoli monticelli di terra.

◀ *Si ritiene che la saliva dei toporagni d'acqua sia velenosa o contenga delle tossine che li aiuta a uccidere le loro prede.*

▲ *Il tasso americano è più piccolo rispetto al cugino eurasiatico, e a differenza di quest'ultimo vive e caccia da solo e non in gruppo (colonia).*

- **Lontre, ermellini, donnole e tassi** sono tutti mammiferi della famiglia dei mustelidi. Cacciatori dai corpi allungati, hanno zampe corte e denti aguzzi. Sono attivi, flessibili e rapidi nei movimenti, e spesso rincorrono la preda infilandosi in buche o tane sotterranee.

- **Il gruppo dei mustelidi** comprende una grande varietà di animali diffusi in habitat diversi. Le martore, per esempio, vivono sugli alberi, i tassi in una tana e i visoni lungo i corsi d'acqua.

- **I tassi sono animali forti**, potenti e attivi di notte. Vivono in gruppi familiari nelle loro enormi reti di tane e cunicoli sotterranei e si nutrono di una varietà di cibi tra cui vermi, insetti, rane, lucertole, uccelli e frutta.

- **Le donnole sono tra gli animali** più piccoli nella famiglia dei mustelidi, anche se i maschi sono spesso grossi il doppio delle femmine e si nutrono di prede diverse. Cacciano i topi, che riescono a inseguire nei cunicoli grazie alle piccole teste e ai corpi snelli.

Cervi, bovini e cavalli

- **Cavalli, pony, zebre e asini** fanno tutti parte dello stesso gruppo di mammiferi, gli equidi, che hanno criniere sulla testa e sul collo e una coda folta che cresce a ciuffi. Le gambe lunghe, il torace largo e i muscoli potenti consentono loro di coprire a grande velocità, senza stancarsi, notevoli distanze di corsa.
- **Gli equidi sono animali** estremamente sociali e tendono a vivere in gruppi familiari chiamati mandrie. Di solito la mandria è guidata da una cavalla e comprende un solo maschio adulto. Se spaventati, questi animali scappano a gran velocità. Le cavalle rimangono sempre vicine ai loro piccoli per proteggerli.
- **Cammelli, cervi e giraffe** fanno parte di un folto gruppo di mammiferi con gli zoccoli chiamati artiodattili, che li includono perché hanno un numero pari di dita: forse le dita non si vedono, ma le ossa ci sono ancora.

LO SAPEVI?
Si pensa che il primo animale simile a un cavallo sia vissuto circa cinquanta milioni di anni fa. È chiamato hyracotherium oppure eohippus.

- **La caratteristica dei cervi** sono le corna (palchi), escrescenze che crescono dal cranio dell'animale e sono rivestite da una sottile pelle ricoperta da pelo fitto e corto (velluto), che scompare nella stagione dell'accoppiamento. I palchi, che servono ai maschi per combattersi nella stagione degli amori, cadono alla fine di questo periodo.
- **Il collo di una giraffa** cresce più di 2 m malgrado sia composto di sole sette vertebre, lo stesso numero nel collo di un uomo.
- **Alpaca e lama** sono parenti stretti dei cammelli. Vivono ad altitudini anche molto elevate nelle Ande sudamericane e sono apprezzati per la loro lana.
- **I bovini e i loro parenti** appartengono alla famiglia dei bovidi. Hanno corna che, a differenza di quelle di un cervo, non cadono quasi mai, e gli zoccoli sono divisi in due. I bovidi sono un vasto gruppo di mammiferi: se ne contano circa 140 specie. Sebbene siano diffusi un po' in tutto il mondo, è l'Africa ad averne la più vasta gamma. La famiglia comprende mucche, bisonti, capre, pecore e antilopi.

◄ *Le zebre hanno mantelli con sorprendenti strisce bianche e nere. Vivono in Africa, dove popolano la savana. Se ne distinguono tre specie: la zebra comune* (equus burchelli)*, la zebra di Grévy o reale, e quella di montagna.*

Elefanti, rinoceronti e ippopotami

- **Gli elefanti di tutte e tre le specie viventi** sono i più grandi animali terrestri del mondo. Un maschio adulto di elefante africano misura 3 m di altezza e 7 m tra testa e corpo, e pesa di più di 5 t.

- **La proboscide**, che in realtà corrisponde al lungo naso e al labbro superiore, è come un quinto arto multiuso con cui l'elefante afferra foglie e altro cibo e li porta alla bocca per mangiarli. Quando ha sete, aspira l'acqua con la proboscide e se la riversa in bocca.

- **I rinoceronti sono animali massicci** e dotati di zoccoli, hanno pelle molto spessa, corpi voluminosi e forti e almeno un corno sul naso. I tapiri assomigliano ai maiali e negli ultimi 25 milioni di anni non sono cambiati molto.

- **Il più grande della sua specie**, il rinoceronte bianco è lungo 4,2 m e alto alla spalla 1,9 m. Il peso si aggira sulle 3,5 t. "Bianco" non si riferisce al suo colore, che è grigio, ma a una parola in afrikaans che significa "largo" e allude alla larghezza del muso.

- **I rinoceronti neri**, che in realtà sono di colore grigio-marrone, si differenziano parecchio nelle varie zone dell'Africa. Mentre il rinoceronte nero pascola, il labbro superiore lungo e flessibile strappa foglie e germogli.

LO SAPEVI?

Un ippopotamo maschio può raggiungere i 4 m di lunghezza e superare le 3 t di peso.

- **Esistono solo quattro specie di tapiro**: sudamericano, di montagna, di Baird e malese. Ha corpo snello, di forma simile a quelli dei maiali e muso allungato. Il senso dell'olfatto è molto sviluppato come anche quello dell'udito.

- **Gli ippopotami** trascorrono la maggior parte del tempo in acqua, o comunque nelle sue vicinanze. Si pensa che siano imparentati più strettamente alle balene di qualsiasi altro artiodattilo.
- **Quando gli ippopotami** stanno sott'acqua, spesso spuntano solo narici, occhi e orecchie. Un branco occupa un territorio (corso d'acqua) e i maschi si combattono per difenderlo o per conquistare una femmina nel periodo della riproduzione. Con gli enormi canini possono infliggersi reciprocamente ferite anche mortali.
- **Gli ippopotami** escono dall'acqua di notte per brucare lungo le rive del fiume. Si nutrono principalmente di erba, anche se a volte non disdegnano piccoli animali o altre piante.

◄► *Delle tre specie di elefanti, quello africano (a sinistra) è il più grande. L'elefante asiatico (a destra) ha orecchie più piccole rispetto a quelle del suo parente stretto e le zanne sono corte o, nelle femmine, assenti del tutto.*

Cani e orsi

- **Tutti i cani**, sia quelli domestici sia quelli selvatici, sono mammiferi, appartenenti alla famiglia dei canidi. Esistono 36 specie di canidi, tra cui lupi, volpi, coyote e sciacalli.
- **I cani selvatici** popolano quasi tutte le regioni del mondo, a eccezione dell'isola africana del Madagascar e della Nuova Zelanda. Molte specie di cani selvatici sono a rischio di estinzione, perché cacciate o perché i loro habitat vengono distrutti.
- **I coyote sono corridori molto veloci** e quando inseguono i conigli arrivano a una velocità di 65 km/h. Questi cani selvatici simili ai lupi vivono nell'America settentrionale e centrale. Di notte il loro ululato si sente attraverso montagne e pianure.
- **Un membro noto della famiglia dei cani**, la volpe rossa, è diffusa in Europa, Asia, America e Australia. Come le altre volpi, scava tane sotterranee per proteggere i suoi cuccioli.
- **Esistono otto specie di orsi**. Sono in genere mammiferi davvero grandi, forti e aggressivi, con un udito molto sviluppato, mentre la vista e l'olfatto sono mediocri. La maggior parte degli orsi ha spessi mantelli marroni, neri o bianchi e zampe potenti dotate di artigli simili a pugnali.

◄ *I cani selvatici africani sono animali estremamente sociali che vivono in gruppi di trenta esemplari o anche più.*

▲ Le femmine degli orsi polari possono stare senza mangiare per un massimo di otto mesi, sopravvivendo grazie al loro grasso corporeo: in questo periodo svernano e nutrono i loro piccoli.

- **Gli orsi si trovano in genere** in boschi e foreste, popolando alcune zone dell'Europa, dell'Asia e dell'America del Nord, mentre sono meno diffusi in America del Sud e in alcune aree dell'Africa.
- **Gli orsi che vivono** in climi freschi, per conservare energia entrano in uno stato dormiente, o vanno in letargo, per buona parte dell'inverno. Pur sopravvivendo con le riserve di grasso corporeo, le loro temperature non scendono. I cuccioli nascono in questo periodo.
- **La pelliccia giallo-bianca** dell'orso polare si mimetizza con neve e ghiaccio, permettendogli di arrivare strisciando fino alla preda, le foche. Questi orsi cacciano anche pesci e sono abili nuotatori. È l'unica specie di orso la cui dieta si basa quasi interamente sulla carne.

Felini

LO SAPEVI?
Un leone maschio adulto può mangiare fino a 30 kg di carne in una volta. Poi non avrà più bisogno di nutrirsi per diversi giorni.

I felini appartengono a un gruppo di mammiferi chiamati felidi. I grandi felini sono i cacciatori più temibili del mondo animale. Inseguono in silenzio una preda, le balzano addosso e la sbranano con i denti affilati come rasoi, aiutandosi con gli artigli. Come i felini più piccoli, sono carnivori estremamente agili, hanno sensi sviluppati e reazioni rapide.

Molti felini sono animali solitari e conquistano territori che difendono dagli intrusi. I piccoli rimangono con le madri per un periodo che va dai 0 ai 3 anni.

▼ *I leoni vivono normalmente in branchi di 4-6 adulti insieme ai loro cuccioli.*

- **Tutti i felini** sono dotati di lingue ruvide, ideali per raschiare a fondo la carne dalle ossa delle prede. I felini possono usare la lingua anche come una sorta di mestolo, cosa che consente loro di lappare grandi quantità di acqua.
- **La tigre, il più grande tra i felini**, è anche uno dei più grandi carnivori della Terra. Tra le cinque varietà di tigri sopravvissute, la siberiana è la più grossa, con un peso che si aggira sui 350 kg e una lunghezza di 3 m. Le strisce la aiutano a mimetizzarsi mentre si nasconde nell'erba alta e nella fitta vegetazione.
- **I ghepardi sono gli animali** terrestri più veloci del mondo. Vivono nella savana e nei deserti dell'Africa, del Medio Oriente e dell'Asia occidentale. Sebbene una femmina possa partorire 4-6 piccoli per cucciolata, solo uno su 20 sopravvive fino all'età adulta.
- **I puma sono diffusi** in una vasta gamma di habitat, dalla punta meridionale dell'America del Sud fin su a nord, in Alaska. Tra i grandi felini, i puma sono considerati i più eleganti.
- **Di tutti i grandi felini**, i giaguari sono quelli che più amano l'acqua. Abitano le zone paludose dell'America centrale e del bacino amazzonico.
- **I leopardi sono probabilmente** i più comuni tra i grandi felini. Cacciano, prevalentemente di notte, tutto ciò che trovano, compresi gli scarabei stercorari.
- **Sono circa 37 le specie** di felini nel mondo e 300 le razze di gatti domestici (da compagnia). La maggior parte dei grandi felini è a rischio di estinzione.

Pipistrelli

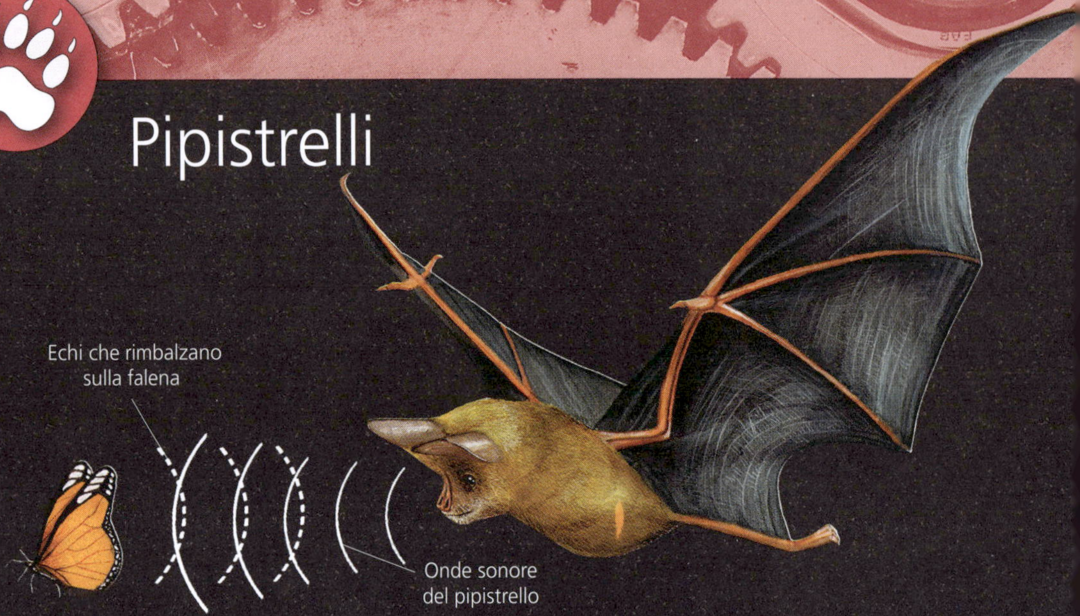

▲ *I pipistrelli emettono con la bocca o il naso suoni ad alte frequenze, simili a dei clic. Il suono colpisce un insetto e torna indietro alle orecchie del pipistrello fornendogli informazioni relative alla posizione e alla dimensione dell'insetto.*

- **Poche persone** riescono a vedere i pipistrelli, perché in genere volano di notte, spesso in fitte foreste o habitat boschivi. Eppure, tra tutte le specie di mammiferi, circa una su cinque è un pipistrello. Si trovano un po' ovunque, tranne nei luoghi più freddi della Terra. Per lo più sono piccoli e si nutrono di altre creature volanti come le falene.
- **I pipistrelli si dividono** in due grandi gruppi. Il più numeroso, quello dei microchirotteri, comprende cacciatori notturni che usano l'ecolocalizzazione per trovare una preda.
- **I pipistrelli hanno artigli** a forma di uncino con cui si aggrappano a rami o sporgenze di roccia. Di solito rimangono appollaiati a testa in giù, stretti l'uno all'altro per scaldarsi e proteggersi, avvolgendo per sicurezza il proprio corpo con le ali e anche per preservare il calore corporeo.
- **Molti dormono**, di giorno, in luoghi riparati (cavità di alberi o grotte), altri all'aperto, sui rami degli alberi o su pareti rocciose. Si proteggono dai predatori mimetizzandosi o stando immobili.

- **Le ali dei pipistrelli** sono costituite da un doppio strato di pelle che forma una membrana chiamata patagio, che si estende tra il collo e gli arti superiori e inferiori.
- **I pipistrelli della frutta**, che appartengono al gruppo dei megachirotteri, hanno musi allungati che ricordano quelli di un cane o di una volpe, per questo vengono comunemente chiamati volpi volanti. La maggior dei pipistrelli se ne sta appesa sugli alberi durante il giorno sbattendo le ali per tenersi fresca.
- **Molti pipistrelli tropicali** che si nutrono di nettare e polline sono grandi impollinatori di piante e di alcuni alberi. Portano il polline da una pianta all'altra quando entrano negli alberi per mangiare.
- **I pipistrelli dalla coda libera messicani** formano le colonie più grandi, più di qualsiasi altro simile o di altri animali. In una sola grotta possono radunarsi fino a 10 milioni di individui.
- **Ci sono oltre 130 tipi** di pipistrelli della frutta tra Africa, Asia e Australia. Il pipistrello della frutta dal muso striato è lungo circa 20 cm e ha un'apertura alare di 40-45 cm.
- **I microchirotteri** hanno grandi orecchie, occhi piccoli e spesso un naso bizzarro (da cui il soprannome "foglia dal naso"), che ha un ruolo fondamentale per l'ecolocalizzazione.

▶ *Il pipistrello vampiro si nutre di sangue. Di notte va in cerca di una vittima e usa i suoi denti aguzzi per radere via una piccola parte di carne, poi lappa con la lingua il sangue che cola dalla ferita.*

Primati

LO SAPEVI?

Le scimmie ragno (ateli) usano le loro code prensili per appendersi sui rami bassi e bere.

- **I primati antropomorfi** sono parenti stretti delle scimmie e a loro volta nostri. In proporzione al corpo, la testa e il cervello sono grandi. Sono privi di coda, hanno arti anteriori più lunghi rispetto ai posteriori e visione frontale.
- **I primati antropomorfi** si dividono in due gruppi: grandi scimmie (gorilla, scimpanzé e oranghi) e scimmie minori (gibboni).
- **Come altri primati**, gli scimpanzé seguono una dieta prevalentemente vegetariana, ma mangiano anche termiti, formiche e bruchi e a volte gruppi di maschi si uniscono per cacciare altri animali, come piccoli cervi o uccelli.
- **Rispetto agli altri primati**, i gibboni sono quelli che hanno le braccia più lunghe. Se ne stanno appesi anche a un solo braccio. Sono parenti più vicini degli oranghi che di scimpanzé o gorilla.
- **Creature sempre indaffarate, attive e curiose**, le scimmie saltano sugli alberi ed emettono una serie di urla e suoni striduli. Gran parte vive in gruppi sociali spesso guidati da un maschio dominante. Sono intelligenti, imparano in fretta e hanno buona memoria.

◄ *Le scimmie titi hanno mantello grigio, mangiano larve, frutta e altri vegetali. Popolano la regione del bacino amazzonico dell'America del Sud.*

▶ *In alto tra le chiome degli alberi della foresta, scimmie ragno dalla mano nera dondolano tra i rami appese con una mano, un piede o anche per la coda.*

- **Ci sono scimmie** del Vecchio e del Nuovo Mondo. Le prime (originarie da Africa e Asia) sono parenti più strette dei primati antropomorfi e hanno musi abbastanza piatti. Le scimmie del Nuovo Mondo (dalle Americhe) hanno lunghe code prensili e volti allungati.
- **Le scimmie si muovono** di solito sui quattro arti, ma possono sedersi e persino camminare su due piedi, cosa che permette loro di avere le braccia libere per raccogliere cibo, spulciarsi e badare ai piccoli.
- **Lemuri, lori e ayè-ayè** hanno caratteri più primitivi delle scimmie e dei primati antropomorfi e fanno parte delle proscimmie, un gruppo a sé. Questi mammiferi hanno il muso appuntito e un olfatto incredibilmente sviluppato.
- **I lemuri** vivono sull'isola del Madagascar, separati dalla terraferma africana dal canale del Mozambico, largo 300 km. Qui si sono evoluti in modo isolato in numerose specie grazie al fatto di non avere competizione da parte di scimmie o altri primati.

Mammiferi marini

▲ *Le foche comuni, dette anche vitelli marini, sono le più diffuse e numerose.*

- **Foche, leoni marini e trichechi** appartengono al gruppo dei mammiferi pinnipedi. La forma dei loro corpi ricorda quella delle pallottole, che consente loro di muoversi liberamente in acqua.
- **Questi mammiferi sono ricoperti** di peli fini e impermeabili, hanno uno spesso strato di grasso sottocutaneo che li mantiene caldi e serve come riserva di energia per i periodi in cui c'è scarsità di cibo.
- **I pinnipedi trascorrono** gran parte della loro vita in acqua, ma stanno sulla terraferma nel periodo dell'accoppiamento, dove faranno ritorno al momento di partorire, 8-15 mesi dopo.
- **Il tricheco è, tra i pinnipedi**, l'esemplare più grande dopo l'elefante marino. Vive sulle coste artiche e nuota grazie agli arti che hanno forma di pinne. Le zanne del tricheco sono canini molto lunghi: misurano anche 1 m.
- **Quando una foca si tuffa** in profondità, rallenta il respiro e il battito cardiaco – dai 55-120 battiti al minuto a 4-15 –, così ha meno bisogno di ossigeno e può rimanere immerso più a lungo.

1 Il capodoglio affiora, quindi inspira ed espira energicamente più volte

2 A questo punto raddrizza il corpo e scompare sott'acqua

3 Riappare in superficie e inizia a inarcare la schiena

LO SAPEVI?

Il più grande branco di mammiferi del mondo è composto da circa 1,5 milioni di callorini dell'Alaska, che si riproducono su due isole nel Pacifico.

- **Balene, delfini e focene** fanno parte del gruppo di mammiferi chiamati cetacei. Sembrano molto diversi dai mammiferi che vivono sulla terra, ma hanno tutti le caratteristiche tipiche dei mammiferi, per esempio respirano l'aria, partoriscono i piccoli e li nutrono di latte.
- **Alcune balene comunicano** con una gamma di suoni che gli umani non riescono a sentire. I maschi delle megattere producono "canti" elaborati della durata di anche 20 minuti, forse per corteggiare le femmine.
- **Quasi tutti i delfini** vivono in mari o oceani, ma ci sono anche i delfini di fiume, che si sono adattati alla vita in acqua dolce. Sono creature timide di cui si sa poco.
- **Alcuni delfini e balene** usando l'ecolocalizzazione per catturare le prede, cioè emettendo dei suoni e ascoltando l'eco per trovarle.
- **Le orche**, o balene assassine, lunghe anche 9 m, sono grandi predatori nelle acque profonde. Appartengono alla famiglia dei delfini.

▼ *Il capodoglio è la balena che si immerge più in profondità di tutte. Può eseguire questa sequenza di movimenti ogni volta che si tuffa nelle profondità fredde e buie dell'oceano.*

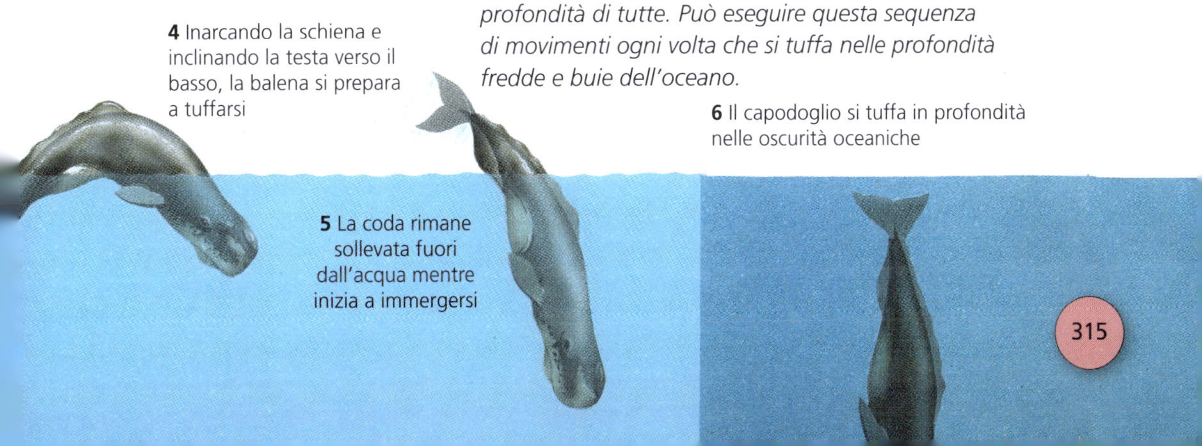

Marsupiali e monotremi

▶ *Appena nati, i canguri, nudi e lunghi appena pochi centimetri, aggrappandosi al pelo della pancia della mamma raggiungono subito la tasca, all'interno della quale continueranno a crescere per 6-8 mesi.*

Monotremi e marsupiali sono tra gli animali più bizzarri. I monotremi sono gli unici mammiferi che depongono le uova (ovipari), di cui ci sono solo tre specie: ornitorinco, echidna e zaglosso. I marsupiali nascono minuscoli e non del tutto sviluppati. Si contano quasi 300 marsupiali diversi, tra cui canguri e opossum.

Molti marsupiali terminano il loro sviluppo dentro la tasca della madre, dove rimangono attaccati a un capezzolo, succhiando il latte. I marsupiali piccoli, tra cui alcuni opossum, non hanno tasca.

Un cucciolo di koala trascorre sei mesi nella tasca della madre e altri sei attaccato alla sua schiena. I koala adulti passano anche diciotto ore al giorno a dormire. Quando non dormono, mangiano, di solito foglie di eucalipto.

Il vombato ha una tasca che si apre verso il basso, così i piccoli sono protetti dalla terra che vola mentre la mamma scava. Sono animali dai corpi tozzi e muscolosi, perfetti per scavare: le loro gallerie possono essere lunghe anche 200 m.

La Tasmania, una piccola isola al largo della costa meridionale dell'Australia, ospita il più grande carnivoro marsupiale vivente: il diavolo della Tasmania. Questa creatura caccia di notte e si nutre di carne di ogni tipo, morta o viva, compresi insetti, opossum e wallaby.

Ci sono più di 60 specie di opossum, tutte diffuse nelle Americhe. Quasi tutte hanno le dimensioni di un gatto domestico, o anche più piccole, e mangiano cibo di vario genere, tra cui frutta, insetti e uova.

L'ornitorinco a becco d'anatra ha le zampe palmate e trascorre molto tempo in acqua. Le femmine depongono le uova in una tana vicino alla riva del fiume. Quando si schiudono, la mamma secerne del latte che il piccolo lecca attraverso il pelo dell'addome materno.

Le echidne, chiamate anche formichieri spinosi perché sono ricoperte di aculei, mangiano formiche, termiti, vermi e larve. Si sono adattate a vivere in una vasta gamma di habitat tra cui boschi, deserti, montagne e praterie in Australia e Nuova Guinea.

▶ *L'ornitorinco a becco d'anatra vive tra fiumi e lanche. Di notte annusa il fango in cerca di vermi, molluschi e altri piccoli animali.*

Cos’è un uccello?

- **Gli uccelli sono vertebrati** (animali con colonna vertebrale) a sangue caldo. Le piume li tengono al caldo e li aiutano a volare. Camminano sulle due zampe posteriori, mentre gli arti anteriori si sono trasformati in ali. Tutti gli uccelli depongono le uova.
- **Le 9000 specie di uccelli** sono suddivise in circa 180 famiglie. Le specie di una famiglia condividono alcune caratteristiche, per esempio la forma del corpo.
- **Gli uccelli hanno una temperatura corporea** tra i 40 e i 44 °C, superiore a quella di altri animali a sangue caldo.
- **Le ossa degli uccelli** hanno una trama che ricorda un nido d’ape. Le ossa sono così leggere che rappresentano solo circa il 5 percento del peso corporeo totale.
- **I muscoli di un uccello** costituiscono il 30-60 percento del loro peso complessivo. I più grandi sono quelli del volo e delle gambe.
- **Lo scheletro delle ali** ha una struttura simile a quella di un braccio umano, ma le ossa del polso sono unite. Un uccello ha solo tre dita, non cinque.

◄ *Questo airone cenerino ha catturato un pesce, che inghiottirà intero dopo averlo girato in modo tale da farlo scivolare in gola a testa in giù.*

- **Le zampe di un uccello** hanno al massimo quattro dita. Alcuni uccelli ne hanno tre, lo struzzo solamente due. Anche la disposizione è diversa: i rondoni ne hanno quattro, tutte rivolte in avanti; nei passeri tre dita sono rivolte in avanti e una all'indietro; nei pappagalli due dita sono in avanti e due indietro.

- **Il becco** si compone delle ossa mascellari e mandibolari sporgenti, rivestite di una guaina cornea dura.

- **Molti uccelli** emettono versi grazie a uno speciale organo vocale nel collo chiamato siringe. Di solito i richiami sono brevi e striduli e avvertono di un pericolo. I canti sono più lunghi e melodiosi. Gli uccelli hanno un'innata capacità di cantare e di imitare altri uccelli.

- **Corvi e piccioni** sanno fare somme semplici. Pappagalli, pappagallini e minah riescono a imitare il linguaggio umano (anche se non è lo stesso che parlare), e alcuni pappagalli possono dire il nome degli oggetti e anche contarli.

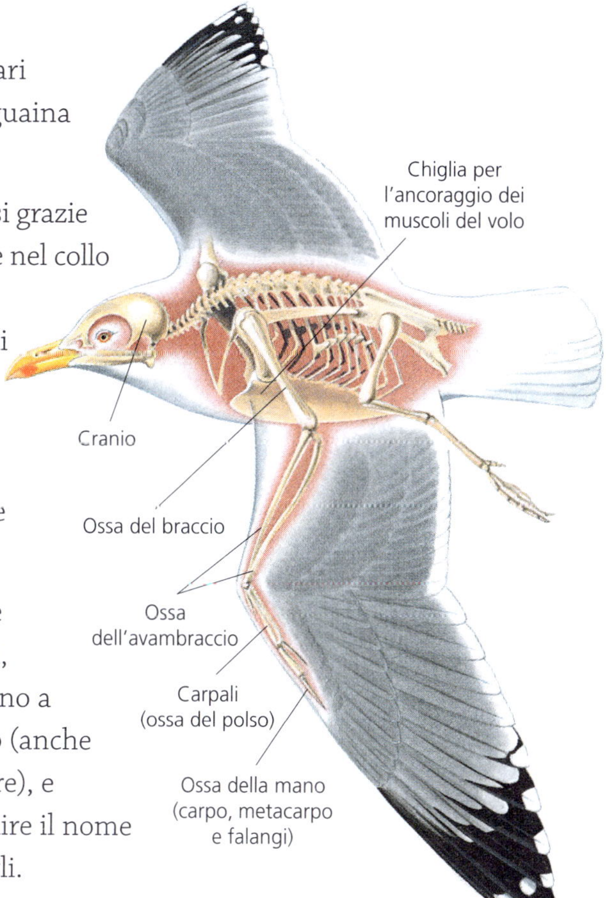

▲ *L'ala di un uccello e il braccio di un mammifero si sono evoluti dallo stesso arto. Le ossa dell'ala formano un sistema di leve azionato dai muscoli.*

Uccelli canori

- **Quasi la metà di tutte le specie** di uccelli viventi è costituita da uccelli canori tra cui passeri, tordi, fringuelli, cince, rondini e corvi. Hanno zampe dotate di quattro dita con cui si appollaiano (l'alluce punta all'indietro). I canti dei maschi sono lunghi e complessi nel periodo del corteggiamento o se devono difendere il territorio.
- **Di solito un uccello canta** per avvertire gli altri uccelli di stare alla larga dal suo territorio, luogo in cui vive e si nutre.
- **I merli sono visitatori entusiasti** delle mangiatoie. Spesso i loro cori sono i primi dell'alba. Amano appollaiarsi in alto su un albero o un tetto e intonare il loro canto dolce e melodioso.
- **Il luì grosso** è pieno di energia e sempre in movimento. Mentre si procura gli insetti o cerca cibo, si muove sbattendo le ali tra le foglie di alberi o cespugli e canta malinconico, ma intonato.
- **I manachini sono piccoli uccelli canori** diffusi in America centrale e meridionale. Ce ne sono più o meno 57 specie.
- **In Europa il fringuello** è il più comune della famiglia dei fringillidi. Il suo è un canto allegro e piacevole.

◄ *Il maschio dell'ittero di Baltimora ha piume dai vivaci colori, arancioni e nere.*

▲ *Il tordo bottaccio costruisce il suo nido a forma concava con ramoscelli secchi foderati di fango e legno bagnato, tenuti insieme dalla saliva. La femmina vi depone 4-5 uova bluastre e chiazzate.*

- **La tordela è il più grande** dei turdidi britannici. Canta dalle cime degli alberi in caso di cattivo tempo.
- **Negli Stati Uniti** si contano oggi fino a 150 milioni di passeri domestici.
- **Le allodole hanno un volo particolare**, irregolare, che accompagna il loro caratteristico canto.
- **Le 43 specie di vireoni** sono diffusi in America del Nord, del Centro e del Sud. Questi uccelli canori hanno dimensioni comprese tra i 10 e i 16 cm.

Uccelli tropicali

▼ *La foresta pluviale tropicale ospita più specie di uccelli di qualsiasi altro habitat. Molti di quelli che vivono nello strato superiore (baldacchino) hanno colori incredibilmente vivaci. Il sottobosco è popolato di uccelli selvatici e piccoli insettivori.*

1 *Aquila arpia*
2 *Quetzal*
3 *Ara scarlatta*
4 *Gallo selvatico*

- **Le foreste pluviali sono popolate** da una varietà di uccelli maggiore di qualsiasi altro habitat al mondo. Il clima è caldo tutto l'anno e alberi e piante forniscono cibo in abbondanza e luoghi sicuri in cui nidificare. Gli uccelli vivono tra gli alberi a livelli diversi, per evitare di doversi contendere le stesse risorse.
- **I pappagalli** sono tra gli uccelli più vivaci, curiosi e intelligenti. Un pappagallo classico ha piume colorate, testa e occhi grandi e un becco robusto e uncinato che gli serve per schiacciare anche i semi più duri.
- **Ci sono circa 350 specie** nella famiglia dei pappagalli, tra cui are, pappagallini, lori e cacatua. Sono diffusi in America centrale e meridionale, in Africa, in Asia meridionale e in Australasia.
- **Il disegno delle piume** ai lati della faccia rosso-verde dell'ara è straordinario: non vi sono due esemplari identici.
- **I cacatua hanno una caratteristica cresta** di piume sulla testa, che alzano quando sono preoccupati o eccitati.
- **Colorato e con una lunga coda**, il quetzal vive in America centrale. Era considerato sacro dalle antiche civiltà maya e azteca, ed è l'uccello nazionale del Guatemala.
- **L'ara scarlatta** è uno dei più grandi pappagalli del mondo. Si muove in stormi di una ventina di esemplari, che stridono rumorosamente mentre volano tra gli alberi mangiando frutta e foglie.
- **Come le altre 41 specie** nella famiglia dei paradiseidi, l'uccello del paradiso vive prevalentemente nella foresta pluviale. Durante l'accoppiamento, il maschio inscena una coreografia spettacolare sollevando le ali e agitandole veloci su e giù come un ventaglio.

Uccelli acquatici

LO SAPEVI?
Le oche facciabianca emettono richiami simili all'abbaiare e al guaire di piccoli cani che combattono.

- **Una grande varietà di uccelli** vive in zone umide: aironi, cicogne, pellicani, svassi, martin pescatori e anatre. L'acqua è un'ottima fonte di cibo e i canneti e le sponde dei corsi d'acqua offrono luoghi sicuri in cui nidificare.
- **Come la maggior parte degli aironi**, l'airone cenerino si nutre di pesci e rane, che cattura trafiggendoli in un colpo solo con veloci movimenti del becco.
- **Il fenicottero rosa** vive in enormi stormi intorno a laghi e delta in Europa, Asia e in alcune zone dell'Africa, dei Caraibi e dell'America centrale.
- **I martin pescatori preparano il loro nido** in gallerie lungo le sponde dei fiumi. Con i potenti becchi, un maschio e una femmina sono in grado di scavare un tunnel lungo anche 60 cm e costruire, in fondo, una camera di nidificazione.
- **Nel mondo ci sono oltre** 100 specie di anatre, ma non in Antartide.
- **L'anatra di torrente** vive in corsi d'acqua veloci nelle Ande (America del Sud). Gli anatroccoli sgusciati dalle uova si tuffano subito nelle acque vorticose.

▲ *Le lunghe zampe permettono a un fenicottero di camminare nell'acqua salata senza provocare danni al piumaggio. I fenicotteri usano i piedi per sollevare il fango e nutrirsi degli animali che vivono sul fondale.*

Quasi tutti i cigni sono bianchi, eccetto quelli neri australiani. A causa del loro insolito colore, alcuni sono stati portati in laghi e stagni di altri Paesi per creare un contrasto scuro con i bianchi locali.

Molti uccelli pescano il cibo dalle acque degli oceani, ma per riposare o riprodursi si spostano a riva. Gli uccelli marini hanno piume impermeabilizzate, piedi palmati e becchi affilati con cui catturano i pesci. Nidificano in colonie sulle scogliere per proteggere i piccoli dai predatori.

La famiglia degli alcidi comprende 22 specie di uccelli in grado di immergersi, tra cui le urie, le pulcinelle di mare e le gazze marine. Vivono nel Pacifico settentrionale, nell'Atlantico e nel Mar Glaciale Artico.

La sula, appena individua la preda mentre sorvola l'oceano, si lancia in picchiata nel mare da un'altezza di anche 30 m per catturare un pesce. Ali ripiegate all'indietro e collo e becco dritti in avanti, si tuffa come un bombardiere.

◄ *Le pulcinelle di mare nidificano in tane. Molti altri uccelli si spintonano per contendersi un po' di spazio sulle alte sporgenze delle scogliere, loro invece scavano una tana, dove depongono un solo uovo. Entrambi i genitori nutrono il piccolo durante le prime sei settimane di vita.*

Uccelli rapaci

- **Alcuni dei più grandi** e feroci uccelli predatori sono rapaci. Hanno zampe potenti dotate di lunghi artigli affilati con cui catturano la preda, e un becco appuntito e ricurvo per strappare via pezzi di carne. Hanno occhi grandi e cacciano sfruttando la loro vista estremamente sviluppata.

▲ *I gheppi si nutrono di mammiferi di piccola taglia come arvicole, coleotteri, vermi e piccoli uccelli. Hanno una vista straordinaria: sono in grado di individuare un coleottero da una distanza di 50 m.*

- **Tra gli uccelli più potenti** c'è l'aquila di mare di Steller, con un'apertura alare di 2,4 m e un becco imponente, con cui stacca la carne da pesci, foche morte e balene spiaggiate.
- **Il falco della regina** è specializzato nella caccia di uccelli piccoli. Si riproduce insolitamente tardi, a fine estate, in colonie su isole rocciose nel Mar Mediterraneo.
- **Lo sparviero caccia** prevalentemente altri uccelli di varie dimensioni, dalle cince ai fagiani.
- **La poiana sciacallo caccia** soprattutto in zone montagnose. A volte la si vede librarsi sulle correnti d'aria in cerca di piccoli mammiferi, uccelli e serpenti.
- **Il capovaccaio ruba** le uova degli uccelli, poi le rompe facendole cadere a terra o lanciando loro addosso dei sassi.

LO SAPEVI?

Il succiacapre che vive nel deserto è l'unico uccello conosciuto ad andare in letargo. Trascorre l'inverno in una fenditura di roccia o sotto un arbusto.

- **Le aquile calve mangiano** carogne (animali morti) e cacciano piccoli uccelli e pesci. Si contendono il cibo con altri rapaci, rubandolo o combattendosi tra loro.
- **Le circa 150 specie di gufo** conosciute si trovano in molte zone del mondo, a eccezione dell'estremo Nord, della Nuova Zelanda e dell'Antartide. Circa 80 specie cacciano soprattutto di notte.
- **Gli occhi grandi e rivolti in avanti** consentono a un gufo, mentre vola e va a caccia di prede, di valutare con precisione le distanze.
- **Il gufo ha un buona visione notturna** grazie agli enormi occhi, ma l'udito è ancora migliore: è quattro volte più sensibile di quello di un gatto.

▶ L'aquila delle Filippine ha un'apertura alare di oltre 2 m ed è un cacciatore eccezionale, capace di catturare prede come i colughi delle Filippine (detti anche lemuri volanti) mentre planano a mezz'aria.

Pesci

- **I pesci sono vertebrati** a sangue freddo che respirano attraverso le branchie, e i cui corpi sono solitamente ricoperti di squame. Si contano più di 21.000 specie di pesci.
- **I pesci d'acqua dolce vivono** nelle acque di laghi e fiumi, mentre i pesci marini popolano le acque salate di mari e oceani.
- **Quasi il 75 percento** di tutti i pesci del mondo si trova nei mari e negli oceani. I più grandi e veloci, come il pesce spada, vivono in prossimità della superficie dell'oceano, lontano dalla terra.
- **Pesci veloci** come il marlin, il tonno e il wahoo hanno corpi allungati e snelli che si restringono verso la coda. La spinta (la forza per muoversi in avanti) gliela dà la coda, che scuotono a destra e a sinistra grazie ai grossi fasci di muscoli presenti su entrambi i lati del corpo.
- **I muscoli rappresentano** circa il 70 percento del peso di un pesce. Un pesce usa le sue pinne per mantenere la posizione. La pinna caudale, per esempio, funge da timone.
- **La gran parte dei pesci** ha una serie di pinne che li aiuta a nuotare e a fendere l'acqua. Sul dorso hanno le pinne dorsali. Nella parte bassa si trovano, verso la testa, le pinne pettorali, e verso la coda quelle pelviche. Sempre da quella parte, proprio davanti alla

◀ *È molto difficile misurare la velocità massima dei grandi e veloci pesci oceanici, ma sembra che il pesce vela raggiunga velocità pari a 100 km/h.*

coda, c'è la pinna anale. La coda si chiama anche pinna caudale.

I pesci hanno varie forme e in genere sono queste a determinare il loro modo di muoversi. I pesci piatti hanno, lo dice il nome, corpi piatti, sagomati più per sdraiarsi sui fondali che per nuotare. Le anguille hanno corpo allungato e serpentiforme e nuotano con andamento sinusoidale (come un serpente), usando poco le pinne: per andare all'indietro invertono i loro contorcimenti.

Le branchie sono come polmoni esterni. Hanno la stessa struttura spugnosa, ma sono fuori del corpo, a contatto con l'acqua. L'acqua entra dalla bocca del pesce e viene assorbita dalle branchie, che hanno una membrana sottile e fitta di capillari sanguigni. L'ossigeno passa dall'acqua al sangue attraverso le branchie, così il pesce può "respirare". Ormai priva di ossigeno, l'acqua fuoriesce dalle fessure ai due lati posteriori della testa.

▶ *L'anguilla cresce anche 3 m. Priva di pinna caudale separata, ha un'unica lunga pinna che la avvolge a partire dal dorso fino alla parte inferiore. Non ha molta resistenza quando nuota e preferisce trascorrere il tempo nascosta in anfratti rocciosi e grotte.*

Pesci tropicali e abissali

- **Le barriere coralline si trovano** in acque calde e poco profonde, di solito in una zona entro i 30 gradi a nord e sud dell'Equatore. Ospitano una grande varietà di pesci dai colori vivaci e molti altri animali marini come molluschi, crostacei, anemoni e spugne.
- **La sabbia fine e argentata delle barriere coralline** viene in realtà da pesci come il pesce pappagallo che gratta via pezzetti di corallo roccioso, lo tritura, lo ingerisce e lo espelle sotto forma di sabbia.
- **Il pesce pagliaccio vive** riparato tra i tentacoli degli anemoni di mare, che lo protegge dai predatori. Il pesce restituisce il favore tenendo puliti i tentacoli del suo ospite.
- **I ghiozzi delle acque tropicali** tendono ad avere colori più vivaci di quelli delle acque fredde: impossibile non vederlo tra i coralli.
- **I piccoli pesci pulitori** vengono "pagati" per fare le pulizie: si nutrono infatti dei parassiti annidati intorno agli occhi e alle branchie di pesci più grandi come cernie e murene.

Nei fondali delle profondità oceaniche non c'è praticamente luce. Laggiù, alcune creature hanno enormi occhi per scrutare nell'oscurità. Altri trovano cibo basandosi soprattutto sull'olfatto e sul tatto, o avvertendo i deboli impulsi elettrici che i muscoli delle loro prede emettono in acqua mentre nuotano.

C'è penuria di prede nelle vaste tenebre degli abissi marini, quindi pesci come l'anguilla pellicano, con le loro enormi bocche, ghermiscono tutto ciò che trovano. Paragonata ad altri pesci degli abissi, questa anguilla, con i suoi 60 cm di lunghezza, è un gigante.

Si conoscono circa 1500 pesci diversi che negli abissi emettono bagliori luminosi. La luce non alletta solo la preda, serve anche a confondere i predatori.

L'intero corpo del pesce lanterna brilla, mentre invece i draghi di mari hanno fianchi e ventre punteggiati di organi luminosi. L'addome dello squalo tagliatore emette un bagliore spettrale.

Il pesce tripode vive più in profondità di altri, 6000 m sotto la superficie dell'acqua. "Cammina" sul morbido fango del fondale marino su tre raggi rigidi, prolungamenti delle pinne caudali e ventrali. Probabilmente mangia piccoli gamberi e altri crostacei.

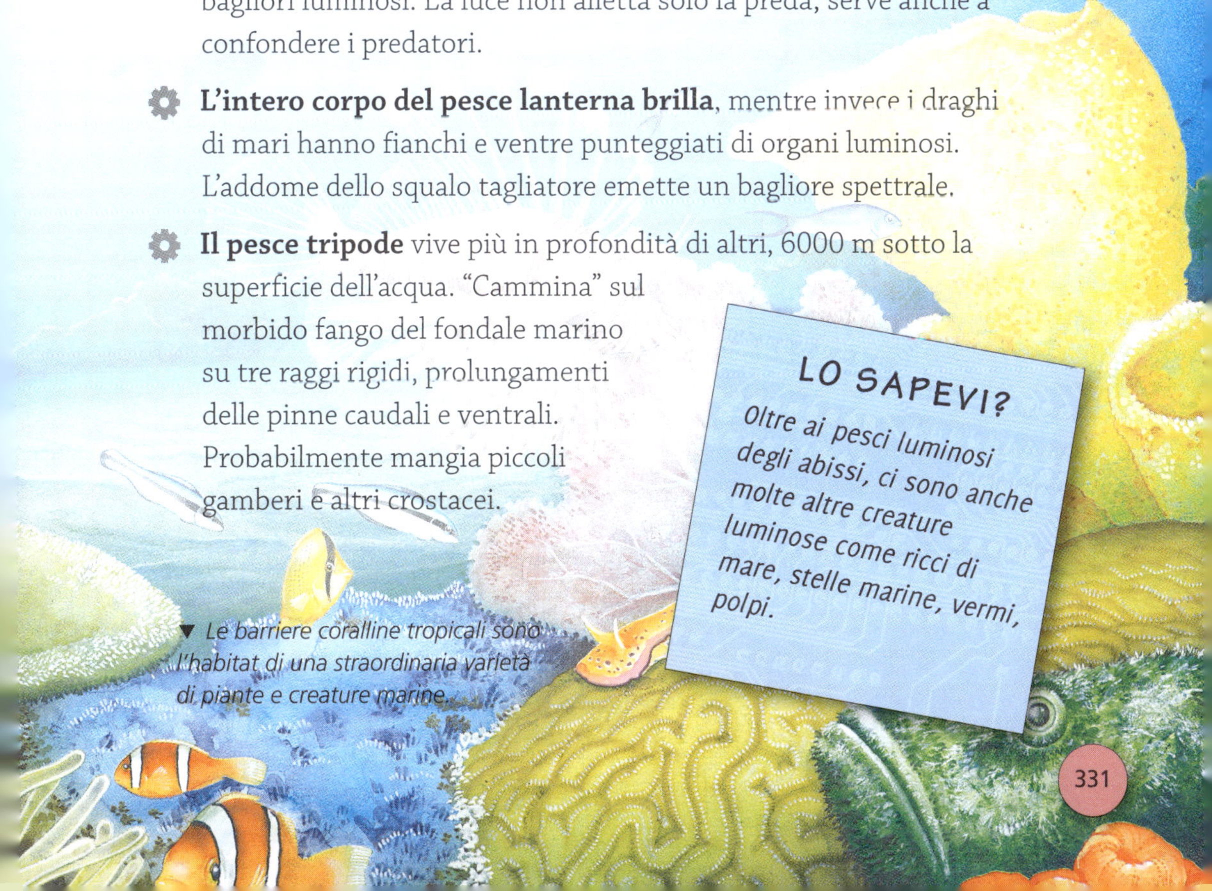

▼ *Le barriere coralline tropicali sono l'habitat di una straordinaria varietà di piante e creature marine.*

LO SAPEVI?

Oltre ai pesci luminosi degli abissi, ci sono anche molte altre creature luminose come ricci di mare, stelle marine, vermi, polpi.

Squali e razze

- **Squali e razze** appartengono al gruppo dei pesci cartilaginei: oltre 400 specie popolano gli oceani di tutto il mondo. Alcuni squali, come lo squalo toro, sopravvivono anche in acqua dolce.
- **Molti squali** hanno corpi aerodinamici, a forma di siluro, che li rendono ottimi nuotatori. La potenza dei loro movimenti deriva però in buona parte dalle grandi pinne caudali.
- **La pelle di uno squalo** non è coperta da squame lisce come quella dei pesci ossei, è rivestita invece da minuscole strutture simili a denti chiamate dentelli dermici, o scaglie placoidi, che rendono la pelle ruvida come carta vetrata.
- **Gli squali sono i principali predatori** dell'oceano. Hanno un'abilità particolare nel localizzare le prede. Il grande squalo bianco, il cacciatore più temuto di tutti, fiuta la presenza di una sola goccia di sangue in 100 litri di acqua.
- **Molti squali** hanno un olfatto straordinario. Sembra che un terzo del cervello sia dedicato alla rilevazione degli odori.

▼ *Uno squalo ha uno scheletro con cranio, arco branchiale e colonna vertebrale come altri pesci: non è di osso, ma di cartilagine, che è resistente, leggera e abbastanza flessibile.*

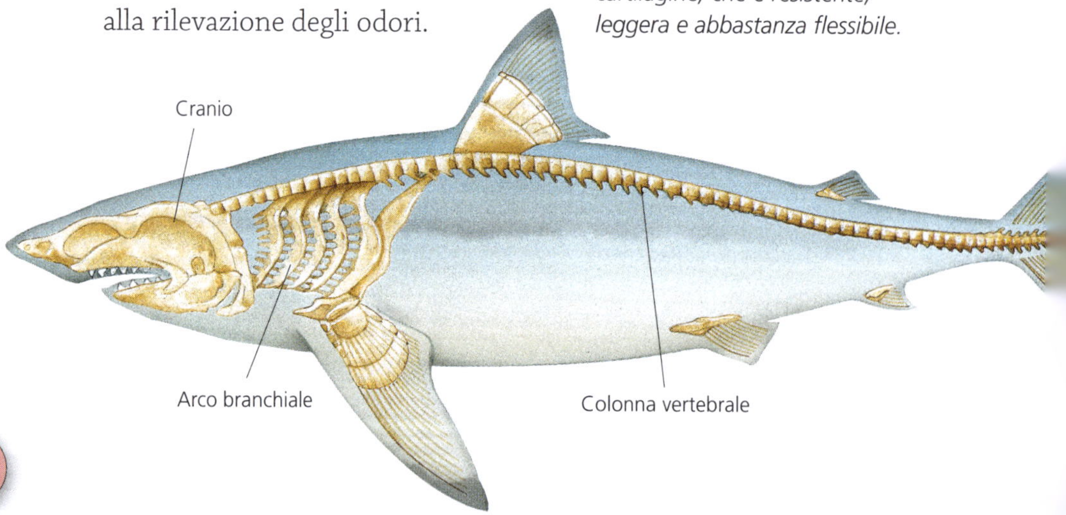

▶ *Le razze, come la pastinaca, nuotano muovendo su e giù le carnose pinne pettorali come fossero ali, anzi, sembra proprio che lo siano.*

- **L'arma più potente** di uno squalo sono i suoi denti: può averne fino a 3000, disposti su tre file, ma gli basta la prima fila per sferrare il colpo iniziale con cui di solito ferisce o uccide la preda.

- **Gli squali non hanno padiglioni auricolari** esterni. Le orecchie si trovano all'interno della testa, su entrambi i lati della scatola cranica, ed entrambe conducono direttamente a una piccola apertura nella pelle della testa. Si ritiene che gli squali possano sentire dei rumori anche a 250 m di distanza.

- **Una rete di canali** pieni di liquido scorre lungo entrambi i lati del corpo dello squalo, dalla testa alla coda. È il sistema della linea laterale, che aiuta il pesce a percepire piccole vibrazioni nell'acqua.

- **Il più grande predatore** del mondo è il grande squalo bianco, e grande lo è senza dubbio, con i suoi 6 m di lunghezza e il peso che supera la tonnellata. Hanno una reputazione terribile e sono noti per attaccare gli umani.

LO SAPEVI?

Lo squalo più piccolo è lo squalo lanterna nano, lungo appena 20 cm. È così minuto che, raggomitolato, starebbe nel palmo di una mano.

- **Gli squali balene** sono i pesci più grandi del mondo. La lunghezza media è di circa 14 m, ma si dice che possano superare i 18 m.

Cos'è un rettile?

▶ *Esistono oltre 700 specie di iguanidi, quasi tutte diffuse nelle Americhe. Come la maggior parte dei rettili, nascono dalle uova.*

- **Lucertole, coccodrilli, cheloni, tuatara e serpenti** sono rettili. La pelle sembra viscida, e invece è secca e impedisce la perdita d'acqua, per questo i rettili sono, nei deserti, un gruppo dominante di animali.
- **L'epidermide dei rettili è composta** da squame di cheratina, lo stesso tipo di materiale delle unghie di mani e piedi degli umani.
- **Le squame possono essere** rilevate o appiattite e a volte formano una sorta di spesse placche cornee. In alcune specie la pelle contiene placche ossee chiamate osteodermi.
- **Tutti i rettili perdono lo strato più esterno della pelle** per sostituire le squame. I serpenti lo cambiano tutto in un'unica volta, mentre nelle lucertole, nei coccodrilli, nei cheloniani e nei tuatara la pelle vecchia viene via a scaglie o a pezzi.
- **Diversamente da mammiferi e uccelli**, le zampe di un rettile sostengono il corpo dai lati, così l'andatura è un po' scomposta.

- **Lucertole, serpenti e cheloniani** hanno nel palato, sotto la cavità nasale, un organo chiamato vomeronasale, o di Jacobson, che consente loro di "assaggiare" l'aria.
- **I gechi** non possono sbattere le palpebre perché non le hanno. Hanno invece una squama trasparente chiamata occhiale.
- **Molte lucertole**, comprese le iguane, possono vedere i colori, fatto importante che consente loro di riconoscere maschi e femmine. Le iguane comunicano usando le creste colorate e ornamentali che hanno su testa e dorso e le giogaie sulla gola.
- **Di solito si riesce a capire dagli occhi** se un rettile è attivo di giorno o di notte. Se la pupilla è una fessura che si chiude quasi completamente alla luce del sole, il rettile è notturno. Una pupilla larga e rotonda significa invece che è attivo di giorno.
- **Il tuatara** è l'unico sopravvissuto di un gruppo di animali che si estinse 60 milioni di anni fa, e nessuno sa perché si sia salvato mentre gli altri sono scomparsi. Ci sono due specie di tuatara, distribuiti su una trentina di isole al largo della Nuova Zelanda.

▶ *Ogni zampa di geco ha circa 500.000 piccoli peli e ciascuno di questi ha, sulla punta, migliaia di microscopici, potenti "adesivi" che gli consentono di camminare su ogni tipo di superficie, anche verticale.*

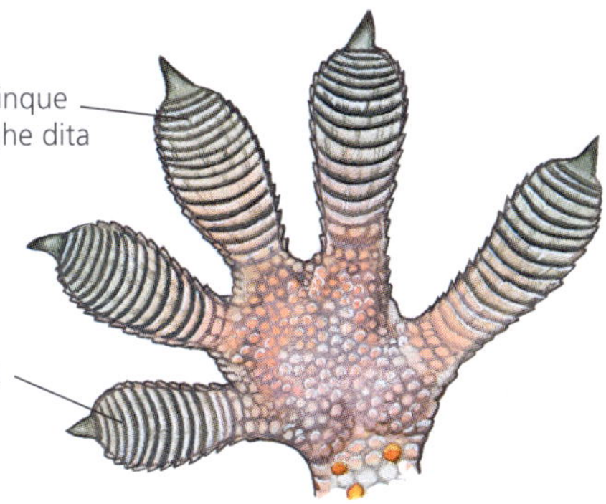

Testuggini e tartarughe

- **Tutti i cheloniani terrestri**, noti come testuggini, hanno quattro arti, un guscio e una bocca priva di denti con un becco corneo. Il guscio è diviso in due parti: lo scudo sul dorso del rettile si chiama carapace, mentre la parte piatta della pancia è il piastrone. Le testuggini hanno un guscio alto e a cupola, difficile da mordere o da schiacciare per i predatori.
- **Il guscio è composto** da due strati: uno interno di piastre ossee rivestito da uno strato esterno di placche cornee di cheratina, gli scuti.
- **Le costole dei cheloniani** si sono fuse al carapace, quindi non possono muoversi per fare entrare aria nei polmoni. Sono dei muscoli specifici nella parte superiore delle zampe a pompare aria nei polmoni, così il rettile può are.
- **La maggior parte delle testuggini** è prevalentemente erbivora: mangia foglie e frutti di piante, ma a volte anche piccoli animali come i bruchi.
- **La testuggine gigante delle Galapagos**, la più grande del mondo, cresce fino a 1,2 m di lunghezza. Le dimensioni e la forma del guscio variano a seconda dell'isola dell'arcipelago dalla quale proviene.

◀ *Il guscio di una piccola tartaruga marina è piuttosto molle e offre poca protezione dai predatori.*

▲ *Le tartarughe sono placide e si muovono molto lentamente, con una velocità media di 0,2-0,5 km/h.*

- **In molte specie di cheloniani**, gli scuti sul guscio hanno "anelli di crescita" che mostrano ogni anno quanto sono cresciuti. Contarli aiuta a determinare l'età del cheloniano.
- **Le tartarughe d'acqua dolce** hanno piedi palmati dotati di artigli grazie ai quali possono muoversi bene sulla terraferma ma anche nuotare.
- **Alcune tartarughe d'acqua dolce** hanno gusci molli con orli flessibili che consentono loro di schiacciarsi sotto le rocce o in cavità per sfuggire ai predatori.
- **Le tartarughe marine** si nutrono, si accoppiano e dormono in mare. Le femmine si spostano sulla terraferma solo una volta all'anno, per deporre le uova. Usano le pinne per trascinarsi sulla spiaggia e depositare le uova in buche nella sabbia.
- **La tartaruga liuto** è il cheloniano più pesante del mondo. Gli adulti arrivano a 450 kg. Un esemplare arenatosi su una costa in Galles, nel Regno Unito, nel 1988, pesava più di 960 kg.

Loricati

- **I loricati sono grandi rettili** con corpi possenti, pelle spessa e mascelle potenti. Questi predatori semiacquatici popolano laghi, fiumi e lagune. Alcune specie si spostano verso il mare. Questo gruppo di rettili comprende coccodrilli, alligatori, caimani e il gaviale del Gange.
- **La maggior parte dei loricati** ha occhi e narici in cima alla testa, cosa che consente loro di muoversi inosservati sotto la superficie dell'acqua.
- **I loricati possono stare** parecchi minuti sott'acqua, addirittura ore. A volte conservano le prede sott'acqua, così il corpo della vittima inizia prima a decomporsi e diventa più facile farlo a pezzi.
- **Un coccodrillo del Nilo** può chiudere le mascelle con una forza devastante che arriva a 2000 kg per cm^2. I muscoli per aprire la bocca, invece, sono deboli. È incredibile, ma sembra che basti un elastico spesso per tenergli chiuse le mascelle.
- **Sulle rive fangose di un fiume**, i coccodrilli si muovono di solito strisciando sull'addome, con le gambe allungate ai lati. Sulla terraferma camminano a quattro zampe, il corpo sollevato da terra, a una velocità media di 2-4 km/h. Con la coda sollevata, possono addirittura fare brevi "galoppi", raggiungendo velocità di 18 km/h.
- **Il coccodrillo marino o estuarino** abita le regioni tropicali dell'Asia e del Pacifico. Con una lunghezza di 7 m e un peso massimo registrato di oltre 1 tonnellata, è il rettile più grande del mondo.
- **Rispetto alla gran parte dei rettili**, i loricati si prendono molta più cura della prole. Una mamma coccodrillo porta al sicuro, nella bocca aperta, i piccoli appena nati.

- **Gli alligatori hanno musi più larghi** dei coccodrilli. Quando la bocca è chiusa, il quarto dente della mascella inferiore è visibile in un coccodrillo, ma non in un alligatore.

- **I loricati comunicano** battendo la testa sulla superficie dell'acqua o schioccando le mandibole. Gli alligatori americani maschi ruggiscono rumorosamente nel periodo della riproduzione.

▶ *Nei loricati e nelle lucertole, gli organi sono posizionati simmetricamente nel corpo, con quelli doppi – polmoni, reni e ovaie – disposti fianco a fianco.*

Serpenti

- **Ci sono circa 3000** specie di rettili senza gambe, con corpi lunghi, sottili e muscolosi. Pur non avendo zampe o artigli, i serpenti sono cacciatori eccezionali, che sanno muoversi rapidamente e affrontando qualsiasi tipo di terreno. Sono scalatori esperti e molte specie nuotano bene.
- **Un serpente si muove** aggrappandosi al terreno o a un ramo con la sua pelle squamosa, e spingendosi in avanti con i muscoli connessi alle costole.
- **Un serpente deve ingoiare interamente** la preda, perché non ha denti posteriori grandi per schiacciare le vittime e non può masticare. Le ossa della mandibola possono però allontanarsi e allargarsi, consentendo al serpente di mangiare uova enormi o anche animali molto più grandi della sua testa. Un grosso serpente è in grado di inghiottire un maiale intero o perfino un cervo.
- **Di solito i serpenti** sono animali solitari che si incontrano solo per accoppiarsi. Tuttavia, alcune specie di serpenti si radunano in tane per ibernare insieme. Una tana di serpenti giarrettiera comuni, per esempio, può contenere centinaia o addirittura migliaia di individui.
- **I serpenti costrittori** includono boa, pitoni, anaconde, serpenti dei ratti e reali. Un costrittore uccide le sue vittime schiacciandole: si attorciglia attorno alla preda ed esercita gradualmente una pressione maggiore ogni volta che la preda espira, finché soffoca.
- **Boa e anaconda** sono i grandi costrittori dell'America del Sud. I boa cacciano stando in agguato, nascosti e immobili sotto gli alberi in attesa del passaggio di una vittima. Come altri serpenti, i boa possono stare settimane senza mangiare.

I denti (zanne) dei serpenti velenosi hanno una struttura particolare che permette loro di iniettare nelle prede il veleno: questo è un cocktail di sostanze chimiche (neurotossine) che agisce sulle cellule del sistema nervoso sottomettendo o uccidendo la vittima. Delle circa 700 specie di serpenti velenosi, solo una cinquantina ha un morso potenzialmente letale per l'uomo

LO SAPEVI?

Il ferro di lancia può avere tra i 60 e gli 80 piccoli, ognuno dei quali è in grado di infliggere un morso pericoloso.

▶ *Questo giovane pitone, crescendo, acquisirà gradualmente la sua caratteristica colorazione verde.*

Anfibi

La parola anfibio deriva dal greco *amphibios*, "dalla doppia vita". Si riferisce al fatto che questi animali possono vivere sia sulla terra sia in acqua. Rane, rospi, tritoni, salamandre e ceciliani sono tutti anfibi.

Gli anfibi hanno pelle nuda, senza peli o squame, che contiene delle ghiandole che producono secrezioni sgradevoli o addirittura tossiche (velenose) per i predatori.

L'ossigeno passa con facilità attraverso l'epidermide, cosa importante per gli anfibi adulti, perché quasi tutti respirano sia con la pelle sia con i polmoni.

Alcune salamandre non hanno polmoni e assorbono l'ossigeno solo attraverso la pelle e il tessuto di rivestimento della bocca. Se la pelle si secca, l'ossigeno non passa più e la salamandra muore.

Le larve degli anfibi respirano con branchie esterne dall'aspetto piumato. Alcune specie le mantengono fino all'età adulta, ma di solito le perdono durante la metamorfosi.

LO SAPEVI?

La salamandra pezzata, che si trova in Europa, Africa e Asia, si chiama così per il suo colore nero lucente con vivaci macchie gialle.

◀ *Le rane femmine depongono le uova in una massa gelatinosa, dentro o vicino a uno stagno o un ruscello. Come molti anfibi, le rane attraversano diversi stadi prima di diventare adulte. Questa trasformazione si chiama metamorfosi.*

- **Rane e rospi** depongono in genere tra le 1000 e le 20.000 uova. Nelle salamandre e nei tritoni il numero varia da 4-5 ad anche 5000.

- **Ci sono circa 4400 specie** tra rane e rospi. Le differenze tra loro non sono ben definite, ma la gran parte delle rane vive in luoghi umidi e di solito ha piedi palmati, zampe posteriori molto lunghe e pelle liscia. I rospi in genere trascorrono parecchio tempo sulla terraferma, non hanno piedi palmati e la pelle, abbastanza secca, sembra ricoperta di verruche.

- **Le rane sono spesso** più piccole e saltano meglio dei rospi, che hanno corpi più grandi e tozzi. La pelle dei rospi, invece, trattiene meglio l'umidità, permettendo loro di stare più a lungo lontano dall'acqua.

- **I tritoni** sono anfibi con la coda. Non sono tanto comuni quanto le rane e i rospi, ma si possono trovare sia nelle foreste tropicali sia in laghi e foreste con climi più freddi.

- **Tritoni e salamandre** si mimetizzano bene grazie ai disegni e ai colori della loro pelle. I colori molto brillanti di alcune specie sono un avvertimento per i predatori, che capiscono che sono tossiche.

Insetti

- **Gli insetti sono** di gran lunga il tipo di animale più comune. Più di nove specie viventi su dieci sono insetti. Sono diffusi in quasi ogni parte del mondo, tranne nei mari e nei luoghi molto freddi. Gli insetti hanno un tale successo evolutivo grazie ai potenti esoscheletri, alla loro capacità di volare e alle dimensioni ridotte.
- **Il corpo segmentato** di un insetto è diviso in tre parti: capo, torace (parte centrale) e addome (parte posteriore). Tutti gli insetti hanno sei zampe, che sono appendici del torace. Di solito hanno una o due paia di ali attaccate al torace.
- **Gli insetti hanno** un sistema circolatorio aperto, senza molti vasi che trasportano il sangue. Il cuore di un insetto è un semplice tubo che pompa sangue giallo-verdastro per tutto il corpo.
- **Gli insetti respirano** attraverso speciali aperture sui lati del corpo conosciute come spiracoli.
- **La gran parte degli insetti** cammina muovendo tre su sei zampe alla volta. Le due zampe anteriore e posteriore da un lato del corpo e quella centrale dell'altro rimangono ferme, formando una sorta di stabile treppiede, mentre le altre tre si muovono in avanti.
- **Una pulce spicca salti** alti 30 cm, più di 100 volte la sua lunghezza, grazie a dei cuscinetti elastici alla base delle zampe posteriori che rimangono compressi come molle finché non vengono rilasciati da un meccanismo di innesco, catapultando la pulce in aria.

◀ *Le cimici rossonere sono facili da individuare grazie al particolare disegno rosso e nero sul dorso. Si nutrono soprattutto di semi, ma a volte anche di piccoli insetti.*

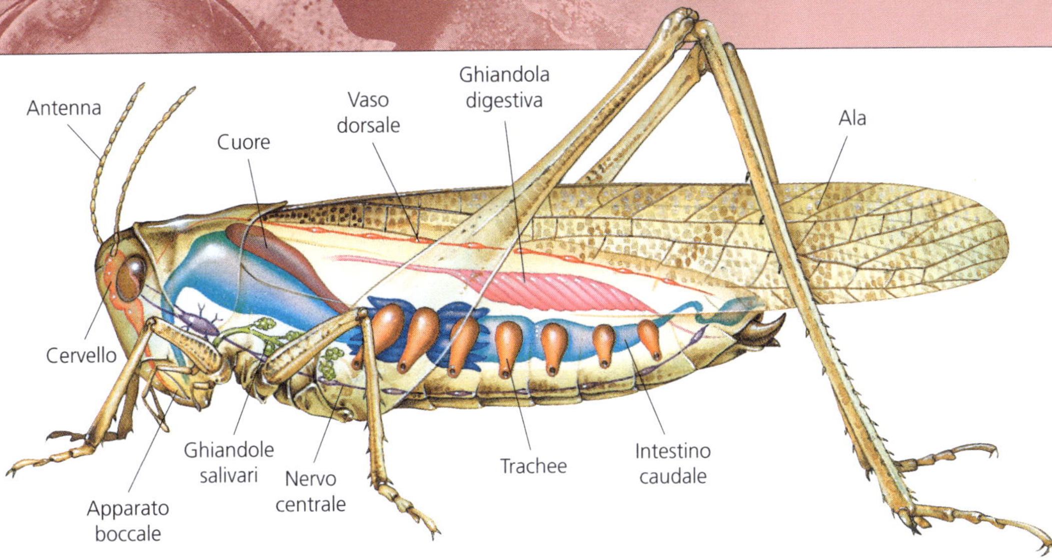

▲ *Una cavalletta ha le parti del corpo di un insetto comune. Gli insetti respirano attraverso una rete di tubicini (trachee) che si diramano da piccoli fori (spiracoli) per tutto il corpo.*

- **La maggior parte degli insetti** ha sviluppato due paia di ali, che li aiutano a volare. Sono strutture a membrana con vene e nervature che le attraversano, dove circolano sangue e ossigeno. Il bordo è solitamente più spesso e robusto del resto dell'ala e serve per fendere meglio l'aria durante il volo.
- **In insetti come gli scarafaggi**, le due ali anteriori (elitre) sono più dure e proteggono quelle posteriori, più delicate. Nelle mosche, le ali posteriori si sono ridotte a due moncherini chiamati bilancieri che "bilanciano" l'insetto in aria dandogli maggiore stabilità.
- **Durante la muta gli insetti** espandono il loro corpo ingoiando aria o acqua. L'esoscheletro si divide e l'insetto si libera della cuticola. La muta richiede molto tempo e l'insetto è vulnerabile agli attacchi in questo periodo, quindi la maggior parte si rifugia in luoghi appartati.

Formiche, api e vespe

- **Le formiche sono tra gli insetti** che sulla Terra hanno avuto maggiore successo in termini evolutivi. Ci sono oltre 9000 specie diverse. Le formiche sono insetti sociali che vivono in enormi colonie formate dalla regina, dalle formiche operaie e dai maschi.
- **Con le potenti mandibole**, le formiche scavano gallerie, masticano e trasportano il cibo. La loro dimensione varia a seconda della specie.
- **Le formiche hanno due stomaci**: uno trasporta il cibo che mangerà la formica stessa, l'altro contiene invece quello che verrà condiviso con le altre e che si chiama "stomaco sociale".
- **Le vespe sono parenti** di api e formiche. Hanno quattro ali trasparenti, due grandi occhi composti e mascelle taglienti affilate con bordi frastagliati. Le vespe possono essere sociali o solitarie. Le prime vivono in enormi colonie, le altre da sole. Ci sono circa 17.000 specie di vespe, ma solo circa 1500 sono sociali.
- **I nidi delle vespe** sono semplici (solo una tana nel terreno) oppure complessi, cioè costruiti con fango e ramoscelli e possono avere alveoli (celle) e gallerie.

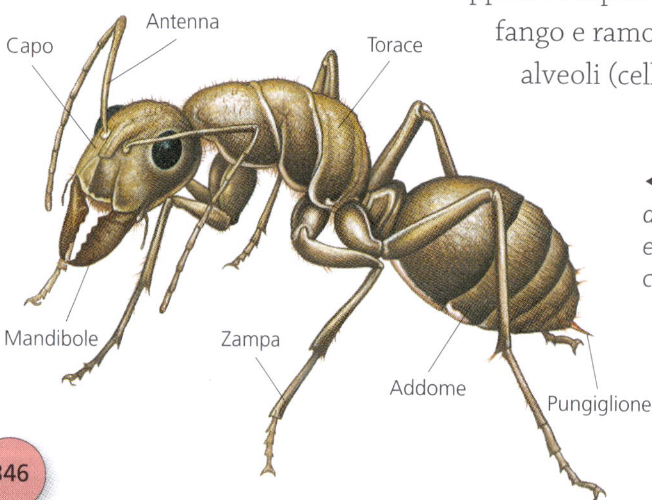

◀ *Il corpo di una formica è diviso in tre parti: capo, torace e addome. Alla fine dell'addome c'è un pungiglione.*

▲ *Le api operaie si affollano intorno alla regina per leccarla e toccarla e assumere così i feromoni, potenti odori che trasmettono informazioni sulla regina e danno alle operaie indicazioni su come comportarsi.*

- **Le vespe adulte si nutrono** di nettare e linfa di frutta e piante, mentre le larve di insetti.
- **I calabroni sono** vespe giganti, robuste e sociali, lunghe anche 30 mm. Si distinguono dalle vespe per le dimensioni e anche per il colore giallo più intenso.
- **Esistono circa 20.000 specie** di api. Molte vivono sole, ma oltre 500 specie sono sociali e creano colonie. Le api sembrano vespe, ma sono più pelose e tozze. A differenza delle vespe, le api si sono specializzate di più nel trasporto del polline.
- **Le api operaie svolgono** vari compiti, come pulire il nido, produrre cera e raccogliere cibo per la colonia. Proteggono e nutrono anche le larve e le tengono al caldo.
- **Le api domestiche** che si vedono sui fiori sono operaie. Come i bombi, hanno una sorta di borsa sul lato esterno delle zampe posteriori, il *corbiculum*, con cui trattengono il polline. Queste cestelle sono costituite da peli forti, lunghi e incurvati.

▶ *Gli zuccheri nella frutta matura forniscono alle vespe una fonte di cibo altamente energetica.*

Farfalle e falene

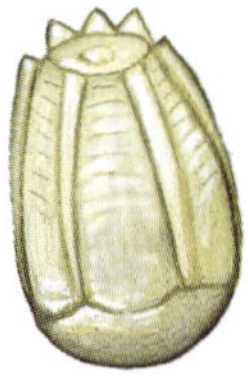

1 Una farfalla femmina depone piccole uova, di solito sotto le foglie

2 Il bruco schiude l'uovo e mangia le foglie

3 Il bruco diventa una pupa

- **Ci sono più di** 165.000 specie di farfalle e falene. Non esiste alcuna distinzione scientifica tra farfalle e falene, ma le farfalle in genere sono colorate e volano di giorno, mentre quasi tutte le falene sono attive dopo il tramonto e hanno colorazione più opaca.
- **Le ali di farfalle e falene** sono ricoperte da milioni di microscopiche squame che si sovrappongono tra loro come tegole.
- **Farfalle e falene** attraversano quattro fasi di sviluppo durante il loro ciclo vitale. Cominciano come un uovo deposto su una pianta. Quando si schiude, sguscia fuori una larva chiamata bruco. Il bruco si sviluppa quindi in una pupa, o crisalide. Alla fine, la pupa si trasforma in farfalla o falena.
- **I bruchi di solito** mangiano foglie. Per tagliare e masticare il cibo hanno potenti mascelle trituratrici.
- **In alcune specie**, i bruchi sono armati di peli pungenti contenenti veleni, che provocano irritazione o dolore quando vengono toccati.

◄▼ *Il disegno mostra la metamorfosi completa di una farfalla. Le larve di farfalle e falene sono chiamate bruchi.*

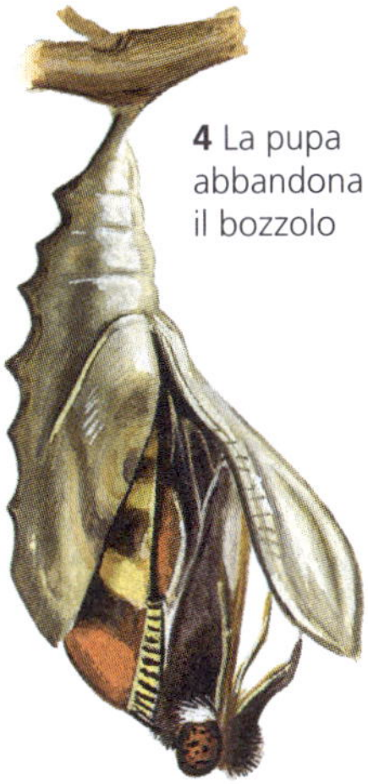

4 La pupa abbandona il bozzolo

5 La farfalla è arrivata a maturità

- **La maggior parte dei bruchi di falena** intreccia attorno a sé una struttura complessa (il bozzolo) per l'impupamento, fatta di seta, foglie o terra. Ci sono anche farfalle che non tessono i bozzoli, e in questo caso le pupe sono nude.
- **La dieta di farfalle e le falene adulte** si basa unicamente su alimenti liquidi come nettare di fiori e succhi di frutti marci o viti. Alcune si nutrono persino di rifiuti fluidi di animali.
- **Tra le palpebre, farfalle e falene** hanno un lungo tubicino simile a una cannuccia chiamato spiritromba, o proboscide, con cui succhiano il nettare e gli altri liquidi.
- **La farfalla raffigurata** vive nelle zone temperate di Asia, Europa e America del Nord, specialmente vicino a prati e campi fioriti. Il suo bruco si ciba principalmente di piante di cardo.
- **L'atlante** è una tra le farfalle più grandi, con un'apertura alare fino a 25 cm. Quando vola, viene spesso scambiato per un uccelli.

Ragni e scorpioni

◀ *Il ragno lupo aspetta, immobile e silenzioso, il passaggio di un insetto o di un ragno. Non appena si avvicina una preda, come questo grillo, il ragno lupo si avventa pronto su di lui.*

- **Esistono all'incirca 75.500 specie** di aracnidi, che includono una grande varietà di creature, tra cui ragni, scorpioni, zecche, acari, opilionidi e pseudoscorpioni.
- **Gli aracnidi possono essere** grandi appena pochi millimetri, oppure raggiungere i 20 cm di lunghezza. La corazza esterna rigida e segmentata dei loro corpi, l'esoscheletro, li protegge dai nemici. L'esoscheletro è composto di chitina e carbonato di calcio.
- **Gli aracnidi hanno otto zampe** e anche due paia di appendici, i cheliceri e i pedipalpi, nella parte anteriore del corpo, che servono per afferrare la preda o il cibo.
- **Il corpo di un aracnide** è diviso in due parti: il cefalotorace (testa e torace) e l'addome. Sul cefalotorace sono presenti gli organi sensoriali, l'apparato buccale, lo stomaco e gli arti, mentre l'addome contiene cuore, polmoni e intestino.

- **Gli aracnidi non hanno denti** né mandibole per masticare, e la maggior parte non riesce a digerire il cibo solido. Ecco perché succhiano i fluidi dal corpo della preda.
- **Gli scorpioni si riconoscono facilmente** dal pungiglione velenoso alla fine della coda e dalle tenaglie simili a quelle di un'aragosta.
- **Gli scorpioni afferrano** la preda con le tenaglie, o pedipalpi, poi con il pungiglione iniettano il veleno nella vittima, paralizzandola.
- **Conosciuti per la loro attività** di tessitori di ragnatele, i ragni sono aracnidi predatori che usano le zanne per iniettare veleno nella preda. Si contano circa 40.000 specie di ragni.
- **Gran parte dei ragni** ha sei o otto occhi "semplici", non composti come quelli di molti insetti che hanno più lenti.
- **Tutti i ragni** espellono dal corpo la seta, fili sottili con cui, per molteplici ragioni, tessono la ragnatela: circa 20.000 diversi tipi di ragni la costruiscono per catturare le prede. Alcuni avvolgono le vittime ancora vive nella seta per impedire loro di fuggire, così da poterle tenere da parte e mangiarle in un momento successivo.

▶ *Pochi animali sono più mortali dello scorpione giallo dell'Africa del Nord. Il suo veleno, pericoloso quanto quello di un cobra, può uccidere un essere umano adulto in poche ore se non gli si somministra l'antidoto.*

Crostacei

LO SAPEVI?

Tra i crostacei cirripedi che vivono saldamente attaccati alla pelle di una balena ci sono prevalentemente i balani.

I crostacei sono animali come granchi, aragoste, gamberi, gamberetti, krill e cirripedi, con una corazza rigida esterna e diverse paia di zampe articolate. Esistono oltre 40.000 specie di crostacei.

Molti granchi vivono in mare, ma alcune specie si trovano anche in acqua dolce. Il granchio comune non solo si è adattato a vivere sia nell'uno che nell'altra, ma può addirittura stare fuori dall'acqua per alcune ore.

I granchi hanno cinque paia di arti. Una coppia di grossi arti simili ad artigli, le chele, viene usata per afferrare la preda o per difendersi. L'altra serve al movimento. L'addome, nella parte posteriore, è molto piccolo e può essere nascosto sotto il guscio.

A differenza di altri crostacei, i granchi si muovono lateralmente. Per la particolare forma del corpo, per loro è infatti più facile fuggire in questa maniera nelle loro tane.

◀ *Il granchio fantasma viene chiamato così perché è bianco o grigio chiaro. Quando la marea si ritira, si nasconde in una tana nel fango.*

- **Il granchio del cocco** è soprannominato granchio ladro per il fatto che, attratto dagli oggetti luccicanti, ruba pentole, padelle e persino cellulari da case e tende.

▲ *Lo stomatopoda usa i suoi artigli per rompere i gusci di granchio e aprirli. Il suo movimento è uno dei più veloci nel mondo animale – così veloce che non riusciamo a vederlo.*

- **Le aragoste** appartengono allo stesso gruppo dei decapodi, come i granchi, ma differenza loro questi crostacei hanno corpi allungati. Sono spesso confusi con i gamberi, che sono più piccoli e vivono in acqua dolce.
- **La maggior parte delle aragoste** vive sul fondo dell'oceano, dove può nascondersi scivolando negli anfratti tra le rocce. Le aragoste si nutrono principalmente dei resti di creature morte, ma non disdegnano vongole, lumache, vermi e ricci di mare.
- **Gamberi e mazzancolle** si assomigliano molto e sembrano ambedue aragoste in miniatura. Un guscio duro ricopre i loro corpi, ma non è così spesso e duro come quello delle aragoste.
- **Il corpo di entrambi è lungo e disteso**, ma quello delle mazzancolle è un po' più grande. Le mazzancolle strisciano sui fondali sabbiosi, i gamberi nuotano usando gli arti a forma di pagaia che hanno sull'addome.
- **I cirripedi sono piccoli crostacei** diffusi in oceani, mari e laghi di tutto il mondo. I loro corpi sono riparati da un guscio (carapace) duro che li avvolge formato da piastre calcaree.

Molluschi

▲ *Quando un corpo estraneo si insedia all'interno del guscio di un'ostrica, di una vongola o di una cozza, per proteggersi questi molluschi lo rivestono di una sostanza liscia chiamata madreperla che crea, appunto, una perla.*

- **Chiocciole di mare, bivalvi,** polpi e calamari appartengono al grande gruppo dei molluschi. La maggior parte dei molluschi più piccoli ha un guscio esterno duro per proteggere il corpo morbido e carnoso all'interno.
- **Esistono più di 50.000** tipi di chiocciole, tra cui i buccini, le gibulle, le patelle, le littorine comuni, cipree, gli strombi, le lumache cono.
- **Le chiocciole appartengono** alla classe dei gasteropodi, che significa "piede sul ventre". Alcune vivono lungo la costa, in piscine naturali e acque poco profonde, altre sui fondali oceanici. A differenza delle chiocciole di terra, quelle di mare sono molto colorate.
- **Come le chiocciole di mare, anche le lumache di mare** sono molluschi e hanno un corpo morbido e viscido, ma il loro corpo non è all'interno di un guscio duro. Alcune si nutrono di spugne velenose e ne prendono il veleno nei loro tentacoli.
- **Nel mondo sono diffuse** varie specie di cozze d'acqua dolce e di mare, di solito a forma di cuneo o di pera e lunghe circa 5-15 cm. Le cozze sono conosciute come molluschi bivalvi, perché hanno due parti di conchiglia (valve) che si chiudono sui corpi molli. Alcuni inseriscono in questo gruppo ostriche, vongole, capesante e cardidi.

- **Le cozze respirano** grazie alle branchie, che hanno filamenti simili a peli (le lamelle), attraverso cui filtra l'acqua. Le lamelle servono anche per catturare il cibo. Le cozze sono animali filtratori che si nutrono di piante e animali planctonici.
- **La maggior parte delle cozze** ha una specie di lingua forte e muscolosa chiamata piede, un'estensione del corpo che talvolta resta fuori dal guscio, e che usa per scavare.
- **Calamari, polpi e seppie** sono animali dal corpo molle. Appartengono a un gruppo di molluschi chiamati cefalopodi. Sono tutti predatori feroci.
- **I polpi hanno corpi molli** a forma di sacco e occhi grandi che sono in grado di distinguere i colori. La caratteristica più sorprendente del polpo sono le sue otto braccia o tentacoli.
- **Tutti i calamari hanno** dieci tentacoli, o braccia, due dei quali sono lunghi e sottili. Tutti presentano delle ventose alle estremità, che servono per afferrare la preda. Queste creature sono in grado di nuotare molto velocemente. Si muovono emettendo getti d'acqua da un tubo carnoso chiamato sifone situato vicino alla testa.

▶ *Nella parte posteriore, un calamaro ha due alette laterali che lo aiutano a cambiare direzione e gli impediscono di roteare come un cavatappi ogni volta che pompa fuori l'acqua a getti.*

Animali semplici

- **Gli invertebrati sono** privi di colonna vertebrale. Questo gruppo costituisce circa il 97 percento di tutte le specie animali conosciute. Includono artropodi, molluschi, vermi ed echinodermi.
- **Animali a sangue freddo**, gli invertebrati dipendono dall'ambiente esterno per mantenere la loro temperatura corporea.
- **I miriapodi sono artropodi** terrestri con corpi lunghi simili a dei tubi e molte zampe. Vivono nel terreno e tra distese di foglie. I miriapodi includono centopiedi e millepiedi.
- **I vermi** sono creature snelle e dal corpo molle. I tre gruppi più importanti sono: vermi cilindrici (nematodi), vermi piatti e vermi segmentati. I lombrichi da giardino sono vermi segmentati.
- **Alcuni invertebrati sono parassiti**, nel senso che vivono sui corpi, o dentro i corpi, di altri animali, chiamati ospiti. Le zecche e le sanguisughe sono parassiti esterni. Alcuni vermi piatti e cilindrici, compresi tenie e trematodi, sono parassiti interni.
- **Altri invertebrati** si nutrono dei resti di piante e animali morti. Denominati decompositori, svolgono un ruolo prezioso nello smaltimento e nel riciclo dei rifiuti (materia organica) del mondo naturale.

◄ *Di alcune meduse si può vedere l'interno perché sono trasparenti, come la* Polyorchis penicillatus.

▶ *I vermi cilindrici, nematodi, sono tra gli animali più comuni. Si adattano praticamente a tutti gli habitat. I nematodi parassiti sono una delle cause principali di malattie umane e animali.*

Meduse, anemoni di mare e polipi di corallo fanno tutti parte del *phylum* dei celenterati, che conta quasi 10.000 specie diverse. La maggior parte vive nel mare e ha un corpo gelatinoso e un anello di tentacoli con cui pungere la preda.

Le meduse hanno forma a campana con al centro una cavità che funge da stomaco e intestino. Mangiano plancton, altre meduse e piccoli pesci. Non hanno branchie né polmoni: l'ossigeno viene assorbito, e l'anidride carbonica rilasciata, attraverso la pelle.

Tutti gli echinodermi abitano nei mari. Il loro nome significa "dalla pelle spinosa" e comprendono stelle marine e ricci, molti dei quali hanno spine acuminate, a volte velenose. Altri echinodermi includono i cetrioli di mare, che di solito sono a forma di salsiccia e setacciano il fango dei fondali marini in cerca di particelle organiche. Anche i gigli di mare sono echinodermi.

LO SAPEVI?

Ci sono dei lombrichi particolari in Asia che si arrampicano sugli alberi per non annegare dopo forti acquazzoni.

Quasi tutte le stelle marine hanno cinque braccia, ma alcune specie ne hanno di più, sette o addirittura 40. Le stelle marine hanno sviluppato un modo unico di muoversi: sotto le braccia hanno centinaia di minuscoli piedi tubolari con cui avanzano.

Glossario e indice analitico

Glossario

acceleratore di particelle Enorme dispositivo che accelera le particelle subatomiche a velocità molto vicine a quella della luce. Agli scienziati serve per capire cosa succede quando le particelle si scontrano tra loro.

accelerazione Qualsiasi variazione nella velocità di un corpo, più precisamente il tasso di cambiamento della velocità.

acido Una soluzione chimica che contiene ioni idrogeno caricati positivamente. La forza di un acido si misura sulla scala del pH. Acidi forti possono provocare gravi ustioni.

acustica (1) La scienza che studia la formazione, propagazione e ricezione dei suoni. (2) Le proprietà sonore di una stanza o di un edificio.

affluente Un ruscello o un corso d'acqua più grande che si getta in un fiume.

alcalina Una soluzione si definisce tale quando contiene più ioni con carica negativa, di solito di idrogeno e di ossigeno. La forza degli alcali (basi) si misura sulla scala del pH.

anidride carbonica Un gas che si trova in piccole quantità nell'atmosfera terrestre, ma che ha un importante ruolo nell'effetto serra.

annuale In botanica, una pianta da fiore che completa il suo ciclo di vita in un anno o meno.

aria L'atmosfera della Terra, costituita da una miscela di gas (principalmente azoto e ossigeno), polvere e umidità.

articolazione Punto di uno scheletro o di un esoscheletro in cui due parti si congiungono così da consentire il movimento.

atmosfera Involucro gassoso che circonda un pianeta o una luna.

atomo Una delle più piccole particelle che compongono tutte le sostanze; la minima quantità possibile di un elemento chimico allo stato puro.

attrito Una forza che agisce contrastando lo spostamento di due superfici a contatto tra loro.

biennale In botanica, una pianta da fiore che impiega due anni per completare il suo ciclo di vita.

biologia Lo studio degli esseri viventi.

botanica Lo studio scientifico delle piante.

branchie Organi respiratori che pesci e alcuni altri animali che vivono nell'acqua usano per assorbire l'ossigeno dall'acqua.

buco nero Un oggetto con una tale massa che la sua gravità è così forte da attirare tutto ciò che gli sta vicino. Nemmeno le onde luminose possono sfuggirgli, nel senso che scompaiono dall'Universo visibile.

byte L'elemento base dei dati dei computer composto da otto cifre binarie.

calore Una forma di energia che deriva dal movimento e dalle vibrazioni di atomi e molecole.

campo magnetico L'area attorno a un magnete all'interno della quale è possibile rilevare una forza magnetica.

candela (Cd) L'unità di misura per calcolare l'intensità luminosa di una sorgente di luce.

carboidrati Composti che contengono carbonio, idrogeno e ossigeno. I carboidrati, come zuccheri e amidi, sono una delle principali fonti di energia per uomini e animali.

carnivoro Un animale che si nutre della carne di altri animali.

catalizzatore Una sostanza che accelera una reazione chimica o che consente che questa abbia luogo.

cella a combustibile Un dispositivo che produce elettricità combinando idrogeno e ossigeno.

cellula In biologia, una cellula è l'elemento base di ogni organismo vivente. Nella maggior parte delle piante e degli animali sono presenti vari tipi di cellule, ciascuna con funzioni diverse.

centrale nucleare Centrale che produce energia elettrica sfruttando l'energia nucleare in un reattore.

chimica Lo studio delle proprietà delle sostanze e di come queste reagiscono con altre sostanze.

circuito integrato Una sottile fetta di silicio ricoperta da migliaia di microscopici transistor all'interno dei circuiti.

clima Il modello a lungo termine del tempo atmosferico in un determinato luogo, di solito descritto in termini di temperatura media e piovosità annuale.

clone Un organismo che è una riproduzione perfetta del suo "genitore" e ha DNA identico.

clorofilla Una sostanza che si trova nelle parti verdi delle piante e che, attraverso il processo di fotosintesi, consente loro di convertire aria e acqua in cibo.

codice binario Un sistema numerico composto da sole due cifre (0 e 1) utilizzato anche nei computer, che leggono l'1 e lo 0 come comandi *on* e *off* per i loro circuiti elettronici.

colore primario (della luce) Uno dei tre colori di base (rosso, verde, blu) che si possono mescolare in diverse proporzioni per ottenere ogni altro colore.

composto Una sostanza risultante dall'unione degli atomi di due o più elementi diversi che formano una molecola.

condensazione Il processo mediante il quale le molecole di un gas si raffreddano al punto da passare a uno stato liquido.

conduttore Una sostanza che permette all'energia elettrica o al calore di attraversarla.

conduzione Il trasferimento di calore o elettricità tra oggetti che sono a contatto diretto.

conifera Una pianta non da fiore che produce i suoi semi all'interno di coni.

convezione La propagazione del calore all'interno di un fluido.

corrente In fisica, il flusso di elettricità che passa in un circuito. L'intensità della corrente si misura in ampere.

corrente alternata (CA) Corrente elettrica il cui flusso si inverte più volte al secondo. La maggior parte delle reti elettriche utilizza corrente alternata.

corrente continua (CC) Corrente elettrica che fluisce in una sola direzione. Le batterie producono corrente continua.

CPU (unità centrale di elaborazione) Il "cervello" nel cuore di un computer, in cui i dati vengono elaborati secondo le istruzioni fornite dall'utente.

cratere Una depressione approssimativamente circolare nella superficie terrestre causata da un'eruzione vulcanica o dall'impatto di un meteorite o di un asteroide.

cristallo Una sostanza solida i cui atomi sono disposti in una struttura reticolare geometrica regolare (reticolo).

cristallo liquido Una sostanza che può fluire come un liquido, ma che ha la stessa disposizione regolare di atomi dei cristalli solidi.

crosta terrestre Lo strato più esterno, solido, della Terra, con uno spessore variabile tra i 5 e gli 80 km.

decibel (dB) L'unità di misura utilizzata per misurare l'intensità (volume) dei suoni.

deciduo Si riferisce agli alberi che d'inverno perdono le foglie.

delta Un pezzo di terra piatta formato da fango e altri sedimenti depositati da un fiume nel punto in cui sfocia nel mare.

densità Il rapporto tra la massa di un corpo e il suo volume.

deriva dei continenti Il processo mediante il quale i continenti sulla superficie terrestre, nel corso di milioni di anni, gradualmente si muovono.

digitale Si riferisce a qualsiasi tipo di informazione che è stata tradotta in sistema binario, oppure a un dispositivo che utilizza tali informazioni.

distillazione Processo che permette di separare le sostanze in una miscela di liquidi attraverso il riscaldamento controllato e la raccolta del vapore che si produce a temperature diverse.

DNA (acido desossiribonucleico) Una molecola presente nelle cellule di ogni organismo viventi, che contiene tutte le informazioni codificate (sotto forma di geni) su come l'organismo deve crescere e funzionare.

effetto serra L'effetto isolante di alcuni gas nell'atmosfera che aumentano la quantità di calore imprigionata in prossimità della superficie terrestre.

elasticità La proprietà di un corpo di ritornare alla sua dimensione e forma iniziali dopo essere stato allungato, schiacciato o deformato.

elemento Una sostanza chimica pura che contiene un solo tipo di atomo. In natura, sulla Terra, esistono 92 elementi, ma gli scienziati sono riusciti a sintetizzarne più di 20 in laboratorio.

elettricità Una forma di energia che fluisce attraverso dei fili di materiale conduttore.

elettromagnete Un dispositivo che diventa magnetico solo quando è attraversato da una corrente elettrica.

elettrone Particella subatomica che ruota attorno al nucleo di un atomo e ha carica elettrica negativa.

elettronico Si riferisce a qualsiasi dispositivo che utilizza circuiti elettrici con dei transistor.

energia La capacità di compiere un lavoro.

energia nucleare Energia rilasciata dai cambiamenti nel nucleo degli atomi, quando un nucleo si divide (fissione), oppure quando due nuclei si uniscono tra loro (fusione).

enzima Una molecola che accelera le reazioni chimiche.

epicentro Il luogo sulla superficie terrestre che si trova direttamente sopra l'ipocentro (fuoco) di un terremoto ed è quindi l'area in cui si verifica gran parte dei danni.

Equatore Una linea immaginaria che da est a ovest attraversa il centro della superficie terrestre, a 0 gradi di latitudine.

erbivoro Un animale che si nutre esclusivamente di piante. **erosione** La progressiva azione abrasiva del paesaggio dovuta a vento, pioggia, ghiaccio, fiumi e onde.

esoscheletro La resistente struttura esterna di alcuni invertebrati, per esempio insetti e crostacei, che fornisce supporto e protezione ai loro corpi.

evaporazione Il processo mediante il quale le molecole di una sostanza liquida assorbono abbastanza calore da essere liberate sotto forma di atomi di vapore (gas).

evoluzione Il graduale processo con cui piante e animali, attraverso una selezione naturale, si sono adattati alle mutevoli condizioni dell'ambiente.

faglia Una frattura verticale o quasi nella roccia in cui i blocchi di roccia scivolano l'uno contro l'altro.

fecondazione Il processo mediante il quale una cellula sessuale maschile (per esempio sperma, polline) e una cellula sessuale femminile (per esempio uovo, ovulo) si uniscono.

fibra ottica Sottili fili di vetro che trasportano informazioni sotto forma di impulsi di luce laser.

fisica quantistica La branca della fisica subatomica che studia il modo in cui gli elettroni emettono energia.

fluido Una sostanza non solida, quindi un liquido o un gas.

formula chimica Rappresentazione sintetica che descrive quanti e quali atomi ci sono nella molecola di una sostanza. La formula chimica dell'acqua è H_2O, che indica che due atomi di idrogeno sono legati a un atomo di ossigeno.

forza Una spinta o una trazione che fa sì che un corpo si muova.

forze fondamentali Quattro forze fondamentali operano nell'Universo: gravità, forza elettromagnetica (elettricità e magnetismo) e due forze nucleari, che agiscono all'interno degli atomi.

fotone Una particella di energia.

fotosintesi Il processo attraverso il quale le piante utilizzano l'energia della luce solare per convertire l'aria e l'acqua in cibo sotto forma di zuccheri.

galleggiamento La capacità di un oggetto di stare a galla.

gas Uno stato della materia in cui i singoli atomi o molecole non sono legati tra loro.

gas nobile Uno di quei gas della tavola periodica che sono pochissimo reattivi e di rado formano composti con altri elementi.

gene L'unità fondamentale dell'ereditarietà biologica di un individuo, costituita da una sequenza di codice chimico nella molecola di DNA.

germinazione Il processo attraverso il quale un seme inizia a crescere e sviluppa una pianta.

grandezze scalari Grandezze caratterizzate da una dimensione ma non da una direzione, come per esempio temperatura, massa e densità.

grandezze vettoriali Grandezze che hanno sia intensità (dimensione) sia una direzione, come velocità, forza e accelerazione.

gravità È la forza attrattiva tra corpi, una proprietà fondamentale di tutta la materia. Maggiore è la massa di un oggetto, maggiore è la forza di gravità che l'oggetto esercita.

guscio (1) La struttura dura di placche ossee e materiale corneo che alcuni animali producono per proteggere i loro corpi. (2) *Vedi* guscio di elettroni.

guscio di elettroni Uno dei livelli nei quali gli elettroni ruotano attorno al nucleo di un atomo.

hertz (Hz) L'unità di misura della frequenza di una lunghezza d'onda in cicli al secondo.

idrocarburo Un composto costituito da atomi di idrogeno e di carbonio.

idrogeno L'elemento con la struttura atomica più semplice; un atomo di idrogeno ha un protone e un elettrone. A temperatura ambiente, l'idrogeno è un gas.

impollinazione Il processo mediante il quale il polline viene trasferito alle parti femminili di una pianta.

incandescente Relativo a qualsiasi sostanza che viene riscaldata a una temperatura tale da emettere luce.

inerzia La tendenza di un oggetto a resistere a una variazione della sua velocità causata da una forza. L'inerzia è una proprietà fondamentale della materia.

ingegneria genetica (mutazione genetica) Modificazione effettuata in laboratorio del DNA di un organismo allo scopo di ottenere un certo risultato.

inorganico In chimica, descrive qualsiasi composto che non contiene l'elemento carbonio.

Internet Una rete globale che collega milioni di computer in tutto il mondo.

invertebrato Animale che non ha scheletro interno con colonna vertebrale.

ione Un atomo che ha acquistato o ceduto elettroni.

iridescenza I colori cangianti dell'arcobaleno che compaiono sulla superficie di certe sostanze.

isotopo Atomi di uno stesso elemento con uguale numero d protoni ed elettroni ma diverso numero di neutroni nel nucleo

laser Un dispositivo che produce un fascio di luce coerente. Significa che ha una sola lunghezza d'onda, perché le onde hanno tutte la medesima fase, cioè i picchi e le depressioni sono allineati.

latitudine Distanza nord o sud dall'Equatore misurata in gradi; le linee di latitudine sono linee immaginarie parallele all'Equatore.

lava La roccia calda allo stato fuso che viene espulsa dai vulcani.

lavoro La forza applicata a un oggetto moltiplicata per la distanza compiuta dall'oggetto.

lega Una combinazione stabile di due o più metalli.

legame covalente Un legame in cui gli atomi condividono gli elettroni.

legame ionico Un legame tra atomi in cui avviene uno scambio di elettroni.

liquido Uno stato della materia in cui atomi o molecole sono legati debolmente tra loro e possono vibrare e scivolare gli uni sugli altri.

longitudine Distanza est o ovest dal meridiano di Greenwich, una linea immaginaria che corre da un Polo all'altro ad angolo retto rispetto all'Equatore e che attraversa Greenwich, in Gran Bretagna. Come la latitudine, la longitudine viene misurata in gradi.

luce bianca Una luce quale quella del Sole, che può essere divisa nei colori che la compongono da un prisma di vetro.

luce visibile La piccola porzione dello spettro elettromagnetico a cui l'occhio umano è sensibile.

magma Roccia fusa e semisolida del mantello della Terra.

magnetismo Proprietà di alcuni materiali di attrarre metalli come ferro e nichel.

mantello Lo spesso strato di materiali fusi e di roccia semisolida che si trova sotto la crosta terrestre.

massa La quantità di materia di un corpo.

metallo Una sostanza che non cristallizza quando si raffredda passando dallo stato liquido a quello solido, ma forma una struttura solida in cui gli elettroni possono muoversi liberamente. I metalli sono buoni conduttori di elettricità.

microchip Termine di uso comune che indica un circuito integrato.

microonde Parte dello spettro elettromagnetico utilizzato sia negli apparecchi per la cottura sia nei radar.

minerale Una sostanza inorganica (non vivente) che si trova in natura nella crosta terrestre. La maggior parte delle rocce contiene una notevole varietà di minerali diversi.

molecola Due o più atomi che, uniti tra loro, formano una sostanza unica. Per esempio, una molecola d'acqua è composta da due atomi di idrogeno legati a un atomo di ossigeno.

momento angolare La quantità di moto di un corpo che gira.

monsone Vento dominante il clima del sud dell'Asia che porta forti piogge.

motore Una macchina che trasforma il combustibile in movimento.

nanotecnologia La progettazione e lo studio di macchine estremamente piccole.

neutrone Una delle particelle subatomiche che compongono il nucleo di un atomo e che ha carica elettrica neutra.

newton (N) L'unità di misura della forza. 1 N è la forza necessaria per accelerare di 1 m al secondo ogni secondo una massa di 1 kg.

nucleo (1) La parte centrale di un atomo, attorno a cui ruotano uno o più elettroni. (2) La parte centrale di una cellula vivente complessa. I semplici organismi monocellulari, come i batteri, sono privi di nucleo.

numero atomico Ogni elemento ha un numero atomico differente, che corrisponde al numero di protoni nel nucleo del suo atomo.

ologramma Una fotografia tridimensionale che viene realizzata utilizzando uno o più laser.

organico In chimica, si riferisce a qualsiasi composto che contiene l'elemento carbonio.

organo Una struttura all'interno del corpo di un animale, come cuore o stomaco, che svolge una funzione specifica.

ossidazione Una reazione chimica in cui l'ossigeno si combina con altre sostanze. La combustione e la ruggine sono entrambi esempi di ossidazione.

ossigeno Elemento altamente reattivo e molto abbondante sulla Terra, si presenta come gas nell'atmosfera e forma vari composti chimici con altri elementi. L'ossigeno è fondamentale per praticamente tutti gli esseri viventi.

particella subatomica Una delle microscopiche particelle che, unendosi alle altre, forma un atomo. **particelle fondamentali** Particelle subatomiche

che non possono essere scomposte in entità più piccole. Esistono tre gruppi di particelle fondamentali: i quark, i leptoni (come l'elettrone) e i bosoni (particelle "messaggere" che trasportano le forze al livello subatomico).

perenne In botanica, una pianta che ha un ciclo vitale che dura più di due anni.

peso La forza esercitata verso il basso da un campo gravitazionale che agisce su un oggetto.

piana abissale Il fondale prevalentemente pianeggiante e coperto di fango che si estende sotto quasi tutti gli oceani del mondo a una profondità di circa 5000 m.

placche tettoniche Le enormi placche di roccia che si incastrano tra loro come pezzi di puzzle formando la crosta terrestre.

plancton piante e animali minuscoli (lunghi meno di un cm) che vivono in acqua e sono mangiati da un gran numero di animali più grandi.

plasma Uno stato della materia che consiste in un gas ionizzato che conduce l'elettricità ed è influenzato dal magnetismo.

plastica Materiale sintetico che può essere modellato e stampato con facilità. La maggior parte delle materie plastiche è realizzata con idrocarburi estratti da petrolio greggio e gas naturale.

polimero Una sostanza formata da lunghe catene di molecole organiche.

polline Cellule sessuali maschili prodotte da gran parte delle piante.

preda Un animale che viene catturato e mangiato da altri animali.

predatore Un animale che cattura e mangia altri animali.

pressione Forza esercitata su una superficie.

protone Una delle particelle subatomiche che formano il nucleo di un atomo. I protoni hanno carica elettrica positiva.

punto di congelamento La temperatura alla quale una sostanza liquida diventa solida. Il punto di congelamento dell'acqua è 0 °C.

punto di ebollizione La temperatura alla quale una sostanza liquida passa allo stato gassoso. Il punto di ebollizione dell'acqua è 100 °C.

quantità di moto La massa di un oggetto moltiplicata per la sua velocità.

quark Le particelle elementari che costituiscono i protoni, i neutroni e alcune altre rare particelle subatomiche.

radiazione Indica il trasporto di energia in uno spazio.

radioattività Energia e particelle subatomiche dannose prodotte dal decadimento di alcuni atomi.

Raggi X Luce ad alta energia invisibile all'occhio umano che può passare attraverso alcuni oggetti solidi.

RAM (memoria ad accesso casuale) I componenti di un computer che ricevono dall'utente nuovi dati e istruzioni.

reagenti Le sostanze coinvolte in una reazione chimica.

reattore Un dispositivo che converte l'energia nucleare in energia termica, che serve per azionare le turbine.

reazione chimica Il processo mediante il quale due o più elementi o composti interagiscono chimicamente modificando i legami tra gli atomi.

relatività Concetto sostenuto da Albert Einstein in due delle sue teorie della relatività secondo cui distanza, velocità e tempo non sono assoluti ma relativi gli uni rispetto agli altri.

resistenza Il grado al quale i materiali che formano un circuito elettrico si oppongono al flusso di corrente. La resistenza si misura in ohm.

respirazione (1) Lo scambio di gas tra un organismo e il suo ambiente. (2) La scomposizione del cibo all'interno delle cellule con rilascio di energia.

riduzione Una reazione chimica in cui una sostanza perde ossigeno.

rifrazione Il lieve cambiamento di direzione delle onde luminose quando queste passano da una sostanza trasparente a un'altra.

riproduzione Il processo mediante il quale gli organismi viventi generano dei discendenti.

riscaldamento globale L'aumento graduale e a lungo termine della temperatura media dell'atmosfera della Terra e degli oceani.

robot Una macchina in grado di eseguire l'attività automatizzata per cui è stata programmata.

roccia magmatica Roccia prodotta dal graduale raffreddamento del magma all'interno della Terra.

roccia metamorfica Roccia sedimentaria che si trasforma quando è sottoposta al calore e alla pressione delle eruzioni vulcaniche.

roccia sedimentaria Roccia formata da strati compressi di sedimenti che si sono accumulati nell'arco di molto tempo, trascinati dai fiumi o dalla polvere e dalla sabbia trasportate dal vento.

ROM (memoria a sola lettura) I componenti di un computer che contengono dati a cui un utente può accedere, senza però poterli modificare.

scala del pH Una scala utilizzata per misurare la forza comparativa di acidi e basi (alcali). Sulla scala del pH, l'acqua pura ha un pH di 7, l'acido più forte di 1 e la base più forte di 14.

sedimento Le minuscole particelle di sabbia e argilla trasportate da acque che scorrono veloci e si depositano quando il flusso rallenta gettandosi in mare o in un lago.

seme Una capsula contenente un ovulo vegetale fecondato e un'iniziale riserva alimentare.

semiconduttore Una sostanza che può cambiare la sua capacità di condurre elettricità.

sempreverde Si riferisce alle piante che mantengono le foglie tutto l'anno.

sintetico Artificiale, fatto dall'uomo.

solido Uno stato della materia in cui gli atomi sono bloccati insieme in maniera rigida: possono quindi solo vibrare, ma non spostarsi.

soluto Il solido in una soluzione.

soluzione Un liquido con un solido sciolto al suo interno.

soluzione satura Soluzione che non è più in condizione di sciogliere un solido.

solvente Un liquido in grado di sciogliere dei solidi.

spazio-tempo La visione di Einstein dell'Universo, secondo cui il tempo sarebbe la quarta dimensione.

specie L'unità fondamentale per la classificazione degli esseri viventi. Una specie è composta da tutti quegli individui che condividono le stesse caratteristiche e che possono incrociarsi.

spettro Una gamma di lunghezze d'onda, per esempio l'arcobaleno di colori che compongono la luce bianca.

spettro elettromagnetico La gamma di lunghezze d'onda dell'energia elettromagnetica che viaggia sotto forma di fotoni.

spora Una minicapsula prodotta da piante non da fiore, per esempio muschi e felci, che contiene un pezzo del "genitore" da cui si svilupperà una nuova pianta.

stalagmite Una colonna di roccia che sale dal pavimento di una grotta sotterranea.

stalattite Una colonna di roccia che pende dal soffitto di una grotta sotterranea.

stomi Piccoli pori nelle foglie che consentono alla pianta di respirare.

strati I vari livelli di roccia che costituiscono la parte superiore della crosta terrestre. Gli strati rocciosi sono, in genere, approssimativamente orizzontali alla superficie, ma a volte, a causa dei movimenti della Terra, si piegano o si sollevano.

stress Una forza che deforma qualcosa.

tavola periodica Schema in cui gli elementi sono classificati in ordine crescente secondo il numero di protoni all'interno del nucleo atomico e che raggruppa elementi con proprietà chimiche simili.

tensioattivi Sostanze che possono rimuovere sporco e grasso dalle superfici.

tensione elettrica La differenza di potenziale tra le due estremità di un circuito elettrico, che si misura in volt.

temperatura La misura di quanto sia caldo o freddo qualcosa.

terremoto Una breve scossa localizzata e spesso violenta della crosta terrestre, di solito causata dal movimento improvviso di una placca tettonica.

transistor Un dispositivo elettronico che controlla automaticamente il flusso di elettricità in un circuito.

Tropici La parte più calda della superficie terrestre, che si estende per circa 22 gradi a nord e a sud dell'Equatore.

tsunami Un'onda provocata da un terremoto sottomarino che si muove velocemente sulla superficie dell'oceano. In mare aperto può alzarsi anche solo di 1 m, ma se raggiunge acque costiere poco profonde, può arrivare a 30 m.

tubo a raggi catodici (CRT) Dispositivo un tempo largamente usato in televisori e monitor di computer per riprodurre un'immagine su uno schermo.

velocità La rapidità con cui un oggetto si muove in una determinata direzione.

vertebrato Un animale che ha uno scheletro interno con colonna vertebrale e midollo spinale.

vetro Sostanza inorganica solida priva di una struttura cristallina regolare.

vettore Un diagramma a freccia che indica la direzione e l'intensità di una forza.

World Wide Web ("ragnatela globale") La parte ad accesso pubblico di Internet a cui si accede da un software (programma) per computer noto come browser.

wormhole Un collegamento ipotetico nell'Universo tra due buchi neri.

Indice analitico

Le voci in **grassetto** si riferiscono ai contributi principali; le voci in *corsivo* si riferiscono alle illustrazioni.

D

E

G

M

P

Q

R

T

Referenze fotografiche

Il materiale iconografico è di proprietà di Miles Kelly Artwork Bank

Gli Editori desiderano ringraziare gli enti, società o persone per aver concesso l'utilizzo del materiale coperto da copyright. Si prega di segnalare le eventuali involontarie omissioni, alle quali si provvederà nelle prossime edizioni.

L'editore ringrazia le fonti seguenti per l'utilizzo delle loro immagini fotografiche:

Copertina (frontale) **)Fox/fotolia.com/Science Photo Library**, (dorso) **Maurizio de Angelis /Science Photo Library**, (retro) Gino Santa Maria/Shutterstock

Corbis 72 Wang Song/Xinhua Press

Dreamstime 75 Nolexa; 76 Sebcz, Gary718; 77 Shariffc; 92 wjphoto; 94 Taranova; 100 K.walkow; 107 Zoom-zoom; 129 Artoncanvas; 138 Dklimke; 139 Adam1975; 140 Paha_l; 148 Silverstore; 162(t) Michael Brown;169 Tamarwhite; 191Ichip

Fotolia.com 51 Canakris; 54 Olga Lyubkina; 63 Anatoliy Samara; 86 Ruta Saulyte; 111 Roman Sigaev; 147 Dole; 155 (inset, seconda dal basso) Andres Rodriguez; 198 photlook; 202 Markku Vitikainen; 203 Julydfg

iStockphoto.com 55 ariusz; 74 toaphoto; 154 Photobuff; 162(b) LDF; 173 Elerium

NASA 208 NASA Marshall Space Flight Center (NASA-MSFC)

Photolibrary 178 George Kelvin

Science Photo Library 14 Russell Kightley; 24 Tony McConnell; 60 US Navy; 61 Martin Bond; 66 Russell Kightley; 68 Prof. K Seddon & J Van Den Berg/Queen's University, Belfast; 80 Russell Kightley; 87 TRL ltd.; 93 GustoImages; 137 Patrick Landmann; 157 Brian Bell; 163 Andrew Brookes, National Physical Laboratory; 170 Pascal Goetgheluck; 185 Makoto Iwafuji/Eurelios; 186 Volker Steger; 187 Nasa; 194 Peter Menzel; 197 Lawrence Livermore Laboratory; 201 DEEP LIGHT PRODUCTIONS; 209 Antoine Rosset

Tutte le altre foto sono di: Corel, digitalSTOCK, digitalvision, fotolia.com, John Foxx, istockphoto.com, NASA, PhotoAlto, PhotoDisc, PhotoEssentials, PhotoPro, Stockbyte